R语言

与Bioconductor

生物信息学应用

主编 高 山 欧剑虹 肖 凯

编 者 施劲松 杭兴宜 胡朝阳

宫秀军 吕 红

天津出版传媒集团

天津科技翻译出版有限公司

图书在版编目（CIP）数据

R语言与Bioconductor生物信息学应用 / 高山，欧剑虹，肖凯
主编. 一天津:天津科技翻译出版有限公司，2014.1
　ISBN 978-7-5433-3360-4

　Ⅰ. ①R… 　Ⅱ. ①高… ②欧… ③肖… 　Ⅲ. ①程序语言－程
序设计－应用－生物信息论 　Ⅳ. ①TP312 ②Q811.4

　　中国版本图书馆 CIP 数据核字(2014)第 008047 号

出　　版：天津科技翻译出版有限公司
出 版 人：刘 庆
地　　址：天津市南开区白堤路244号
邮政编码：300192
电　　话：（022）87894896
传　　真：（022）87895650
网　　址：www.tsttpc.com
印　　刷：天津泰宇印务有限公司
发　　行：全国新华书店
版本记录：787×1092　16开本　14.5印张　彩插0.5印张　300千字
　　　　　2014年1月第1版　2014年1月第1次印刷
　　　　　定价：58.00元

前　言

2013 年最"华彩"的事件莫过于 6 月的"棱镜门"。据称，美国政府窃听的范围可以触及每一个机构和家庭。这些在笔者看来无非是媒体的炒作，只能作为茶余饭后的谈资而已。而从数据处理角度来看，即使美国政府有钱有技术，能够收集和存储人类社会所有的通信信息，那么它也绝无能力处理这些信息，哪怕只有 1%，更别提形成有价值的情报。理由很简单，因为我们进入了"大数据"时代。暂且不说窃听得到的信息，就算现有公开数据库中的数据又有多少得到了有效利用。生物信息就是名副其实的"大数据"领域，特别是当前，下一代测序主导的基因组学每天带来数以"T"计的海量数据，远远超出了现有的数据处理能力。为此，研究人员开发了一些计算机语言或工具（如基于 R 语言的 Bioconductor 项目），可以高效地处理这些数据。因此，如何提供有效的培训，出版好的教材，让数据分析人员快速掌握这些语言和工具，已成为"大数据"时代一个非常重要的课题。

本书的几位作者在考察了国内外同类书籍后发现，市场上大部分此类教材或者参考书容易走向两个极端：一是过分偏重理论，讲了很多非常基本的东西，但是没有联系到当前的实际应用，从理论到算法，到程序，乃至应用，这些连接部都是一大片空白，留给学生自己去摸索，会让他们难以理解，进而无法深刻掌握所学知识；二是闭门造车式地应用，有些所谓"应用"或者"实战"类书籍，造出一些根本不存在的"应用"举例，既不讲明这么做的目的，也没有实际项目的背景知识，让读者越学越是一头雾水，学到的东西越多，越不知道干什么用、该怎么用。

在生物信息数据分析领域，如果能够编写这样一种书，从实际课题（数据和结果都已经公开发表）出发，提出解决这个问题的思路，结合用到的原理或基础知识，但更偏重整个解决问题的框架和流程，选用一种简单易学但功能强大的语言，把讲解延伸到具体程序代码，让读者百分之百经历整个课题研究过程，学会分析并解决问题。那么可以肯定地说，这个学习的印象是深刻的，并真正能把所学知识转化为自己的技能。这样的学习过程更加"实例化"，更符合学习者的习惯，而不是编书者的习惯。多年的实际工作经验告诉我们，与计算机语言有关的学习，必须结合实际项目，动手与动脑同等重要，而结合 SCI 文章中的具体研究是本书的第一个特点。

本书的几位作者根据数据分析（特别是生物信息方面）领域多年的工作经验，细心整理了部分工作内容和程序代码，将 R 语言和 Bioconductor 尽可能详尽但又不泛泛地介绍给读者。由于本书的编写思路和风格是全新的，也是一种尝试，再加上作者水平有限，时间紧迫（国内读者催书），书内错误在所难免。不过，我们的编写思路是典型的"Made in China"原则，有个质量差的能满足需要总比没有好。只要能够有益读者，挨骂也在所不惜。本书可作为高年级本科生和研一学生的生物信息教材配套读物，亦可作为计算机和数据分析领域的参考书。

本书的第二个特点就是"所见即所得"，本书涉及的全部源代码都可以通过"拷贝"

和"粘贴"来运行，并得到书中同样的结果，使程序处理的每一个步骤都在读者的掌控之中。

本书的第三个特点就是所有作者都是通过互联网认识（此前互不认识），并一起合作进行创作的。希望能够由此启发国内其他领域的专家也能充分利用网络的力量，集中优势，编写一些更好的教材。下面是主要作者简介。

高山，男，1977 年出生，1995 年考入国防科技大学电子工程学院，后转入生物信息领域，2010 年毕业于南开大学生命科学学院，取得生物信息学博士学位。留美期间主要科研工作在美国堪萨斯大学结构生物学中心和康奈尔大学 BTI 植物研究所（Boyce Thompson Institute for Plant Research）完成。2013 年通过天津市第八批"千人计划"（青年项目）进入天津大学工作。

欧剑虹，男，1979 年出生，1997 年考入武汉大学学习微生物专业，后进入日本大阪大学，2009 年毕业于大阪大学，取得信息科学与技术博士学位。2011 年进入麻省州立大学医学院从事生物信息研究工作。

肖凯，男，1977 年出生，职业数据分析师，"数据科学与 R 语言"博客博主，现供职于 SupStat 统计咨询公司，专注于 R 语言与大数据挖掘方面的研究。

施劲松，男，1982 年出生，2000 年考入南京大学生命科学学院，后考入第二军医大学，取得生理学博士学位。2012 年进入南京军区南京总医院肾脏病研究所，主要研究方向是结合临床的组学数据分析。

杭兴宜，男，1981 年出生，2003 年于解放军第一军医大学生物医学工程系取得学士学位，2009 年于解放军军事医学科学院取得生物信息学博士学位，2013 年于解放军总医院临床医学流动站博士后出站。主要研究方向为高通量组学数据整合和数据挖掘、转化医学数据资源建设等。

胡朝阳，男，1983 年出生，2007 年于华中科技大学同济医学院取得学士学位，2012 年于复旦大学取得博士学位。现供职于杭州市肿瘤医院肿瘤研究所，主要从事整合多组学的高通量药物筛选研究。

宫秀军，男，1972 年出生，2002 年于中国科学院计算技术研究所取得计算机软件与理论方向工学博士学位。2002—2003 年分别在新加坡国立大学和新加坡 Institute for Inforcomm Research (I2R) 做博士后和访问学者。2003—2006 年就职于日本奈良先端科学技术大学院大学。2006 年 5 月回国，进入天津大学，现为计算机科学与技术学院副教授。研究方向主要包括数据挖掘、复杂信息系统集成和生物信息学。

吕红，女，1978 年出生，1998 年考入哈尔滨工业大学航天学院，取得工学硕士学位。2006 年进入天津职业技术师范大学电子工程学院工作，主要研究方向为通信信号处理、通信网和移动通信技术。

本书的其他作者包括青岛市市立医院的钏守凤（1972 年出生，女）、中科院病毒所的刘海舟（1976 年出生，男）、昆明理工大学的焦建宇（1991 年出生，男）、华南师范大学的游宇星（1988 年出生，男）和美国凯斯西储大学医学院的管栋印（1983 年出生，男）。另外，参与校对工作的人员有沈阳农业大学的齐明芳副教授、广东省农业科学研究院的贝锦龙助理研究员、山东师范大学的公茂磊、河南农业大学的杨海玉、中国农业大学的张媛媛、华中农业大学的易坚、重庆大学的李勃、浙江大学的吴三玲、中科院病毒所的叶彦波、美国伊利诺伊大学香槟分校的张洋和美国得州学院的董川。东南大学的谢建明副教授、暨南大学的许忠能副教授和中国农业科学院甘薯所的曹清河副研究员也对本书提出了宝贵意见。本书的封面设计原始创意来自北京市理化分析测试中心的苏晓星和延边大学的李广。

首先，感谢 BTI 植物研究所的费章君副教授在我博士后期间的指导以及费章君实验室的毛林勇、郑轶、包衍和孙宏贺等各位同事的帮助。费老师是我在第二代测序方面研究的领路人，不仅在专业上给我多方面指导，而且在学术研究等其他方面也使我得到很多训练。本书在第二代测序方面的一些思路和经验有些来自于费老师实验室各成员的讨论。

其次，感谢我的博士生导师南开大学生命科学学院的张涛和数学学院的阮吉寿教授对我的长期支持，并作为我的坚强后盾；感谢国家人口与健康科学数据共享平台的支持；特别感谢天津大学计算机科学与技术学院前院长孙济洲教授和院长党建武教授对我回国工作的热情帮助，以及天津市委组织部和天津大学在人才引进方面的积极服务。最后，感谢美国堪萨斯大学徐亮副教授提供了第五章 5.7 部分的芯片数据，美国加利福尼亚大学助理教授 Thomas Girke 提供了第二章内容的部分源代码。本书的资助来自天津市认知计算与应用重点实验室的国家自然科学基金重点项目"语音产生过程的神经生理建模与控制"（F030404）。本书在编写过程中，还得到了我国肾脏病专家、中国工程院院士刘志红教授的关怀和帮助，在此也一并表示感谢。

本书的第四个特点就是写书过程中不断通过 QQ 群征询本领域研究人员的意见，动态交流，其间对内容进行了多次修改，而且本书的售后服务和答疑也将通过 QQ 群 160685613 进行。

本书全部作者（由高山执笔）
2013 年 12 月 15 日

写给生物信息学的读者

本书既是一本 R 语言的书，又是一本生物信息学的书，因此考虑到大量读者可能来自生物信息学或相关领域，本书作者写下如下寄语，以求共勉。在人类基因组催发的第一轮生物信息热潮衰退后，生物信息一度陷入一个很大的低潮，在很多科学"大牛"断言生物信息学科是一个"Junk"后，很多激动人心的事件接连发生了。

以下一代高通量第二代测序领衔的另一轮生物信息热潮悄然而至，对生物领域的产学研都产生了深远影响。基因组的快速廉价测定，使生物信息学从实验室更快走向应用。在农业领域，大量非模式植物的基因组得到了快速准确的测定，更多的抗病高产基因被发掘；在医学领域，癌症和其他疾病的基因型检测更加可靠。无论是基于全基因组测序的无创产检，还是癌症靶向药物服用前的外显子组筛查，都显示了生物信息学已进入百姓生活。

2013 年诺贝尔化学奖在瑞典揭晓：Martin Karplus、Michael Levitt 和 Arieh Warshel 三位科学家因"为复杂化学系统创立了多尺度模型"而获奖。有兴趣的读者可以去三位科学家的网站看一下他们的研究方向，你就会发现，生物的东西比化学多，他们研究的对象全部都是生物大分子，特别是蛋白质，而他们的研究手段就是计算。可以毫不夸张地预测，未来的化学和生理学奖，很难不与生物和信息发生关系。而生物和信息科学这两个领域恰恰就是当今时代的"显学"，二者的结合成为了非常重要的研究方向。

如果把这个热潮比作股市，这还只是一个初生浪，后面会一浪接一浪。笔者在写作过程中，技术领域又发生了翻天覆地的变化。学习永远赶不上技术发展，这是一个新型学科发展壮大的最重要标志。第二代测序方兴未艾，第三代测序又发生了突破性进展。以 PacBio 公司为代表的第三代测序技术可以在更短的时间内同时记录几十万个 DNA 或 RNA 单分子合成的信息，忠实地记录生物体内的这些生命过程，使人类解析生命现象的能力发生革命性进展。第二代测序刚革了第一代测序的命，自己的命又要被第三代测序所革。测序技术只是一个开端，诱导多能干细胞技术、基因组编辑和靶向蛋白质组等新兴生物领域，都在等待生物信息学者的进入。

生物信息领域的同行，特别是初学者最关注的是，生物信息应该学些什么计算机基础。除了数据库、操作系统（特指 linux）的使用，笔者认为还应该掌握一个简单编程语言（例如 Perl）和一个数据处理语言（例如 R），后者可以更简单地处理统计绘图等非常复杂的编程应用，在生物信息学领域尤为重要。

本书由于是网络组队，管理松散，技术发展之快让我们难以下笔。再三权衡，考虑到芯片分析是 Biocondonctor 的起源，因此还是把它作为重点予以介绍，对于当前真正的热点第二代测序只介绍了其中的 RNA-seq。由于写书时间紧，最有前途的第三代测序本书没有详细讨论，这里提醒各位读者一定要密切关注 PacBio 公司的 SMRT 技术，笔者正在进一步整理相关资料，希望在以后版本中推出。

编者

2013 年 12 月

目　录

第一章　R 基础知识

在面对各种复杂的数据问题时，如果能用几行代码就轻松实现使用者的想法而无须了解其底层的实现细节，那么使用者就可以从繁忙的编程工作中解脱出来而投入更多的精力到应用领域。R 就是基于此目的设计的程序语言，并已在业界盛行。越来越多的公司（包括谷歌、辉瑞和美国银行等业界巨头）和学术界的数据分析师开始使用 R 语言，欧美各大名校也都将 R 语言列为数据分析课程的必修语言。借用谷歌首席经济学家 Hal Varian 的一句话来评价 R："R 语言的美在于你稍做修改，就可以用它来达到不同的使用目的，它预置了各种可用的扩展包，使你站在巨人的肩膀上工作。"[1]

R 作为统计分析、绘图的语言和操作环境[2]，它有两层含义：一方面，R 是一套计算机语言，它定义了自己的语法，可用来实现各种自定义的算法，因此称为 R 语言；同时，R 也是一个软件，是一个基于操作系统的集成开发和操作环境，包括了用户交互界面、编译系统、各种工具和扩展包。为了避免初学者混淆，本文中用 R 语言、R 软件和 R 分别表示第一、二层含义以及两者的统称。本章的 1.1 将先简单介绍 R 的背景；之后在 1.2 介绍 R 软件的下载和安装；1.3 通过一个实例使读者可以快速入门；1.4 总结本章用到的语法知识。

1.1　什么是 R

1.1.1　R 语言的起源

R 语言脱胎于 20 世纪 70 年代诞生的 S 语言[3]，可以认为是后者的一种方言。1975—1976 年，AT&T 贝尔实验室统计研究部在使用 Fortran 语言做统计分析时发现，如果用 Fortran 编程，花在编程上的时间同取得的分析效果相比得不偿失，于是就创建了更为高级的 S 语言[4]。S 语言的理念，用它的发明者 John Chambers （后来也成了 R 语言的核心团队成员）的话说就是 "快速且忠实地把想法转换为软件"[5]。后来，S 语言表现极为优秀，因此在 1998 年被美国计算机协会（Association of Computing Machinery, ACM）授予了 "软件系统奖（Software System Award）"，这是迄今为止众多统计软件中唯一被 ACM 授奖的统计系统。1993 年，S 语言的许可证被 MathSoft 公司（2001 年 MathSoft 总部迁到西雅图，并改名为 Insightful 公司。2008 年被 TIBCO 公司收购）买断，并在此基础上开发出 S-PLUS。由于 S-PLUS 继承了 S 语言的优秀血统，因此被世界各国的统计学家广泛采用，成为世界上公认的三大统计软件之一。R 与 S-PLUS 作为 S 语言的两种实现，几乎继承了 S 语言全部的语法与数据结构，R 同时还吸收了 Scheme 的语法。S、S-PLUS 和 R 有很高的兼容性，很多代码不需要改变即可到另外一个平台直接运行，参考手册资料也可以相互借鉴。到后来，R 的迅猛发展使 S 和 S-PLUS 的用户逐渐都转到了 R[6]。

　　1993 年，在 S 语言的源代码的基础上，新西兰奥克兰（Auckland）大学统计系的 Robert Gentleman 和 Ross Ihaka 编写了一套能执行 S 语言的软件，并以邮件列表的形式共享可执行程序，于是 R 语言便问世了（"R" 命名来自于两位开发者名字的第一个字母）[7]。1995 年 6 月，在苏黎世联邦理工学院（德语：Eidgenössische Technische Hochschule Zürich，简称 ETH Zürich）Martin Mächler 的建议下，Robert 和 Ross 根据自由软件基金会的公共授权协议（Free software foundation's GNU general license）公开了 R 的源代码，大量优秀统计学家加入到 R 语言开发的行列，R 语言的功能逐渐强大（图 1-1）。1997 年，为了更好地组织开发和维护 R 语言，Robert、Ross 和 Martin 又成立了一个包括 11 个人的 R 语言核心团队（core group），这就是当前 R 核心开发小组（R development core team）的前身。到了 2000 年，互联网、生物信息海量数据挖掘的强大需求使传统的统计和数据分析进入了大数据（Big data）时代。R 语言的市场份额爆发式增长，根据最权威的计算机图书出版公司欧莱礼（O'Reilly）的调查分析显示，仅从 2010 年到 2011 年，R 语言书籍的市场份额就扩大了 127%，图 1-1 显示了各主要计算机语言 2011 年的市场变动。

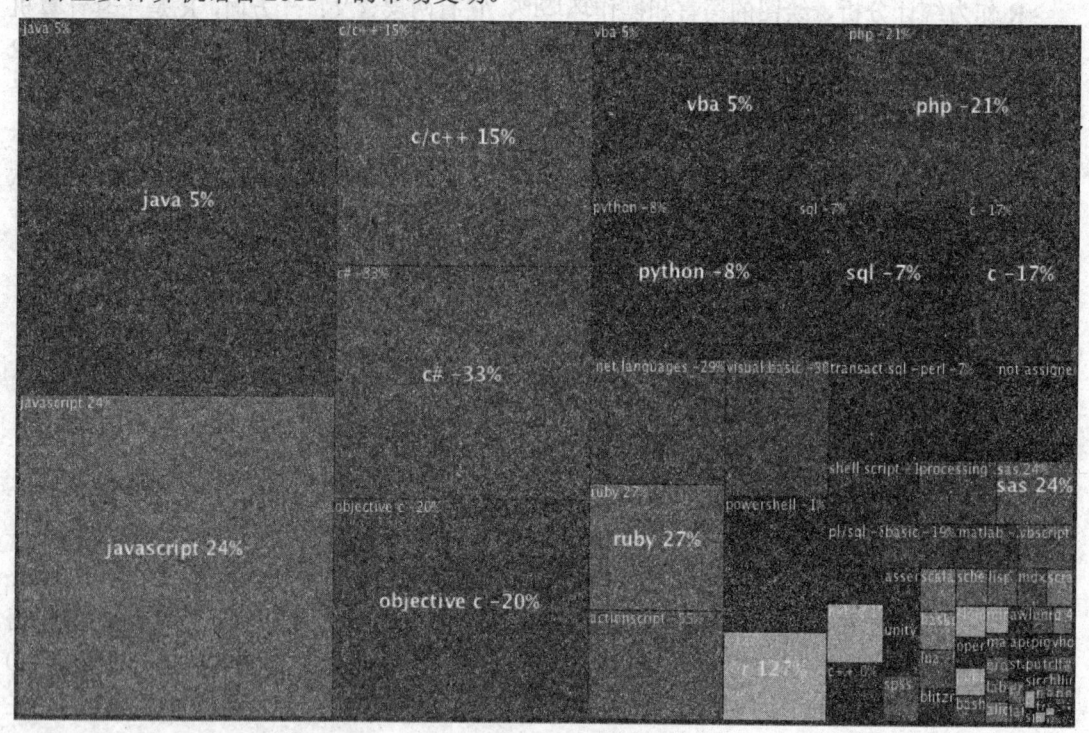

图1-1　R语言书籍市场的爆发（2011年）

1.1.2　R 语言的特点

　　作为一套完整的数据处理、统计和绘图的系统和操作环境，R 语言具有如下优点[8-10]。

　　（1）功能强大且扩展性强

　　R 语言的库函数以扩展包的形式存在，方便管理和扩展。由于代码的开源性，使全世界优秀的程序员、统计学家和生物信息学家加入到 R 社区，为其编写了大量的 R 包来扩展其功能。这些 R 包涵盖了各行各业数据分析的前沿方法：从统计计算到机器学习、从金融分析到生物信息、从社会网络分析到自然语言处理、从各种数据库各种语言接口到高性能计算模型，几乎无所不包。这也是为什么 R 正在获得越来越多业界人士喜爱的一个重要原因。本章的 1.1.3 将通过几个例子说明 R 语言的强大功能。

　　（2）编程简单且交互性强

　　作为一种解释性的高级语言，R 程序的编写非常简洁，仅仅需要了解一些函数的参数和用法，不需要了解更多程序实现的细节，而且 R 能够实时显示输入的程序或命令的结果，让用户所见即所得。这个特点非常有助于快速学习 R，（见本章 1.3）。

　　（3）与其他编程语言或软件配合方便

　　R 可通过相应接口连接各类数据库获取数据，如 Oracle、DB2 或 MySQL；也能同 Python、Java、C 或 C++ 等语言进行相互调用；R 还提供了 API 接口，很多统计软件可调用 R 函数，如 SAS、SPSS 和 Statistica 等。此外，R 的分析结果也很容易导出以供其他软件使用。R 的混合编程以及与各种软件的接口和配合可以使程序开发者大大提高工作效率，这方面的例子可以参看第三章。

　　（4）跨平台

　　R 可在多种操作系统下运行，如 Windows、MacOS、各种版本的 Linux 和 UNIX 等，用户甚至可以在浏览器中运行 R[11]。

　　（5）开源和免费

　　源代码的开放便于集中各学科的人才，使 R 可以快速包括各种新算法和新功能，另外也方便了初学者的深入学习。当前，盗版统计软件（如 SAS、SPSS 和 MATLAB）的使用严重影响了 R 在中国的普及。但是随着知识产权法律和意识的加强，R 免费的优势迟早会爆发。

　　（6）强大的社区支持

　　R 平均每 6 个月发布一个新版本，并有完备的帮助系统和大量文档以帮助用户学习使用。R 有各类讨论群和论坛，方便 R 包开发者解答用户问题。这部分内容可以参看附录 A。

　　（7）方便撰写分析报告

　　用户可以在一个文档（分析报告）中混排文本、图形、R 程序源代码等所有元素，分析结果会被自动插入该文档，并以各种格式（HTML、XML、Word 或 PDF）输出，从而方便修改和分享研究过程。这部分内容会在 1.2.3 详细介绍。

　　当然，R 也存在一些不足，主要有五点：第一，R 严重消耗内存，它不仅习惯一次性把全部数据读入内存进行处理，还偏好申请连续的内存块，这与 Linux 占用一定内存来作为缓冲的习惯发生冲突；第二，R 运行效率低，较之编译型语言（如 C）有很大差距；第三，R

虽然提供了一些并行计算的扩展包，但是如何方便地支持并行计算依然还是一个亟待解决的问题；第四，由于 R 不断吸收新算法以及不断更新扩展包，导致了帮助文档过于简单，版本兼容性也存在一定问题；第五，源代码缺乏注释，缺乏高级版本管理工具，用户不易阅读源代码。在上述不足中，前三点都是技术原因，相信会随着计算机技术的发展的不断改善，但是后面的两点很大程度涉及了用户的教育培训，由于 R 的学习不仅要具备一定的计算机和统计方面的知识，而且还需要专业领域的一些背景知识，当前 R 相关的各类书籍和手册中很难找到一个合适的出发点或者框架来满足不同专业背景的 R 用户的需求。

特别注意的是，R 包的一个最重要的缺陷就是版本升级过快，一些高层扩展 R 包的兼容性差，某个版本写好的代码到了另一个版本上可能无法运行，因此 R 程序在交流、发布的过程中一定要在最后附上版本信息（请参见例 4-12）。本书中的大部分 R 代码都在 R-2.15.1 上调试，为了节省空间，省略了版本信息输出；部分代码在更早一些版本上完成，未经 R-2.15.1 上调试，因此在最后附上版本信息。

1.1.3　R 语言的主要用途

许多知名大公司都在使用 R 来分析数据。例如谷歌公司通常使用 R 来进行数据探索和原型建模，然后再使用 C 或 Python 来将模型运用到大规模数据中。而 Facebook 则使用 R 中的决策树扩展包来预测用户的网络行为，并在此基础上改善用户体验。从行业分布来看，R 几乎无所不在，只要有统计与绘图的地方就有 R 的用武之地。当前比较集中的行业包括互联网（包括地理信息）、金融和生命科学等。以下通过几个实例来简要说明。

（1）统计与绘图

R 诞生的目的就是为了进行统计计算，最初它被定义为一个统计计算与绘图的工具。在 R 语言中可以方便地计算各类统计分布、参数估计和假设检验等；R 也能进行数值计算，例如方程求根、数值积分和最优化问题；R 还可以处理微分方程和系统动力学问题以及进行系统模拟。对于计算机领域的研究热点——机器学习和数据挖掘，R 通过扩展包的形式几乎涵盖了所有的已知算法（如神经网络、决策树、随机森林、支持向量机及贝叶斯方法等），并不断收集各类前沿算法。R 的强大绘图功能无与伦比，不仅支持各类基本图形（如直方图、箱线图和散点图等），还能让用户随心所欲地通过三维图形和动态图形展现数据。图 1-2 即是用 R 语言进行地震数据可视化（例 1-1）的结果。该图用 R 抓取了最近一周在中国发生的地震数据，并将其绘制在谷歌中国地图上，其中的深色散点代表地震发生地点，从中可以观察到川藏交界一带是地震高发区域。

（2）互联网数据挖掘

近几年社交网络成为互联网行业的中心话题。无论是旗舰级别的 Facebook，还是如雨后春笋般冒出来的各种团购和微博网站，都或多或少地体现着社会网络服务（Social networking services，SNS）的概念，这为社会网络分析（Social network analysis，SNA）[12] 提供了珍贵的研究数据。通过研究网络关系，有助于把"微观"网络与大规模的社会系统的"宏观"结构结合起来，这使在以往只能依靠有限的调研或模拟才能进行的社会网

　　络分析，具备了大规模展开和实施的条件。在 R 语言中，有很多扩展包提供了 SNA 方法和工具。图 1-3 就是利用"igraph"扩展包[13]绘制的一个网络图（例 1-2），该图表示了一个根据 Barabasi-Albert 模型算法随机生成的无尺度网络。如果将它看作是一个小型社交网络，那么网络中的点就是社交圈中的个体，而点之间的连线表示了个体之间的社交联系。

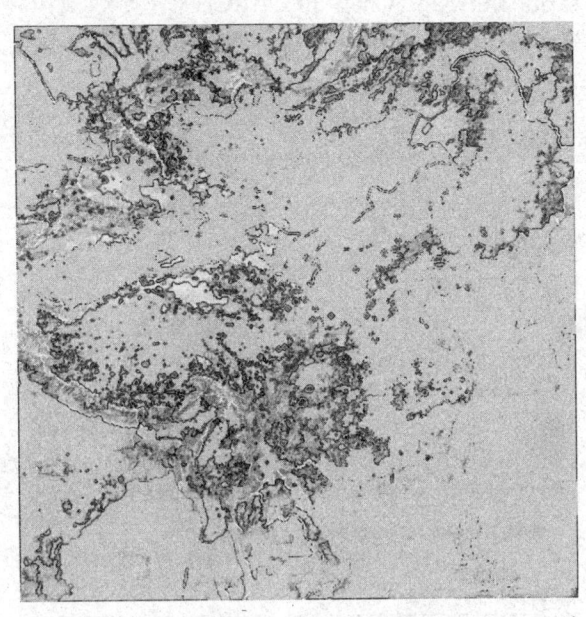

图1-2　基于R语言的地震数据可视化

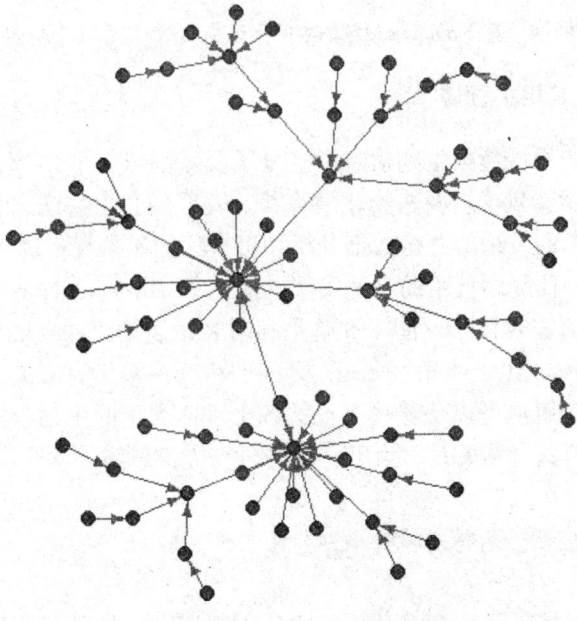

图1-3　基于"igraph"扩展包的社交网络图

（3）金融分析

在金融定量分析领域，R 语言也表现出极强的能力，它提供了大量的金融分析函数，可用于金融分析的各个方面[6]。其中包括了财务数据的获取和整理，例如从 Yahoo 网站获取上市公司的财务报表和历史报价；计算各类金融产品定价，如期权、债券和各类资产组合；对金融时间序列数据建模，如 ARIMA 模型和 GARCH 模型；以及风险管理方面的定量风险模型和各类精算模型等。图 1-4 就是利用 R 语言的"quantmod"包来获取中国上证指数数据（例 1-3），然后绘制的 K 线图和 MACD 指标图。

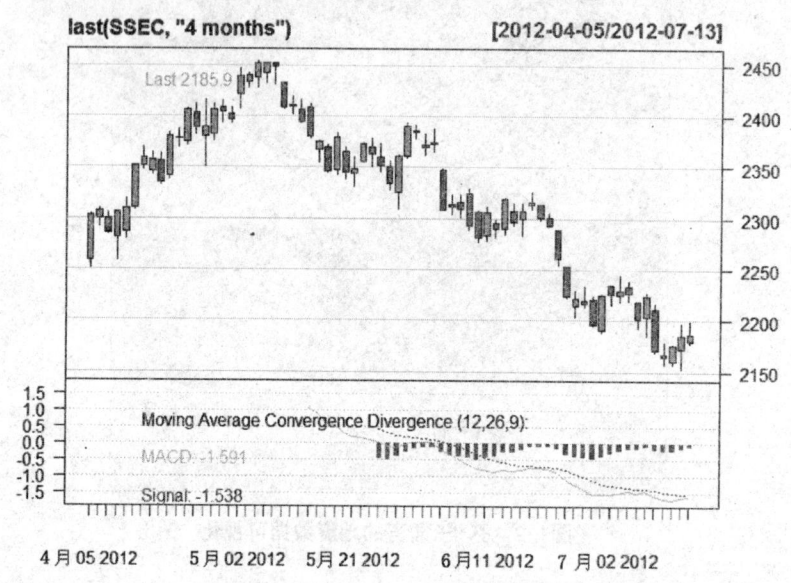

图1-4　基于quantmod包的中国上证指数K线与MACD指标图

（4）生命科学及其相关领域[14]

与生命科学相关的领域包括生物信息学（分子及基因组水平）[15]、医学图像处理[16]、进化与生态学[17]、化学计量学以及药物化学等[18]。互联网和生物信息学可以说是 R 语言的两个强大的助推剂，它们带来的海量数据分析和可视化的需求真正刺激了 R 的迅猛发展。各种组学，特别是下一代测序技术的高速发展，催生了 Bioconductor 生物信息软件包，开启了生物信息学的 R 语言时代[19]。图 1-5 就是利用 R 语言的"ggplot2"来绘制的一组基因本体论（Gene Ontology，GO）术语（term）之间的相互关系（例 1-4）。图 1-5 中各个术语的相互关系一目了然，用户可以从整体上把握各个术语表示的生物学概念之间的关系，并快速定位自己感兴趣的概念及关系，为下一步的研究提供思路。

1.1.4　R 语言的应用现状和发展趋势

随着数据的爆炸式增长，大数据分析需求也水涨船高，各种新老软件或工具都在不断提升。为了动态跟踪数据挖掘和分析工具及编程语言的发展趋势，著名的数据挖掘与分析网站 KDNuggets（http://www.kdnuggets.com）每年都会根据用户的投票进行一次年度调查，调查的问题是："过去一年中，你在实际项目中使用的数据分析工具（软件）"。在 2012 年 5 月做的第 13 次调查中（图 1-6），R 以 30.7%的得票率荣登榜首，超过 Excel（29.8%）和 RapidMiner（26.7%）。而实际上后两种工具只能看作是软件，因其不具备低层编程（Lower-level coding）的能力，因此还要进行应用编程语言（Lower-level languages）方面的比较。在这方面，R 击败了第 2 名的 SQL 和第 3 名的 Java，排名第一。另外，值得注意的是，免费开源软件的用户（30%）超过了商业软件的用户（28%），还有 41%的用户同时使用免费开源和商业软件；大数据工具的用户从 2011 年（3%）到 2012 年（15%）增长了 4 倍。免费开源和处理大数据正是 R 的强项，从这个角度来看，R 的市场份额还会增加。

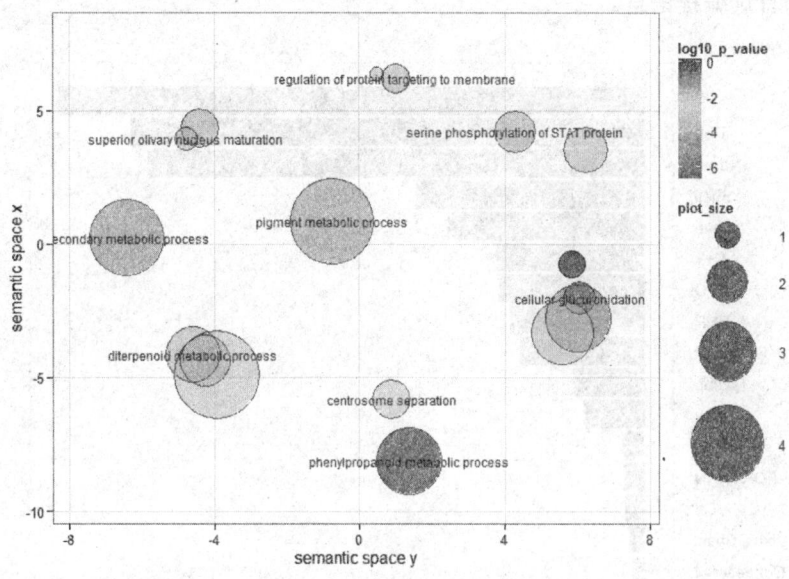

图1-5　基于ggplot包的基因本体论术语关系图（见彩图）

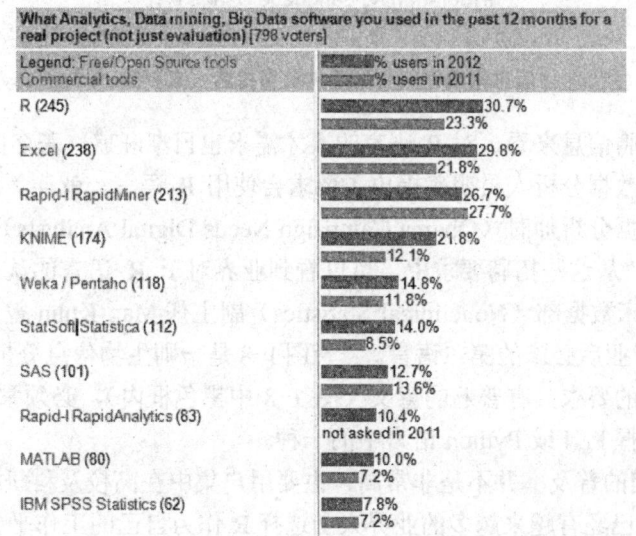

图1-6　关于数据工具（语言）使用情况的调查结果（来自KDNuggets网站）

　　为了跟踪业内程序开发语言的流行使用程度，TIOBE（http://www.tiobe.com）每月推出一个排行榜，到 2012 年 9 月，R 语言的排名升至 24 位，其市场占有率已经达到了 0.44%，R 语言也被列为崛起最快的七门语言之一。不少 IT 厂商已经着手设计支持 R 语言的产品，例如包括 Oracle、IBM、Teradata、Sybase 和 SAP 等在内的各大数据库厂商已有了相应的 R 语言企业级应用产品。TIOBE 给出的排行是不分领域的，虽然一定程度上反映了编程语言的发展趋势，但对具体工作的指导意义不大。在实际工作中，更看重编程语言在专业领域的排名。在生物信息领域，Bioinfsurvey 网站（http://www. Bioinfsurvey.org）对各种主流生物信息编程语言的用户数量给出了排名，R 语言稳居第一（图 1-7）。因此，可以说 R 是生物信息专业的首选编程语言。

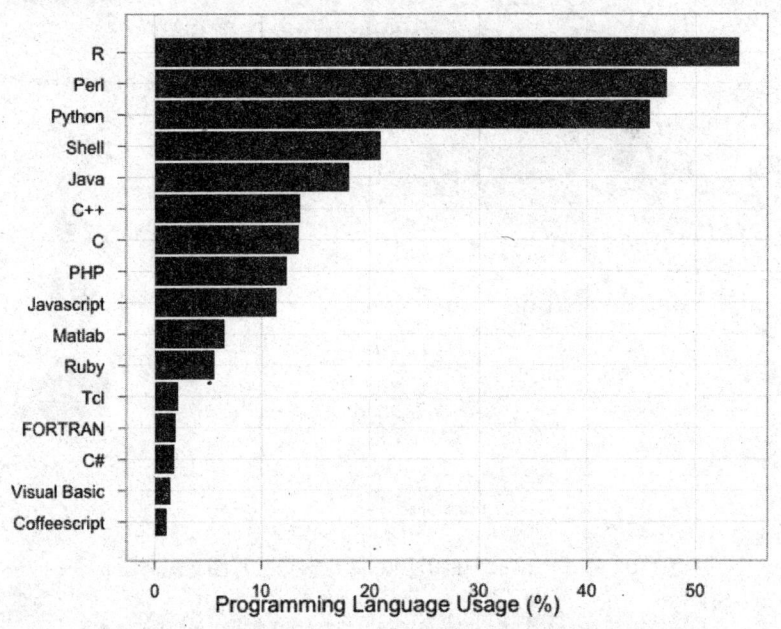

图1-7　主流生物信息学编程语言的用户数量排名（来自Bioinfsurvey网站）

　　从各方面的招聘信息来看，对 R 语言的人才需求也日渐旺盛。著名的网络公司 Twitter 发布的招聘广告对数据分析人员明确提出了要求会使用 R 语言。就连美国总统奥巴马在招募竞选团队中的数据分析师时（Obama Campaign Needs Digital Analysts），也要求应聘者具有 R 语言的技能。从这些招聘要求中，可以看到业界对于 R 语言的认可程度。时任辉瑞（Pfizer）公司非临床数据部（Nonclinical Statistics）副主任 Max Kuhn 曾说过这样一句话："R 已成为研究生毕业后必修的第二语言。"[1] 图 1-8 是一则生物信息分析人员的招聘广告，他提出的编程方面的要求具有普遍的意义（图 1-8 中黑色框内），必须掌握 R/Bioconductor 语言，同时还要掌握 Perl 或 Python 语言中的一种。

　　目前 R 在中国的普及率并不是非常高，主要用户集中在高校及科研机构。但近年来随着 R 的声名鹊起，已经有越来越多的业界人士选择 R 作为自己的工作平台。国内 R 语言推广方面的一个重要组织者是"统计之都"（Capital of statistics，简称 COS，网址 http://cos.name）网站，成立于 2006 年 5 月。在"统计之都"的积极推动下，自 2008 年起，每年举行一次

"中国 R 语言会议"，截止到本文撰写，已举办了 6 届。会议主要的目的是介绍各行业 R 的应用情况以及新进展。从前 6 届的中国 R 语言会议来看，R 的中国用户群一直呈现较大的增长趋势，用户分布的领域也越来越丰富。可以毫不夸张地说，随着数据挖掘和数据分析的黄金时代到来，擅长数据分析的 R 语言的前景也是一片光明。

We are seeking a Statistical Bioinformatician to work as part of the Computational Biology Research Group (CBRG), based at the Weatherall Institute of Molecular Medicine (WIMM) in Oxford, UK. The CBRG collaborates with WIMM scientists to successfully integrate bioinformatics into their research.

Working as part of the CBRG team, the successful candidate will be the main point of contact for statistical and bioinformatics projects with a statistical component at the WIMM. The work will include application of existing tools and method development in the following areas but not limited to: next generation sequence analysis (RNA-Seq, ChIP-Seq, Variant analysis), biological modelling, experimental design and proteomics analysis.

You will have an MSc or above in statistics, bioinformatics, mathematics or a similar subject. Experience in the analysis of high dimensional datasets, skills in statistics, programming Perl or Python and R/Bioconductor plus other analysis packages are essential. You will have experience of working in a UNIX/LINUX environment and in the visualization and presentation of complex data sets. Excellent organisational and planning skills would be expected to manage multiple simultaneous projects and achieve deadlines.

http://www.imm.ox.ac.uk/careers/current-vacancies/statistical-bioinformatician

If you have any questions feel free to contact me.

Kind regards and thanks,

Steve Taylor
==
Head of Computational Biology Research Group
Weatherall Institute of Molecular Medicine
University of Oxford
John Radcliffe Hospital
Headington
Oxford OX3 9DS
www.cbrg.ox.ac.uk

图1-8　一则生物信息招聘广告的要求

1.2　R 的下载与安装

R 总体上分为主程序（含基础包）和扩展包两部分，前者需要从其官方网站 (http://www.r-project.org)下载并安装，后者则是需要用到某个包时再去安装。R 官方网站提供了有关各版本 R 主程序和 R 扩展包[2] 等各类信息。

1.2.1　主程序的下载与安装

作为开源软件，R 支持所有的系统平台，一般下载页面会提供三种常用操作系统上的安装程序（Windows、Linux 以及 MacOS X）。由于 Linux 系统通常不采用通过图形界面下载到本地再安装的方式，而是采用命令行方式在线安装，如 Fedora 系统，可以执行"sudo yum install R-devel"；Ubuntu 系统则需要执行"sudo apt-get install r-base-dev"。由于不同的 Linux 版本采用不同的工具，这里不做详细介绍。本书重点介绍 Windows 平台上 R 的安装与使用，以便于初学者边学习边模仿。

Windows 系统必须先下载再安装，登录 R 官方网站 http://www.r-project.org/，选择"download R"（图 1-9 框内部分），读者可以看到"CRAN Mirrors"页面，里面包括了所有

R 的镜像网站，选择一个本国的点击进入下载页面。

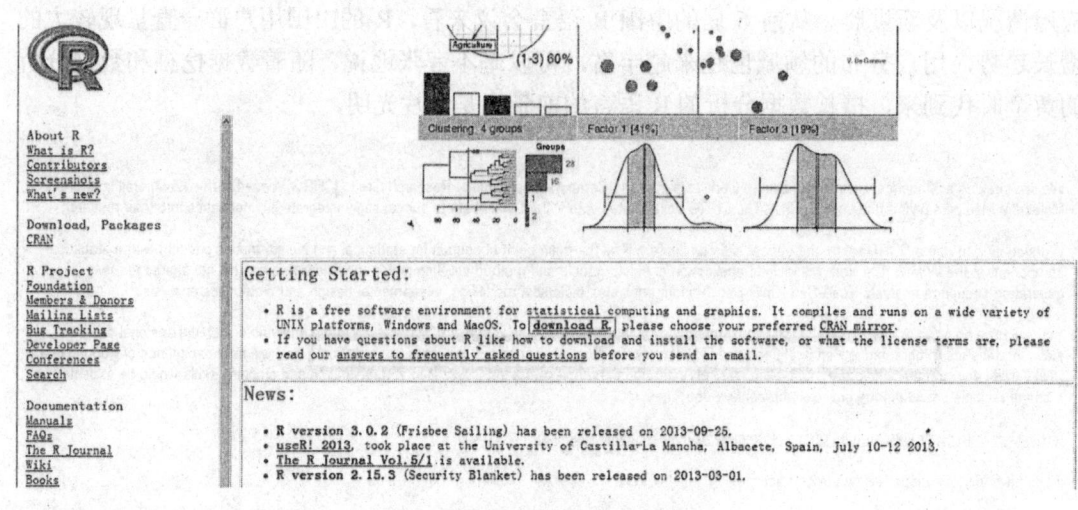

图1-9 R官方主界面的部分截图

首先点击 "Download R for Windows" 进入 "R for Windows" 页面，初次安装只需要选择安装基本包 "base"（图 1-10 中框内部分）。进一步点击后会看到的当前版本 "Download R 2.14.1 for Windows（45 megabytes, 32/64 bit）"，点击下载即可。

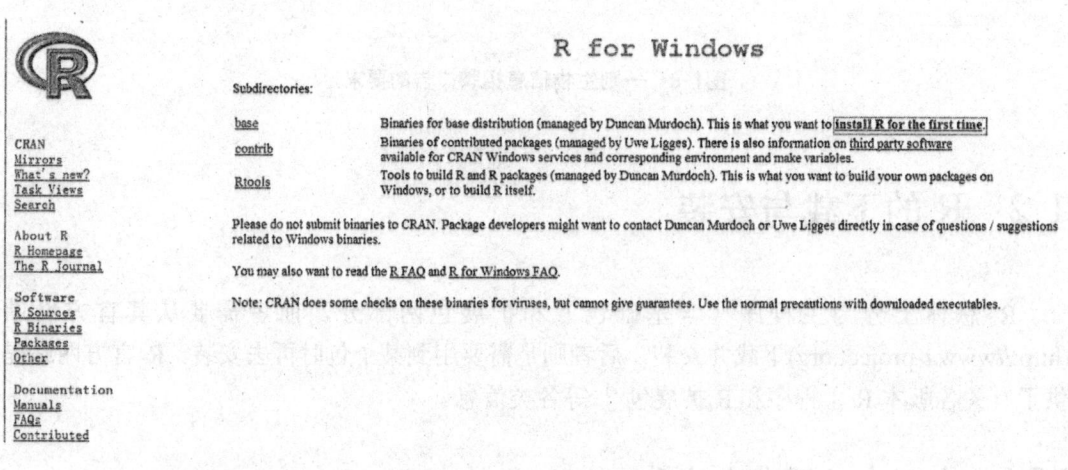

图1-10 R官方中R软件（Windows版）下载界面

直接运行下载后得到的可执行文件 R-2.14.1-win.exe，按照安装向导（Wizard）的提示，逐步进行安装。安装成功后桌面会出现两个快速启动图标：一个是 "R 2.14.1"，表示 32 位系统；另一个是 "R x64 2.14.1"，表示 64 位系统。本书的讲解全部参照 64 位英文系统。

1.2.2 扩展包的下载与安装

一个编程语言的功能强大与否，主要取决于它的函数库，R 的函数库以 R 包的形式存在。基本函数库（基本 R 包或称标准 R 包）和 R 程序同时发布，可以实现大多数经典的统计方法和基本的数据处理以及显示功能。R 一个突出特点就是有大量的扩展 R 包存在，能够实现更为复杂的统计绘图、工程计算以及与其他语言的相互调用等功能。扩展 R 包主要有两个来源，一部分来自 R 的官方网站 CRAN（The Comprehensive R Archive Network, http://cran.r-project.org/），截止到本书撰写大约有 3628 个函数包可供下载；另一部分是第三方（CRAN）管理的，如生物数据分析包 Bioconductor（http://www.bioconductor.org/）。 第三方管理的 R 扩展包在 CRAN 也有镜像，但由于相对比较独立，因此本书将 CRAN 扩展包与第三方扩展包分开对待。这里介绍三种不同的扩展包安装方式。

（1）**在线安装**

如图 1-11 所示，在 Windows 平台上，可以通过图形界面菜单栏选择菜单【Packages】》【Install package(s) …】，出现图中"CRAN mirror"界面。然后选择中国境内的 CRAN 镜像，点击【确定】。接着会进入供选择需要安装程序包的界面"Packages"，这里以常用的 ggplot2 为例，选择后点击【确定】。之后会出现下载的程序包进度条，下载完成后会自动安装，完成后进入 RGui 窗口。更一般和简单的方法是在 R 中使用下列命令来安装（适用于任何操作系统）：

```
options(CRAN= "http://cran.r-project.org" )；# 指定镜像网站。
install.packages( "ggplot2" )；
```

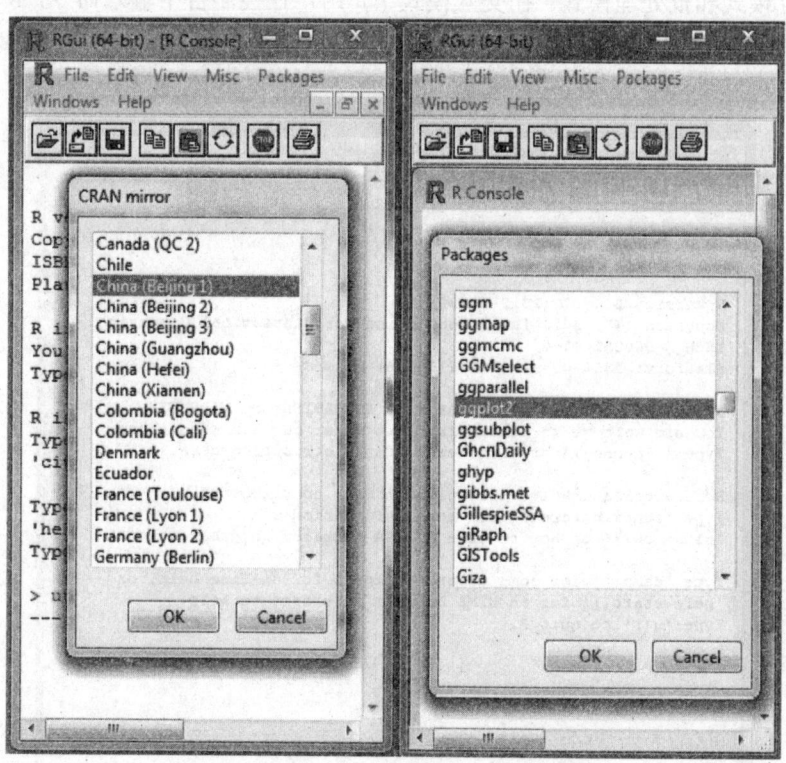

图1-11　R图形界面与菜单栏的部分截图

（2）下载到本地安装

在 Windows 平台上，可以通过图形界面菜单平台，选择菜单【Packages】》【Install package(s) from local zip files...】，然后找到下载的包，点击确定。更一般和简单的方法是在 R 中使用命令来安装，注意 Windows 系统需要下载 ".zip" 格式的包文件，Linux 则需要下载 ".tar.gz"。

install.packages("C:\\ ggplot2.zip", contriburl = NULL)

（3）使用第三方提供的脚本在线安装（以 Bioconductor 为例）

首先通过 source（http://bioconductor.org/biocLite.R）下载安装脚本 biocLite 到环境中，然后使用 biocLite 函数安装所有 Bioconductor 核心包，其他 Bioconductor 程序包依赖于这些核心包，所以必须先执行该命令，待安装完成后再安装其他包，否则某些包将无法使用 library 命令加载。安装所需的特定包时，需要传入包的名称，如 biocLite（"limma"）。

1.2.3　R 语言的集成开发环境

主程序安装完毕，双击打开后就可进入 R 控制台（图 1-12）。R 软件有两种方式来运行 R 代码：交互模式和批处理模式。在交互模式下，用户在控制台中输入命令，R 就会马上返回结果。在批处理模式下，可以在控制台中用 Source 函数来执行编写好的 R 程序。

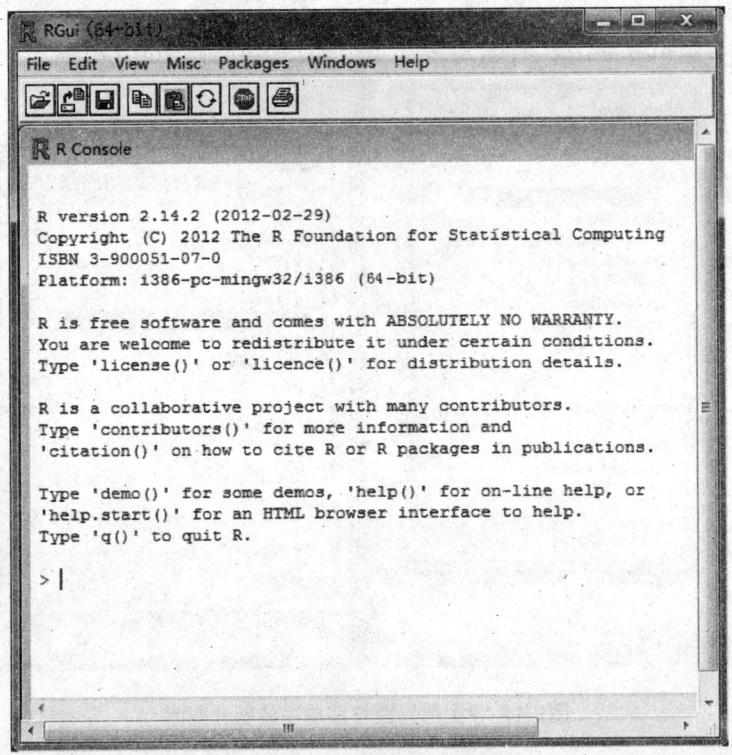

图1-12　R控制台主界面

　　显然 R 控制台提供的功能过于简单。当然，作为一种现代编程语言，R 也有自己的集成开发环境(IDE)——RStudio。RStudio 的主要特点是出色的界面设计、跨平台、集成了多种编程辅助工具。读者可以从官方网站(www.rstudio.org)自行下载安装，本书中使用的 RStudio 版本是 RStudio-0.96.316，它具有以下显著特点。

（1）RStudio 的界面直观而简洁

　　图 1-13 所示即为 RStudio 的运行界面，它把所有可能要用到的窗口全部集成到一个界面中，分成 Source、Console、History 以及 Help 四个大块，并以标签形式展现其他辅助功能。左上角 Source 提供了编写代码的编辑器，左下角的 Console 窗口就是控制台，图像输出将出现在右下角 Plots 窗口，在右上角的 History 窗口可查看历史。所需要的东西一目了然，非常简洁清楚。

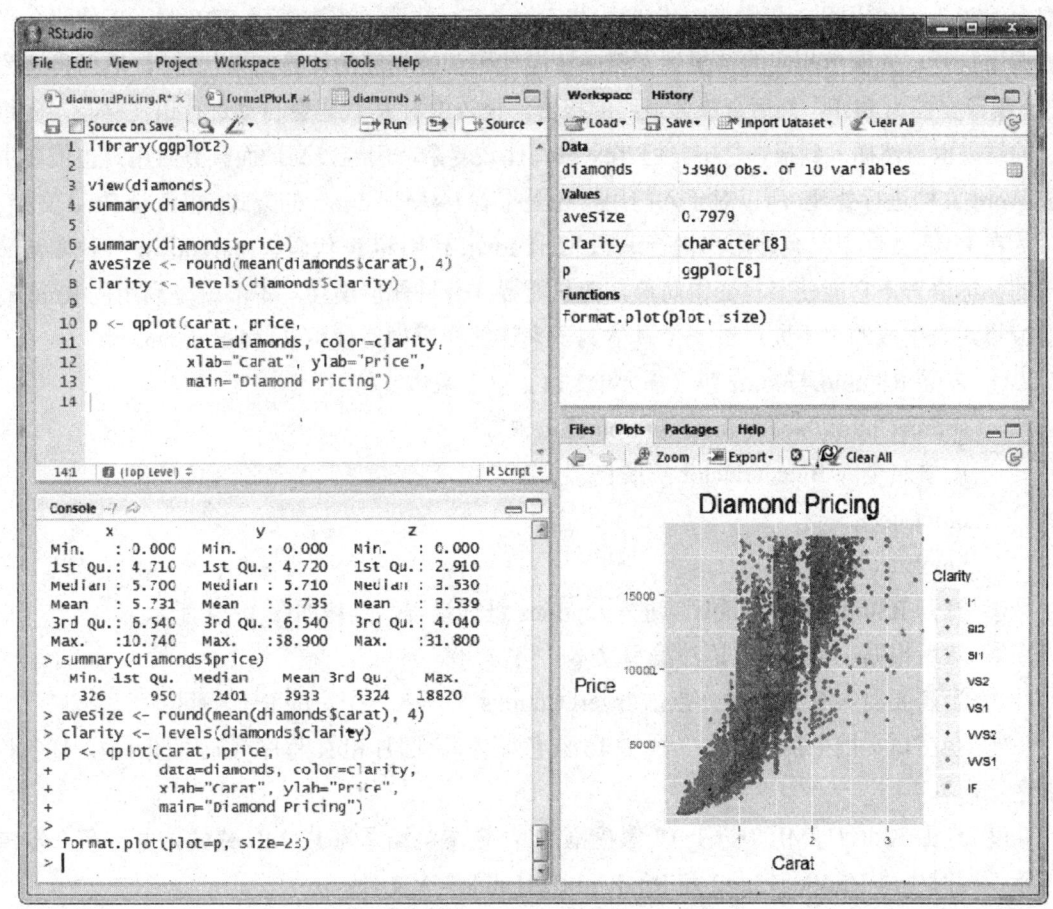

图1-13　RStudio的主界面

（2）多种编程辅助工具

　　RStudio 的编辑器有代码自动补全功能，对于记得不大清楚的函数，可以使用 Tab 键来获得函数名和参数的提示帮助。对于图像生成的辅助也很好，有非常方便的 Export 按钮帮助导出各种格式的图片。另外对于 R 中包的操作也非常直观，可以在 Package 页面中查看已经安装的包并可以勾选需要加载的包。对于代码很多的用户提供了 Project 功能，以方便管理不同项目的代码，而且 RStudio 还整合了 git 版本控制。

（3）RStudio 支持在文档中混编代码

用户在撰写数据分析报告时，往往需要先在 R 中运行代码，然后将运行结果以文本或图形方式拷贝到报告中，这样排版的效率极低，而且很容易出错。但现在只要将 RStudio 结合 knitr 包，就可以在一个文档中混排文本、图形、程序源代码等所有元素，分析结果会被自动插入该文档，并以各种格式（HTML、XML、Word 或 PDF）输出，从而方便修改和分享研究过程。

RStudio 支持两种新文件格式，分别是 Rnw 格式和 Rmd 格式。在 Rnw 文件中，你可以混合编写 Tex 代码和 R 代码，R 代码由特定标记进行注明。点击编译 PDF 时，R 代码会先被调用执行，并输出相应的结果到文档中（源代码都被相应的计算结果代替），然后再调用 Tex 编译文档为 PDF，然后合成为最终的报告。报告中对 R 代码会自动进行语法高亮，R 运行的结果也自然插入到报告之中。但 Tex 编写比较复杂，门槛较高，而且有时用户也需要生成 Word 文档进行处理，所以对于入门用户还是推荐 R+Markdown 的方式，也就是 Rmd 文档。

在 Rmd 文件中，允许用户混合编写 Markdown 代码和 R 代码，Markdown 一种非常简洁的标记语言，它能使书写变得简单，而只需要 5 分钟就能学会。本书就是利用的 Rmd 的混编模式来生成的。下面通过一个具体例子来详细介绍如何使用 R+Markdown。

① 安装 RStudio 与 knitr 包（需要 R2.14.2 以上版本支持）；

```
source("http://bioconductor.org/biocLite.R");
# 安装全部 Bioconductor 扩展包。
biocLite();
biocLite("knitr");
```

② 打开 RStudio 点击 Tools，进入 Options 进行设置，具体如图 1-14 所示；

③ 然后根据 Markdown 语法编写文本；

④ 当需要插入 R 代码时，点击 Insert Chunks 来插入一个空的 R 代码区；

⑤ 在空白文档中插入文本（图 1-15 红色框内）、图片和 R 程序代码（图 1-15 蓝色和红色框内）；

⑥ 点击 Knit HTML（图 1-15 黑色框内），该文档编译为 HTML 格式，并在另一窗口显示，同时生成 Untitled1.html 和 RmdUntitled1.md 两个文件；

⑦ 如果需要生成 Word 文档，需另外下载并安装 pandoc 软件，在终端内输入 shell（"pandoc input.md -o output.docx"）即可（图 1-15 绿色框内）。

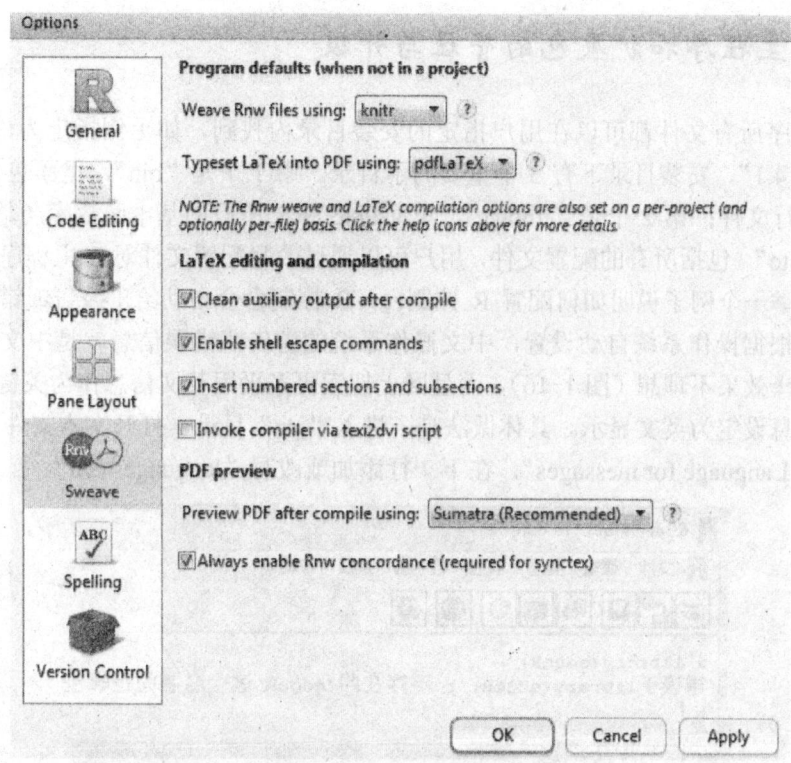

图1-14 RStudio中Sweave设置的示意图

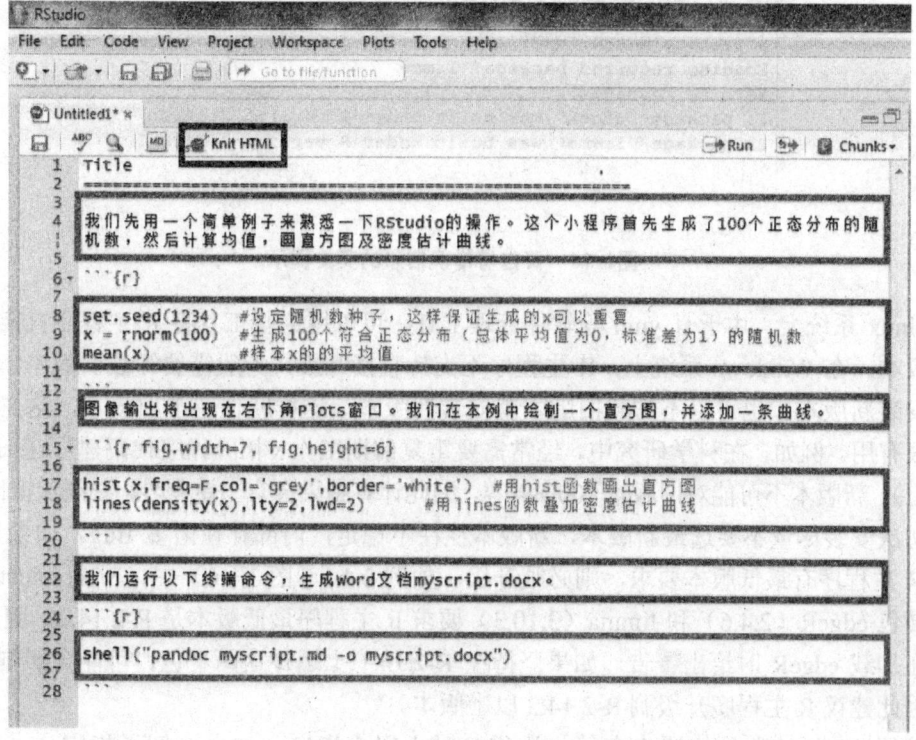

图1-15 RStudio中文本、代码和注释的混排（见彩图）

1.2.4　R 主程序和扩展包的管理与升级

R 主程序所有文件都可以在用户指定的安装目录内找到，如上例指定为 "C:\Program Files\R\R-2.14.1"。安装目录下有 3 个重要的子目录。第 1 个是 "bin"，里面包括了 R 软件的所有可执行文件；第 2 个是 "library"，里面包括了 R 所有的基本函数库（基本 R 包）；第 3 个是 "etc"，包括所有的配置文件，用户可以通过改写配置文件对 R 主程序的功能进行设置。下面举一个例子说明如何配置 R 控制台：R 控制台会自动给出警告或错误信息，其相应语言会根据操作系统自动设置，中文操作系统的警告或错误信息就是中文的，但是目前中文的翻译效果不理想（图 1-16），而且网上搜索更多采用英文信息作为关键词，所以需要将此类信息设定为英文显示。具体做法是：进入 "etc" 目录，打开文本文件 Rconsole，找到行 "## Language for messages"，在下一行添加或改写 "language = en"。

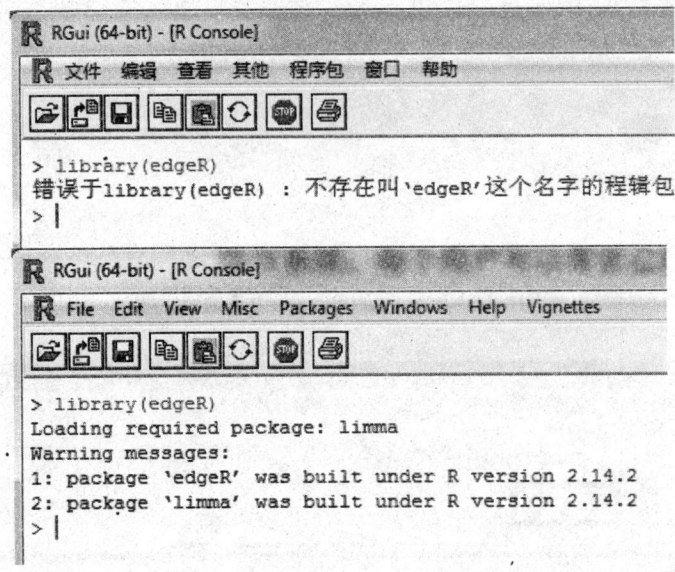

图1-16　警告与错误信息的英文提示

Linux 系统上，由于有 yum 等软件管理工具，可以用这些工具将 R 主程序直接升级到最新版本。在 Windows 系统上，R 主程序不支持直接升级，一般需要卸载旧版本，然后再下载安装新版本。也可以不卸载旧版本就安装新版本，这样就保留了旧版本，这在实际工作中很有用。例如，在科学研究中，经常需要重复前期工作（相应程序代码建立在旧版本 R 基础上），新版本不可能对旧版本 100% 兼容，因此计算结果会有一定差异，必须保留旧版本。

初次安装尽量不要选最新版本，新版本往往不稳定，内部存在诸多 Bug。如果 R 扩展包对 R 主程序有最低版本要求，则必须升级。如例 2.4.1（图 1-16）中，Bioconductor 的两个扩展包 edgeR（2.4.6）和 limma（3.10.3）要求 R 主程序最低版本是 R-2.14.2，因此 R 控制台在加载 edgeR 时给出警告。如果坚持在 R-2.14.1 上运行这两个包，可能会影响计算结果，因此建议 R 主程序升级到 R-2.14.2 以上版本。

扩展 R 包的存放位置也在第一次安装时由用户指定，如上个例子指定为 C:\Users\

gaoshan\Documents\R\win-library\2.14.。对于多用户操作系统，每个用户可以有自己的扩展 R 包路径。升级主程序时，可以通过简单移动，继续使用已安装的扩展包（旧版本）。如例 2.4.1 中，首先安装 R2.15.1 主程序，然后将旧目录（如上例..\win-library\2.14）中所有的文件拷贝到新目录 C:\Users\gaoshan\Documents\R\win-library\2.15，最后运行下面语句：

```
update.packages(checkBuilt=TRUE, ask=FALSE)
```

但是上面的做法存在一个问题，即不能保证 R 扩展包与 R 主程序的版本一致性。R 扩展包的开发和更新很快，用户在使用时，需要保证 R 扩展包与 R 主程序的同步升级。上例中，我们把 R 主程序从 R2.14.1 升级到了 R2.15.1，但是扩展包 edgeR 和 limma 还是旧版本，如果一定要在新版本的 R 主程序上运行旧的 R 扩展包，有可能不能用到最新扩展包带来的新功能。另外，最主要的是新版本的 R 扩展包修复了旧包的一些 Bug，因此同步升级是很必要的。特别对于 Bioconductor 来说，很大一部分运行错误都是由于旧 R 扩展包存在的 Bug，而解决方法主要依靠 R 扩展包升级。CRAN 扩展包可以通过 update.packages 函数在线升级；Bioconductor 扩展包升级也很简单，只需要在新版本的 R 主程序中运行下列语句：

```
source("http://bioconductor.org/biocLite.R")
update.packages(repos=biocinstallRepos(), ask=FALSE)
```

或者全部重新安装所有已经存在的 Bioconductor 扩展包，这对互联网带宽有一定要求。

```
source("http://bioconductor.org/biocLite.R");
pkgs <- rownames(installed.packages());
biocLite(pkgs);
```

1.3 R 语言快速入门

1.3.1 从哪里入手开始学习 R

本书读到这里，所有的读者都会有如下一些问题：R 语言这么强大，是不是很难学？如果没有计算机基础从头学习 R 语言，产出和投入比是否合理？学习 R 语言有没有捷径？

通常来讲，掌握一门编程语言，首先要学习大量语法，并阅读他人的源代码。语法学习已经相当耗时了，对于没有计算机基础的初学者更是难上加难。阅读他人的源代码需要非常好的代码注释，而往往这方面的资料又奇缺。无论从哪个方面入手，都会遇到一定的困难。但是本书可以很明确地告诉你，R 语言之所以强大，不仅仅在于它的易学上手快，还在于投入小产出大。我们在大量的教学及培训经验基础上，为读者选择了这样一条捷径，那就是根据难度递增原则，阅读具有代表性的源代码（附有详细注释），并及时总结用到的语法，使读者由浅入深慢慢学会如何编程，如何查阅资料自行解决问题，最后达到熟练使用 R 的程度。这样做的另外一个好处是，读者在学习 R 语言的同时，还可以直接使用或者改写我们提供的代码，以完成自己的应用。

1.3.2　三板斧搞定 R 语言

R 软件有两种方式来运行 R 程序：交互模式和批处理模式。在交互模式下，用户在控制台中输入命令，R 就会马上返回结果。在批处理模式下，用户先在编辑器中输入代码文本，然后在控制台中用 source 函数来执行编写好的 R 程序。交互模式可以使读者详细地观察每一步数据处理得到的即时结果，为学习 R 语言提供了便利。本书为了便于读者调试运行所有出现的 R 源代码，专门将它们汇总为电子资源，读者不必人工输入程序代码。

为了使读者快速掌握 R 语言，本书推出三板斧快速学习法：

①安装和加载需要的扩展包；

②设定工作目录，并保证输入数据存在；

③复制粘贴代码，运行程序。

1.3.3　一个例子来说明三板斧

上文的例 1-1 中，主要用到了三个扩展包：XML 包用于从地震信息网抓取最近一周的地震数据；ggmap 包用于获取 google 地图；ggplot2 用于最后的合成绘图。通过学习下面代码，读者就会发现，掌握有效的方法来实现 R 编程，将会使得一个复杂功能的代码非常简洁。

（1）安装和加载需要的扩展包，读者可以拷贝并在控制台中运行下列代码

```
install.packages('ggmap');
install.packages('maps');
install.packages('XML');
install.packages('ggplot2');
install.packages('mapproj');
library(ggplot2);
library(ggmap);
library(XML);
library(maps);
library(mapproj);
```

（2）设定工作目录，并保证输入数据存在

大部分情况下，待处理的数据需要本地读取，则要存放在 R 知道的地方，即工作目录 (Working Directory)。在 R 中 getwd 函数可以用来查询当前目录，setwd(dir)函数则用来指定当前工作目录（并不能永久性的改变，如若想永久性改变工作目录可以按照"右键快捷方式图标/属性/起始位置"步骤直接修改即可）。如果使用 RStudio，也可以使用快捷键 Ctrl+Shift+K 来设定工作目录。R 可以从多种渠道接收输入数据，除了前面提到的本地文件的方式，还可以从互联网主页直接获取数据。本例中的数据采集自网址

http://data.earthquake.cn/datashare/globeEarthquake_csn.html。为了保证输入数据的存在，编写代码前需要在浏览器中输入网址确认该页面可以正常访问。

（3）复制粘贴代码并运行程序

将下面的全部代码复制粘贴到 R 的控制台中，然后回车执行；或者是复制到 RStuido 中，全选后点击 run，读者即可以看到图 1-2 显示的结果。然后，逐行复制粘贴，并回车执行，所有的中间结果都保存在变量中，读者可以直接输入变量名称并回车，即可看到该变量的所有信息。

```
url <- 'http://data.earthquake.cn/datashare/globeEarthquake_csn.html';
tables <- readHTMLTable(url,stringsAsFactors = FALSE);
raw <- tables[[6]];
data <- raw[ ,c(1,3,4)];
names(data) <- c('date','lan','lon');
data$lan <- as.numeric(data$lan);
data$lon <- as.numeric(data$lon);
data$date <- as.Date(data$date, "%Y-%m;%d");
ggmap(get_googlemap(center='china',zoom=4,maptype='terrain'),extend='device')+geom_point(data=data,aes(x=lon,y=lan),colour='red',alpha=0.4)+opts(legend.position="none");
```

1.4　一些简单的语法知识

1.4.1　什么是编程

计算机通过接收指令指挥机器工作，人们通过编制程序表达自己的意图，并交给计算机执行。程序就是一系列按一定顺序排列的指令，执行程序的过程就是计算机的工作过程。在硬件层面一条指令包括两方面的内容：操作码和操作数，操作码决定要完成的操作，操作数表示参加运算的数据及其所在的单元地址。

在 R 这类高级语言中，操作码扩展为函数，操作数扩展为变量。变量用于接收数据，函数实现对数据的处理。因此，只要掌握了变量和函数两方面内容，就可以学好任何一门编程语言。

上文的例 1-3 的程序由 9 条语句（指令）组成，每条语句一行，结尾不需要任何标点符号，也可以以分号作为结束标志（这点与常见编程语言相同）。整个程序可以一起拷贝到 R 控制台中回车运行，也可以逐行拷贝单独运行。

1.4.2　变量

例 1-1 中的 "url"、"tables"、"raw" 等所有 "<-" 前出现的东西都叫做变量，变量对应

计算机的内存或寄存器地址，用于保存数据。R 语言的一个重要特点就是向量化操作，即 R 的变量常常是一个向量。向量化运算的优点在于使代码变得简洁易懂，而且回避了循环，使运算速度加快。下面代码用 c 函数来构建一个包含了 4 个元素（4 维）向量，并赋值给变量 x。运行如下：

```
> x <- c(1,2,3,4)
> x
[1] 1 2 3 4
```

向量之间可以进行加减乘除在内的各种运算，例如运行：

```
> c(1,2,3,4) + c(3,4,5,6)
[1]   4   6   8 10
```

由于向量中可以存放数值、逻辑和字符等类型的数据，因此向量又可以分为数值型、逻辑型和字符型等，更多的关于向量的数据类型的内容请参见第七章。上例中的向量就是一个数值向量，而例 1-1 中的 "url" 保存的就是包含一个元素的字符向量，下例是一个包含两个元素的字符向量：

```
> c("hello world", "I am a R user")
[1] "hello world"    "I am a R user"
```

1.4.3 函数

在 R 语言中，所有的操作都是由函数来完成的。计算机语言中的函数由函数名和参数（也是一种变量）两项组成的。函数对输入的数据进行某种运算或操作，再将结果（函数值）作为输出返回。例如下面计算指数的例子：

```
> exp(0)   # 调用函数 exp 计算 0 的自然指数。
[1] 1
```

其中 exp 是函数名，括号中的 0 即为输入值，而结果 1 则是函数的输出。如果用向量 x 替换数值 0，就可以分别计算 x 中每个值的指数。

```
> x<-1:4   # 产生一个向量 (1,2,3,4)。
> exp(x)
[1]   2.718282 7.389056 20.085537 54.598150
```

R 的函数大部分是内置的，也就是说不需要定义函数这一处理的过程。但是在很多时候，需要编写自定义函数来完成特定的目的，这在 R 中是很容易做到的。下面定义了一个计算圆面积的函数，然后调用这个自定义函数来计算半径为 4 的圆面积：

```
> area<-function(x){        # 定义函数，函数名是 area，参数 x 用来接受输入。
+ result<-pi*x^2            # 计算半径为 x 的圆面积。
+ return(result)            # 定义返回值，来自变量 result。
+ }
> area(4)                   # 调用函数 area 计算半径为 4 的圆面积。
[1]   50.26548
```

上例中的函数只有一个输入值和一个输出值，当然输入输出可以有多个值。下例希望输入两个值，然后分别算出它们的和与差。

```
> add.diff<-function(x,y){      # 输入参数有 2 个，x 和 y。
+ add<-x + y                    # 计算 x+y 的值，并存入变量 add。
+ diff<-x - y                   # 计算 x-y 的值，并存入变量 diff。
+ return(c(add,diff))           # 定义返回值，向量(add,diff)。
+ }
> add.diff(x=5,y=3)            # 调用函数 add.diff 来计算 5 和 3 的和与差。
[1]  8 2
```

R 语言中的函数除了完成计算功能（即根据输入值产生输出值）外，还可以完成绘图、文件读取、网络访问等多项任务。由于函数能方便地重复使用，所以在学习使用 R 语言时可以尽量将代码以函数形式编写。

1.4.4 综合案例

本小节我们将结合前面的地震例子来综合练习一下本章所学的变量和函数的基本知识。在这个例子中用到的函数有：

```
readHTMLTable()              # 读入 HTML 格式的表格。
names()                      # 取一个表格各列的名称。
as.numeric()                 # 将向量转换为数值类型。
as.Date()                    # 将向量转换为时间格式。
ggmap()，get_googlemap()，geom_point()，opts()   # 这 4 个函数组合用于画图。
```

在这个例子中，字符向量有 url、c(1,3,4)、c('date','lan','lon')等；数值向量有 data$lan 和 data$lon 等。R 程序的所有的中间结果都保存在变量中，读者可以直接输入变量名称并回车，即可看到该变量保存的数据，如下例：

```
> data$lan[1:5]   # [ ]中表示取向量 data$lan 的第 1 到 5 个元素。
> 25.10 32.30 40.90 31.80 24.41
```

1.5 本章源代码详解及小结

每章的重要程序源代码都会详细注释，供读者进一步学习，以提高编程能力，所有源代码的电子版都通过网站发布（参看前言），方便读者拷贝运行。

1.5.1 例 1-1

```
library(ggplot2)    # 加载 ggplot2 包。
library(ggmap)      # 加载 ggmap 包。
library(XML)        # 加载 XML 包。
library(maps)       # 加载 maps 包。
```

```
library(mapproj)            # 加载 mapproj 包。
```

```
# 将数据所在网址作为字符串存入 url 变量中。
url <- 'http://data.earthquake.cn/datashare/globeEarthquake_csn.html';
```

```
# 对该网页内容进行解析，读取其中的所有表格，并存入 tables 变量中。
tables <- readHTMLTable(url,stringsAsFactors = FALSE) ;
```

```
# 取出我们所需的第 6 个表格，存入变量 raw。
raw <- tables[[6]] ;
```

```
#查看表格的第一行数据，这里不显示结果。
raw[1,]
```

```
# 只保留时间、经度、纬度这三列数据，并存入变量 data。
data <- raw[ ,c(1,3,4)] ;
```

```
# 修改 data 包含的表格各列的名称为'date'、'lan'和'lon'。
names(data) <- c('date','lan','lon') ;
```

```
# 将经度(data$lan)和纬度(data$lon)的数据类型用函数 as.numeric（）转换为数值类型
data$lan <- as.numeric(data$lan) ;
data$lon <- as.numeric(data$lon) ;
```

```
# 将时间(data$date)的数据类型用函数 as.Date（）转换为时间类型("%Y-%m-%d")。
data$date <- as.Date(data$date, "%Y-%m-%d");
```
用 ggmap 包读取地图（该地图中心为 'china'，放大 4 倍，地图类型为地形图，范围为整个图形设备）+ 叠加散点图（散点数据来源于 data 数据框，以数据经纬度作为坐标值，散点颜色为红色，透明度为 0.7，图解位置无）。
```
ggmap(get_googlemap(center='china', zoom=4, maptype='terrain', extend='device')+
    geom_point (data=data, aes(x=lon,y=lan), colour='red', alpha=0.4)+
    opts(legend.position="none");
```

1.5.2　例 1-2

```
library (igraph);   # 加载 igraph 包。
```

根据 Barabasi-Albert 模型生成一个网络，该网络包括 100 个节点，每次生成时出现一条边（m=1）。变量 g 是一个对象（参见第七章），包含了这个网络的所有信息。

```
g <- barabasi.game (100, m=1);
```

```
# 绘制网络图。
plot( g,                                   # 画图的对象是 g。
vertex.size=4,                             # 顶点的大小设置为 4。
vertex.label=NA,                           # 顶点的标签设置为无。
edge.arrow.size=0.1,                       # 点之间连线的箭头大小设置为 0.1。
edge.color="grey40",                       # 点之间连线的颜色设置为灰度。
layout=layout.fruchterman.reingold,        # 设置整体的布局方式。
vertex.color="red",                        # 顶点的颜色设置为红色。
frame=TRUE);                               # 绘图包括整体边框。
```

注意：这里的 plot 函数并不是基础包中的那个 plot 函数，为了达到调用统一，这个 plot 函数用范型实现，也就是一个统一的接口，其底层会调用 plot.igraph 具体完成画图功能。

1.5.3 例 1-3

```
library(quantmod)     # 加载 quantmod 包。
```

```
# getSymbols 函数自动连接 Yahoo 数据源，必须保证网络连接正常。读取的数据源是
# SSEC（上证指数的 Yahoo 代码），时间范围是从 '2011-01-01' 到 '2012-07-13'。
getSymbols('^SSEC', from = '2011-01-01', to='2012-07-13')
```

```
# 得到的数据保存在 SSEC 这个对象中，查看表格的第一行数据，这里不显示结果。
SSEC[1,]
```

```
# 绘图 K 线图，时间是最近的 4 个月，主题使用白色蜡烛图，不使用其他的技术指标
# (TA)。
candleChart (last(SSEC,'4 months'), theme=chartTheme('white'), TA=NULL)
```

```
# 添加 MACD 指标，使用默认参数。
addMACD()
```

注意：数据下载是从 1 到 7 月，共 7 个月，但是作图只作 4 到 7 月近 4 个月的结果；下载的数据必须包括作图的数据的时间范围，否则系统会自动调整为显示下载数据的时间范围，不会报错。

1.5.4 例 1-4

（1）课题背景

高山等人[20]通过多任务学习的方法在 12 种癌症中寻找癌症共同发病基因（common cancer gene）。数据来自的12组基因芯片（型号都来自 Affymetrix 公司的 Human Genome U133 系列），分别对应 12 种常见癌症，每组数据都有疾病和对照（正常）样本不等。多任务学习算法初步从 22 215 个基因（探针组）中筛选了 4993 个，又通过权重分析最终得到了 72 个共同发病基因。下一步的分析集中在对 4993 和 73 两个基因列表的基因进行基因本体论（Gene Ontology，GO）分析。该项目的整体介绍详见第五章。

GO 分析包括：把基因列表提交到 Gorilla 网站（http://cbl-gorilla.cs.technion.ac.il/)，就可以得到这组基因对应的 GO 术语（term）的列表，简称 GO 列表。最后，通过 REVIGO 网站（由 Gorilla 网站自动跳转）计算这些 GO 术语之间的关系，并将结果用图形显示，给研究人员提供进一步分析的线索。需要注意的是，REVIGO 网站来显示关系图的时候，一方面会受到服务器和网络的影响，而且用户不能根据自己的需要详细设定显示的参数。因此 REVIGO 网站在显示关系图的同时，输出相应的 R 语言绘图代码，用户下载后可以非常方便地在本地作图，充分利用了 R 的强大绘图功能。

（2）课题实现

首先从本书的电子资源（见附录）获取基因列表文件 gene_list1.txt；然后到 GOrilla 网站提交这个文件，在默认参数下运行【Search Enriched Go terms】。在结果页面可以看到 GO 列表。点击【Visualize output in REVIGO】，网页自动跳转到 REVIGO 网站，点击【Start Revigo】，就可以看到 GO 术语（仅仅包括 Process 有关的所有术语）之间的关系图。最后点击【Make R script for plotting】下载 R 代码，本地运行，就可以得到图 1-5 的结果。

（3）源代码详细注解

```
library(ggplot2);   # 加载 ggplot2 包。
library(scales);    # 加载 scales 包。
# 导入数据，生成一个矩阵格式的对象 revigo.data 保存所有数据，每行代表一个聚类后
的 GO 术语，各列依次为：GO 术语的 ID、文字描述、百分比频率、X 轴坐标、Y 轴坐标等。
revigo.names <- c("term_ID", "description", "frequency_%", "plot_X", "plot_Y",
"plot_size", "log10_p_value", "uniqueness", "dispensability");
revigo.data <- rbind(c("GO:0009698", "phenylpropanoid metabolic process", 0.024,
1.380, -8.143,  3.438, -6.7645, 0.675, 0.000),
c("GO:0021722", "superior olivary nucleus maturation", 0.000, -4.773, 3.914, 0.845,
-3.5935, 0.874, 0.000),
c("GO:0019748", "secondary metabolic process", 0.081, -6.414, 0.228, 3.966, -5.0550,
0.909, 0.007),
```

```
    c("GO:0042440", "pigment metabolic process",   0.324, -0.765,  0.844,  4.568, -4.3893,
0.909, 0.009),
    c("GO:0051299", "centrosome separation",   0.001,  0.901, -5.814,  1.771, -3.0482, 0.902,
0.012),
    c("GO:0052695", "cellular glucuronidation",   0.000,  6.070, -2.020,  1.398, -6.7645,
0.667, 0.023),
    c("GO:0042501", "serine phosphorylation of STAT protein",   0.001,  4.269,  4.220,
1.944, -3.5935, 0.760, 0.025),
    c("GO:0016101", "diterpenoid metabolic process",   0.005, -4.590, -4.132,  2.772, -3.5346,
0.763, 0.028),
    c("GO:0090313", "regulation of protein targeting to membrane",   0.000,  1.015,  6.202,
1.230, -3.5935, 0.822, 0.133),
    c("GO:0010225", "response to UV-C",   0.001,  6.233,  3.496,  2.121, -3.1409, 0.864,
0.171),
    c("GO:0006063", "uronic acid metabolic process",   0.025,  6.023, -2.786,  3.461,
-5.4473, 0.697, 0.408),
    c("GO:0006069", "ethanol oxidation",   0.015,  5.585, -3.328,  3.222, -3.1555, 0.762,
0.427),
    c("GO:0006720", "isoprenoid metabolic process",   0.401, -3.931, -4.897,  4.660, -3.1707,
0.775, 0.481),
    c("GO:0021819", "layer formation in cerebral cortex",   0.000, -4.381,  4.333,  1.740,
-3.5935, 0.845, 0.559),
    c("GO:0001523", "retinoid metabolic process",   0.003, -4.238, -4.361,  2.480, -3.6819,
0.741, 0.595),
    c("GO:0090314", "positive regulation of protein targeting to membrane",   0.000,  0.506,
6.348,  0.301, -3.5935, 0.827, 0.598),
    c("GO:0052697", "xenobiotic glucuronidation",   0.000,  5.854, -0.744,  1.114, -6.9626,
0.570, 0.617));
# 以下都是数据格式的转换。
one.data <- data.frame(revigo.data);   # 矩阵格式转换为数据框格式。
names(one.data) <- revigo.names;       # 改变各列名称。
# 只保留 x、y 坐标都不为 null，即有数值的行。
one.data <- one.data [(one.data$plot_X != "null" & one.data$plot_Y != "null"), ];
one.data$plot_X <- as.numeric( as.character(one.data$plot_X) );
# factor 类型转字符，再转数字。
one.data$plot_Y <- as.numeric( as.character(one.data$plot_Y) ); # 同上。
```

```
one.data$plot_size <- as.numeric( as.character(one.data$plot_size) ); # 同上。
one.data$log10_p_value <- as.numeric( as.character(one.data$log10_p_value) ); # 同上。
one.data$frequency <- as.numeric( as.character(one.data$frequency) ); # 同上。
one.data$uniqueness <- as.numeric( as.character(one.data$uniqueness) ); # 同上。
one.data$dispensability <- as.numeric( as.character(one.data$dispensability) ); # 同上。
```

```
# 以下使用 ggplot 绘图。
p1 <- ggplot( data = one.data );      # 建立基本绘图对象,将绘图所需数据传递给该对象。
p1 <- p1 + geom_point( aes( plot_X, plot_Y, colour = log10_p_value, size = plot_size), alpha
= I(0.6) ) + scale_area();    # 确定 X 轴、Y 轴、颜色、大小和透明度的映射规则。
p1 <- p1 + scale_colour_gradientn (colours = c("blue", "green", "yellow", "red"), limits =
c( min(one.data$log10_p_value), 0);  # 确定颜色过度的标度控制。
p1 <- p1 + geom_point( aes(plot_X, plot_Y, size = plot_size), shape = 21, fill = "transparent",
colour = I (alpha ("black", 0.6)) + scale_area();      # 添加点图对象,并设置颜色。
p1 <- p1 + scale_size( range=c(5, 30) + theme_bw();    # 设置点的大小标度。
ex <- one.data [ one.data$dispensability < 0.15, ];    # 数据取子集(只要最后一列小于
0.15 的)。
p1 <- p1 + geom_text( data = ex, aes(plot_X, plot_Y, label = description), colour =
I(alpha("black", 0.85), size = 3 );             # 添加文字对象并设置颜色和大小。
p1 <- p1 + labs (y = "semantic space x", x = "semantic space y");     # 添加 X 轴和 Y 轴说明。
p1 <- p1 + opts(legend.key = theme_blank()) ;  # 添加图例说明。
# 以下是设置 X 轴和 Y 轴的刻度限。
one.x_range = max(one.data$plot_X)−min(one.data$plot_X);
one.y_range = max(one.data$plot_Y)−min(one.data$plot_Y);
p1 < -p1 +xlim(min(one.data$plot_X)−one.x_range / 10,max(one.data$plot_X) + one.x_range
/ 10);
p1<-p1 + ylim(min(one.data$plot_Y)−one.y_range / 10,max(one.data$plot_Y) + one.y_range
/ 10);
p1; # 执行绘图指令。
```

注意:数据导入方法是逐个向量添加,只能用于输入很少量的数据,处理大量数据的输入需要调用函数读取文件(见第七章);在 ggplot 绘图过程中,会出现蓝色警告信息,这是由于 ggplot 版本升级导致,不影响最终画图结果,所以读者不必理会。

1.5.5 小结

通过本章的几个例子,我们可以初步了解 R 的编程思维,并且突出了三个特点:

（1）从数据获取到处理分析，再到显示输出无缝连接，快捷高效；

（2）很方便地与其他软件或者工具接口（见例 1-4）；

（3）熟练掌握各种数据格式及其转换很重要，这部分请参看第七章。

参考文献

[1] Vance A. Data analysts captivated by R's power[J]. New York Times, 2009-6.

[2] Venables WN, Smith DM, Team RDC. An introduction to R [M]. Network Theory，2002.

[3] Everitt BS, Hothorn T. A handbook of statistical analyses using R[M]. Chapman & Hall/CRC, 2009.

[4] Venables W, Ripley BD. S programming[M]. Springer, 2000.

[5] Zuur AF, Ieno EN, Meesters E. A Beginner's Guide to R[M]. Springer, 2009.

[6] Kleiber C, Zeileis A. Applied econometrics with R[M]. Springer, 2008.

[7] Ihaka R, Gentleman R. R: A language for data analysis and graphics[J]. Journal of computational and graphical statistics, 1996,5(3): 299-314.

[8] 刘思喆.R 语言：优雅，卓越的统计分析及绘图环境[J].程序员,2012(2)：40-43.

[9] 孙啸，谢建明，周庆.R 语言及 Bioconductor 在基因组分析中的应用[M].北京：科学出版社，2006.

[10] 汤银才.R 语言与统计分析[M].北京：高等教育出版社，2008.

[11] Ripley BD. The R project in statistical computing[J]. MSOR Connections The newsletter of the LTSN Maths, Stats & OR Network, 2001,1(1): 23-25.

[12] Otte E, Rousseau R. Social network analysis: a powerful strategy, also for the information sciences[J]. Journal of information Science, 2002,28(6): 441-453.

[13] Csardi G, Nepusz T. The igraph software package for complex network research[J]. InterJournal, Complex Systems, 2006,1695：38.

[14] Krijnen WP. Applied Statistics for Bioinformatics using R[J]. GNU Free Document License, 2009.

[15] Toedling J, Sklyar O, Huber W. Ringo–an R/Bioconductor package for analyzing ChIP-chip readouts[J]. BMC Bioinformatics, 2007,8(1): 221.

[16] Parthasaradhi STV, Derakhshani R, Hornak LA, Schuckers SAC. Time-series detection of perspiration as a liveness test in fingerprint devices[J]. Systems, Man, and Cybernetics, Part C: Applications and Reviews, IEEE Transactions on, 2005,35(3): 335-343.

[17] Kembel SW, Cowan PD, Helmus MR, Cornwell WK, Morlon H, Ackerly DD, Blomberg SP, Webb CO. Picante: R tools for integrating phylogenies and ecology[J]. Bioinformatics, 2010,26(11): 1463-1464.

[18] Mente S, Kuhn M. The Use of the R language for Medicinal Chemistry Applications[J]. Curr Top Med Chem, 2012.

[19] Gentleman R, Carey VJ, Huber W, Irizarry RA, Dudoit S. Bioinformatics and computational biology solutions using R and Bioconductor[M]. Springer Science+ Business Media New York, 2005.

[20] Gao S, Xu S, Fang JW. Prediction of Core Cancer Genes Using Multitask Classification Framework[J]. Journal of Theoretical Biology, 2011(Under review).

第二章　生物信息学基础知识

　　生物信息学是利用应用数学、信息学、统计学和计算机科学等方法研究生物学问题的学科，其研究内容非常广泛。从基本的序列分析、分子进化和比较基因组学，到蛋白质结构比对和预测，再到计算机辅助药物设计等，R语言都能发挥其强大的数据处理和分析功能。生物信息学已经成为了R语言的一个非常重要的应用领域，R语言近年来的迅猛发展很大程度上得益于生物信息学的推动。以下一代测序为核心的基因组学的爆发对生物信息数据的处理和分析提出了更高的要求，这大大推动了R和Bioconductor的发展。

　　为了用少而精的内容让读者迅速掌握用R和Bioconductor处理生物信息数据的思维和基本技能，本书自第三章开始的项目和代码都集中在序列分析和基因表达分析两个非常基础和典型的生物信息学应用领域。在介绍这些项目和代码之前，我们在本章简单介绍一下所需的生物信息学基础知识，为后面学习R和Bioconductor打下基础。

　　本章2.1介绍了生物学的核心概念——中心法则，生物信息的数据分析是基于这个核心概念展开的；2.2在详细讲解了测序技术，特别是下一代测序的基础上，介绍了序列分析的主要内容；2.3则是介绍了基因表达分析；2.4对生物信息学的整体研究思路进行了小结。由于本章的基本概念大部分来自已发行的教科书或专业参考书，限于篇幅不再一一列举，重点参考的几本书有东南大学孙啸等编著的《生物信息学基础》、暨南大学许忠能编著的《生物信息学》和浙江大学樊龙江编著的《生物信息学札记》。对生物信息学有兴趣的读者，可以阅读上述参考书进一步学习。

2.1　中心法则——生物信息流

2.1.1　生物大分子

　　生物大分子是指作为生物体内主要活性成分的各种分子量达到上万或更大的有机分子，主要包括核酸与蛋白质，另外还有多糖、脂类和它们相互结合的产物。生物大分子是生物单分子以及其他有机物经过聚合而成的，如蛋白质的组成单位是氨基酸，核酸的组成单位是核苷酸。从化学反应角度来看，蛋白质是由α-L-氨基酸脱水缩合而成的，核酸是由嘌呤和嘧啶类核苷酸脱水缩合而成。生物大分子是生物体的重要组成成分，不但分子量大，其结构和功能也比较复杂。生物信息学研究主要围绕脱氧核糖核酸（Deoxyribonucleic acid，DNA）、核糖核酸（Ribonucleic acid，RNA）和蛋白质（Protein）三类生物大分子展开。

（1）DNA

DNA 是脱氧核糖核苷酸，通过 3'，5'-磷酸二酯键彼此连接起来的多聚体，一般存在于细胞核、叶绿体和线粒体内，负责生物体遗传信息的储存。脱氧核糖核苷酸由三部分组成：含氮碱基、五碳糖（脱氧核糖）和磷酸基团。含氮碱基又可分为四类：腺嘌呤（Adenine，缩写为 A）、胸腺嘧啶（Thymine，缩写为 T）、胞嘧啶（Cytosine，缩写为 C）和鸟嘌呤（Guanine，缩写为 G）。A、T、C 和 G 不但表示对应的碱基，还可以表示对应的核苷酸，因此 DNA 的一级结构（核苷酸的排列次序）可以表示为一条由 A、T、C 和 G 组成的序列。DNA 的二级结构是指两条长度相同、方向相反的多聚脱氧核糖核苷酸链，根据碱基互补配对原则（A=T，C=G）平行围绕同一"想象中"的中心轴形成的双螺旋结构。DNA 在二级结构的基础上，通过进一步卷曲和折叠，形成超螺旋的三级结构（图 2-1）。在真核生物中，DNA 与组蛋白结合形成核小体结构，核小体是染色质的基本结构单位，它可以进一步卷曲，再由 H1 组蛋白在内侧相互接触，形成直径为 30nm 的螺旋筒（Solenoid）结构，组成染色质纤维。在形成染色单体时，螺旋筒再进一步卷曲和折叠，形成纤维状及襻状结构，最后形成棒状的染色体。多个层次的卷曲和折叠使长度近 1m 的 DNA 双螺旋，压缩了 8000 多倍，成功地容纳在直径仅数微米的细胞核中。

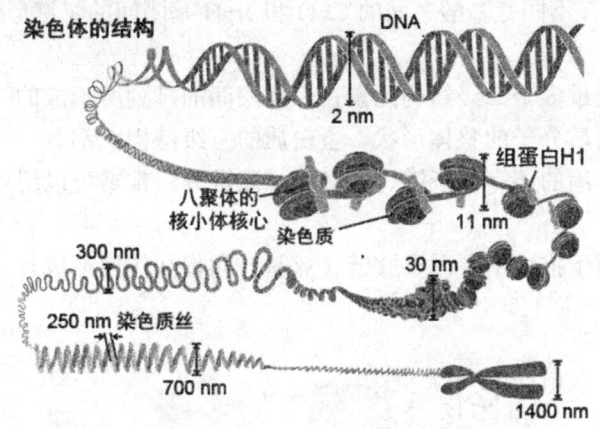

图2-1　DNA分子的多级结构（此图片来自互联网）

（2）RNA

RNA 与 DNA 同属核酸，区别在于 RNA 单体是核糖核苷酸，由碱基、核糖和磷酸构成。RNA 的碱基主要有 4 种，即 A、U（Uracil，尿嘧啶）、C 和 G，其中，U 取代了 DNA 中的 T 而成为 RNA 的特征碱基。RNA 一般为单链长分子，不形成双螺旋结构，但是很多 RNA 也需要通过碱基配对原则形成一定的二级结构乃至三级结构来行使生物学功能。RNA 的碱基配对规则和 DNA 基本相同，但除了 A-U、G-C 配对外，G-U 也可以配对。RNA 一般存在于细胞质和细胞核内，主要负责生物遗传信息的传递，后来还发现了一些 RNA 具有酶的活性以及参与基因表达调控，而且对一部分病毒而言，RNA 是其唯一的遗传物质。RNA 根据结构功能的不同，主要分为三类，即 tRNA（转运 RNA）、rRNA（核糖体 RNA）和 mRNA（信使 RNA）。mRNA 是 DNA 转录的产物，又是合成蛋白质的模板（图 2-2）；tRNA 是 mRNA 上碱基序列（即遗传密码子）的识别者和氨基酸的转运者；rRNA 是组成核糖体的组分，而核糖体是蛋白质合成的场所。

（3）蛋白质

蛋白质是由氨基酸分子呈线性排列所形成，相邻氨基酸残基的羧基和氨基通过肽键连接在一起。目前，在绝大多数已鉴定的天然蛋白质中发现的氨基酸有 20 种，它们是甘氨酸（Glycine，缩写为 G）、丙氨酸（Alanine，缩写为 A）、缬氨酸（Valine，缩写为 V）、亮氨酸（Leucine，缩写为 L）、异亮氨酸（Isoleucine，缩写为 I）、苯丙氨酸（Phenylalanine，缩写为 F）、脯氨酸（Proline，缩写为 H）、色氨酸（Tryptophane，缩写为 W）、丝氨酸（Serine，缩写为 S）、酪氨酸（Tyrosine，缩写为 Y）、半胱氨酸（Cysteine，缩写为 C）、甲硫氨酸（Methionine，缩写为 M）、天冬酰胺（Asparagine，缩写为 N）、谷氨酰胺（Glutamine，缩写为 Q）、苏氨酸（Threonine，缩写为 T）、天冬氨酸（Aspartic acid，缩写为 D）、谷氨酸（Glutamic acid，缩写为 E）、赖氨酸（Lysine，缩写为 K）、精氨酸（Argnine，缩写为 R）和组氨酸（Hlstidine，缩写为 H）。大多数的蛋白质都折叠为一个特定的三维结构，生物化学家常常用以下四个级别来表示蛋白质的结构（图 2-2）：

- 一级结构：组成蛋白质多肽链的氨基酸排列次序。
- 二级结构：依靠不同氨基酸之间的 C=O 和 N-H 基团间的氢键形成的稳定结构，主要为 α 螺旋和 β 折叠。
- 三级结构：通过多个二级结构元素在三维空间的排列所形成的一个蛋白质分子的三维结构，是单个蛋白质分子的整体形状。蛋白质的三级结构大都有一个疏水核心来稳定结构，同时具有稳定作用的还有离子键、氢键和二硫键等。常常可以用"折叠"一词来表示"三级结构"。
- 四级结构：用于描述由不同多肽链（亚基）间相互作用形成具有功能的蛋白质复合物分子的形态。

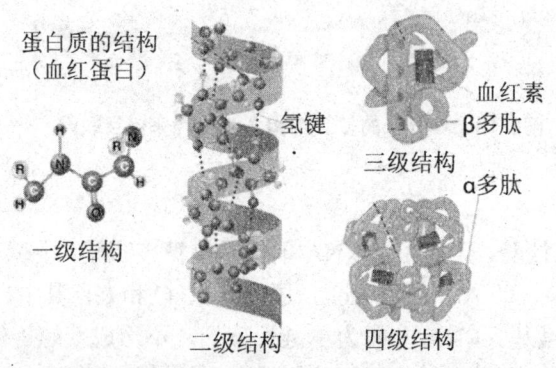

蛋白质的结构
（血红蛋白）

氢键

血红素

β多肽

三级结构

一级结构

α多肽

二级结构

四级结构

图2-2　蛋白质分子的多级结构（此图片来自互联网）

蛋白质是生命活动的执行单位，参与了生命活动的每一个进程。酶是最常见的一类蛋白质，它们催化生物化学反应，尤其对于生物体的代谢至关重要。除了酶之外，还有许多结构性或机械性蛋白质，如肌肉中的肌动蛋白和肌球蛋白以及细胞骨架中的微管蛋白（参与形成细胞内的支撑网络以维持细胞外形）。另外一些蛋白质则参与细胞信号传导、免疫反应、细胞黏附和细胞周期调控等。

2.1.2 中心法则

在三大分子中，DNA 是遗传信息的储存者，它通过自主复制得以延续，通过转录生成信使 RNA，进而翻译成蛋白质来实现生命活动，这就是生物学中的中心法则（Central dogma）。1957 年弗朗西斯·克里克最初提出的中心法则是：DNA→RNA→蛋白质。它说明遗传信息在不同的大分子之间的传递都是单向的，不可逆的，只能从 DNA 到 RNA（转录），从 RNA 到蛋白质（翻译）。而后，这两种形式的信息传递方式在所有生物的细胞中都得到了证实。

1970 年霍华德·马丁·特明和戴维·巴尔的摩在一些 RNA 致癌病毒中发现了它们在宿主细胞中的复制过程是先以病毒的 RNA 分子为模板合成 DNA 分子，再以 DNA 分子为模板合成新的病毒 RNA。前一个步骤后来被称为反转录，是最初的中心法则提出后的补充。因此克里克在 1970 年重申了中心法则的重要性，提出了更为完整的图解形式（图 2-3）。中心法则是现代生物学中最重要最基本的规律之一，在探索生命现象的本质及普遍规律方面起到了巨大的作用，是现代生物学的理论基石，生物信息学的研究基本上围绕中心法则展开。

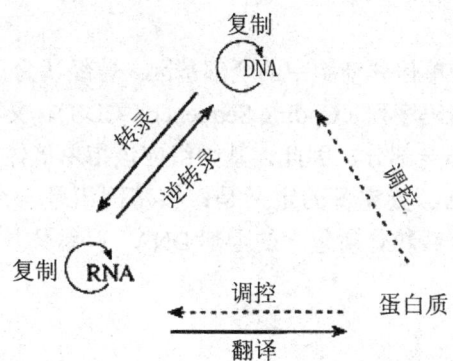

图2-3　中心法则（此图片来自互联网）

2.1.3 基因组、转录组和蛋白质组

（1）基因

基因是含有特定遗传信息的 DNA 片段，是遗传物质的最小功能单位。一个基因不仅包含编码蛋白质肽链或 RNA 的核酸序列，还包含为保证转录所必需的调控序列、5'端非翻译序列、内含子以及 3'端非翻译序列等所有的 DNA 序列（图 2-4）。基因分为三类：第一类编码蛋白质，具有转录和翻译功能，也就是后面提到的编码序列；第二类是只有转录功能而没有翻译功能的基因，例如 tRNA 基因和 rRNA 基因；第三类是不转录的基因，它对基因表达起调节控制作用，例如启动子和操纵子。

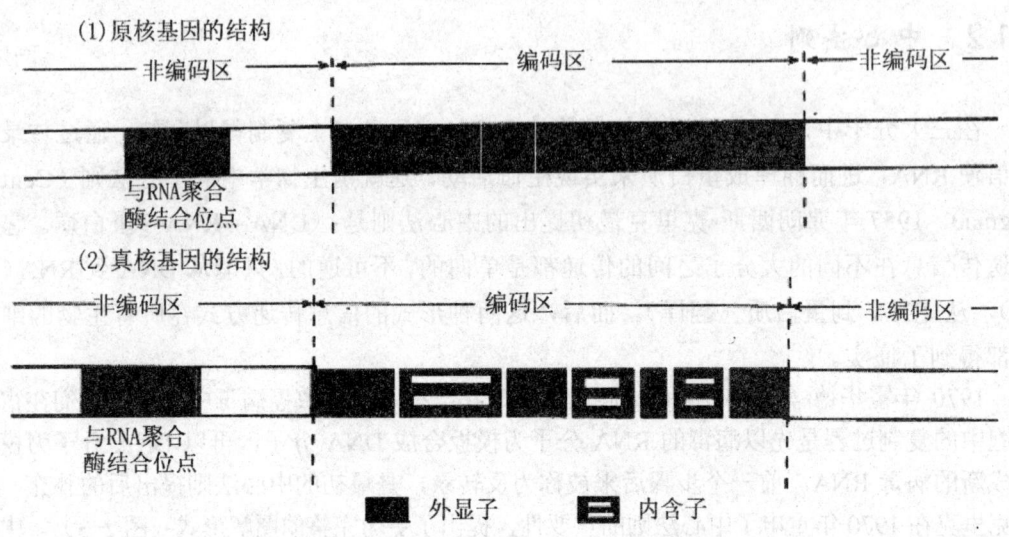

(1) 原核基因的结构

(2) 真核基因的结构

■ 外显子　　日 内含子

图2-4　基因的结构（此图片来自互联网）

（2）基因组

基因组，一般的定义是单倍体细胞中的全部基因（曾经认为只有编码序列）。后来，大量基因组测序的结果发现编码序列（Coding Sequence，CDS），又称编码区（Coding region）只占整个基因组序列的很小一部分。因此，基因组应该指单倍体细胞中包括编码序列和非编码序列在内的全部 DNA。更完备的定义是：核基因组是一个单倍体细胞核内的全部 DNA，线粒体基因组是一个线粒体所包含的全部 DNA，叶绿体基因组是一个叶绿体所包含的全部 DNA。

（3）转录组

转录组，广义上指在某一生理或实验条件下，由单个细胞、组织或个体等所产生的所有转录产物的集合，包括 mRNA、rRNA、tRNA 及非编码 RNA；狭义上是指所有 mRNA 的集合。在实际工作中，如果不特别强调，一般转录组就是指 mRNA。转录组代表了样本（细胞、组织等）整体的基因表达水平，因此也被称为"表达谱"，通常采用基因芯片和 RNA-seq（见 2.2.2）技术来研究。

（4）蛋白质组

蛋白质组是指一个基因组所编码的全部蛋白质。蛋白质组学在大规模水平上研究蛋白质的特征，包括所有蛋白质的表达水平、翻译后的修饰、蛋白质与蛋白质相互作用等，由此从蛋白质水平获得关于疾病发生、细胞代谢等生命过程的整体而全面的认识。蛋白质组是真正的基因表达谱，其最常用的研究手段是质谱。

2.1.4 非编码 RNA 和 microRNA

转录组中有一些 RNA 不翻译成蛋白质，而是在 RNA 水平上行使各自的生物学功能，被称作非编码 RNA（non-coding RNA，ncRNA）。非编码 RNA 从长度上来划分可以分为三类：小于 50 nt 的 small RNA，包括 miRNA、siRNA 和 piRNA 等；50 nt 到 500 nt，包括 rRNA、tRNA、snRNA 和 snoRNA 等；大于 500 nt，包括长的 mRNA-like 的非编码 RNA，长的不带 polyA 尾巴的非编码 RNA 等。

microRNAs（miRNAs）是在真核生物中发现的一类内源性的具有调控功能的非编码 RNA，其大小长约 20~25 个核苷酸。成熟的 miRNAs 是由较长的初级转录物经过一系列核酸酶的剪切加工而产生的，随后组装进 RNA 诱导的沉默复合体，通过碱基互补配对的方式识别靶 mRNA，并根据互补程度的不同指导沉默复合体降解靶 mRNA 或者阻遏靶 mRNA 的翻译。最近的研究表明 miRNA 参与调节各种各样的生命活动，包括发育、病毒防御、造血、器官形成、细胞增殖和凋亡、脂肪代谢等。

2.2 测序与序列分析

2.2.1 DNA 测序技术

DNA 测序（DNA sequencing），简单来说就是确定四种核苷酸残基（A、T、C 和 G）的排列顺序。DNA 测序技术是 20 世纪生物学研究中最重要的发明之一，它的出现极大地推动了生物学的发展，使得研究者们能从基因乃至基因组水平更精细地解析生命现象。测序技术最早可追溯到 1954 年，Whitfeld 等用化学降解的方法测定多聚核糖核苷酸序列。1977 年，Sanger 等发明的双脱氧链终止法（Sanger 测序法）和 Gilbert 等发明的化学降解法的成功实现标志着第一代 DNA 测序技术的诞生。后来，由于 Sanger 测序法既简便又快速，实质上成为了第一代测序方法的代名词，并成为了人类基因组计划的主要测序方法。

1985 年 Leroy Hood 实验室改进了 Sanger 测序法，采用四种不同颜色的荧光染料来标记四种双脱氧核苷酸终止子，代替了之前的同位素标记引物方法，使得一个反应管中可同时进行四个末端终止反应，然后在用聚丙烯酰胺凝胶分离终止反应的产物后，采用计算机荧光检测系统读取四种核苷酸终止子，极大提高了测序速度。次年，利用该策略，美国应用生物系统（Applied Biosystems，ABI）公司，后与 Invitrogen 公司合并为 Life Technologies，推出第一款半自动 DNA 测序仪 ABI 370。随后的测序仪采用毛细管电泳替代了平板凝胶电泳以取消手工上样，加快了分析的速度并实现自动化，并提高了通量。这种改进的测序仪在人类基因组计划中发挥了重要作用。第一代测序技术的测序长度长（可超过 1kb）与低误差率等优势是后来的第二代测序技术所无法比拟的，但随后几十年的改进与完善，都无法摆脱其对电泳技术的依赖，致使它难以在测序成本、速度与通量上有质的飞跃。

为了提高测序的效率，进一步降低成本，人们又开发了第二代测序技术，也就是通常所称的下一代测序（Next Generation Sequencing，NGS），也称作深度测序或高通量测序。

第二代测序的核心概念就是高通量，相对于第一代测序的 96 道毛细管测序，二代测序一次实验可以读取数以百万计的序列。但是第二代测序技术与第一代技术相比，测序片段短，误差较高。第二代测序技术读取长度根据平台不同从 25bp 到 450bp 不等，当前主流产品的误差率都在 0.1%以上。主流的测序仪有 Roche 公司的 454，Illumina 公司的 Illumina/Solexa 和 ABI 公司的 SOLiD 等。第二代测序技术诞生于 20 世纪 90 年代末，2005 年前后商业化，是当前主要的测序技术。

在第二代测序技术中，454 测序仪测序片段最长，适于未知基因组从头测序，搭建主体结构，但是它在判断连续单碱基重复区时准确度不高；与 454 相比，Illumina/Solexa 测序仪通量高、片段短、成本低，适于转录组、小基因组（例如微生物）的从头测序和大基因组的重测序等多个应用领域；SOLiD 测序仪基于双碱基编码系统，就有较强的纠错能力以及较高的测序通量，适于 ChIP-seq、small RNA-seq 等应用领域（见 2.2.2），但是由于测序片段更短，限制了其在基因组拼接等方面的广泛应用。三种测序仪中，Illumina 测序仪因其较高的性价比和较为广泛的应用范围，占据了大部分市场份额。

第三代测序的核心概念是单分子，它通过直接监控核苷酸在 DNA 或 RNA 单分子链上的插入来测序，不需要进行 PCR 扩增。这样不仅避免了 PCR 扩增带来的测序误差和扩增偏倚（Bias），还可以进一步降低成本。而且第三代测序在保持高通量的基础上，进一步增加了测序长度，可以说是测序的终极目标。主流的测序仪有 Helicos Biosciences 公司的 HeliScope 系统、Pacific Biosciences 公司的 PacBio RS 系统、Oxford Nanopore 公司的 GridION 系统等。当前，测序市场中实际应用的产品只有 PacBio RS 系统。

除了不需要扩增和测序长度大大增加之外，第三代测序技术还具有第二代测序所不具备的两个优势：一是可以直接测 RNA 序列，大大降低体外逆转录产生的系统误差，以往的一代、二代测序都是通过 cDNA 而间接测量 RNA 序列；二是根据 DNA 聚合酶复制 A、T、C 和 G 停顿的时间不同，直接测量 DNA 序列的甲基化。当前第三代测序普遍存在的问题是成本高，测序误差率高，因此还没有被广泛应用。但是，第三代测序技术发展较快，通过不断技术改进，已经达到了可以应用的水平，PacBio RS 系统开始在测序市场上慢慢发展起来。评价一个测序系统的优劣，往往看重测序长度、误差率、通量和成本四个主要因素。表2-1 是第一、二、三代测序技术的总体比较，截止到本书写作完成，大部分的第二、三代测序技术又有了新的发展，因此下表各类指标的数据仅反映同一时期各种测序系统之间的相对关系。

表 2-1　三代测序技术比较

公司	主要产品	测序方法	最长读长	主要优点	局限性
ABI	Gene Analyzer 3730	Sanger 毛细管电泳	>1000	读长长；准确度高；重复序列和多聚序列准确率高	通量低；样品制备成本高；难以实现并行
Roche/454	GS FLX Titanium XL+	边合成边测序	700	二代测序仪中读长最长；高通量，可达700M	样品制备难；重复序列和多聚序列错误高；冲洗试剂易引起累计错误；仪器费
Illumina	HiSeq2000	边合成边测序	150	高通量（可达 600G）	读长短；3'端测序质量低

（续表）

公司	主要产品	测序方法	最长读长	主要优点	局限性
ABI	SOLiD 5500	连接测序法	75	高通量	测序运行时间长；读长短；后续拼接和数据分析困难；仪器较昂贵
Heliscope Biosciences	HeliScope	单分子合成测序	55	可直接测 RNA 和甲基化的 DNA 序列	读长短；仪器昂贵；测序成本高
Pacific Biosciences	PacBio RS II	单分子合成测序	>1000	平均读长长；较一代测序速度快，无需扩增	不能高效地将 DNA 聚合酶加到测序阵列中；误差率高；成本高
Oxford Nanopore	GridION 2000	纳米孔电信号测序	理论上全长	可实现高读长；无需荧光标记，电信号读取	切断的核苷酸可能被读错方向；难于制作出多重平行孔的装置

2.2.2　第二代测序技术的应用领域

第二代测序技术是当前最主要的测序技术，它不仅带来了测序领域的革命性变化，而且与现有手段结合开拓了很多新的应用领域，如染色质免疫共沉淀测序（ChIP-seq）、转录组测序（RNA-seq）和甲基化测序（Methyl-seq）等[1]。这些新应用领域产生的数据都是海量的，对这些数据的处理需求大大促进了 R 和 Bioconductor 的发展。Bioconductor 针对每个领域，都有大量的软件包可以使用，其中最典型的转录组测序（RNA-seq）方面的内容将在后面的章节详细介绍[2]。

（1）全基因组测序与重测序

第二代测序技术在发展初期由于读长较短，使其在基因组从头测序领域受到限制（低等生物除外，如细菌），而更多的应用在基因组重测序方面。基因组重测序是指对已知基因组序列的物种进行不同个体或亚型的基因组测序，一方面对个体或群体进行各种差异性分析或进化分析；另一方面可以对已测基因组进行重注释，纠正或更新已有的注释信息，发现可能遗漏的潜在基因。随着测序技术的不断发展（例如基因组测序的 Mate-pair 技术），第二代测序技术也逐渐应用于高等动植物的基因组从头测序。

（2）转录组测序

转录组研究是基因功能及结构研究的基础和出发点，是全基因组测序完成后首先要面对的问题。将第二代测序技术应用于转录组分析开发出的转录组测序（RNA-seq）技术，能够在全基因组范围内检测基因表达情况，为更广泛地了解细胞的功能、调节机制及生化代谢途经提供线索。RNA-seq 的技术优势将在第六章详细介绍。注意，这里的转录组测序，只是测定 mRNA 序列（狭义的转录组），不包括全部转录产物（广义的转录组）。

（3）小 RNA 的测序

第二代测序另一个广泛应用的领域就是小 RNA（small RNA）测序，简称 sRNA-seq。

small RNA 是一类大小约 17~25 个碱基的单链小分子 RNA，主要包括 miRNA、snoRNA 和 piRNA 等，在基因表达调控等方面具有重要功能（见 2.1.4）。由于 small RNA 序列短、同源性高，利用基因芯片检测 small RNA 非常困难，只有通过第二代测序技术才能克服这一难题。

（4）DNA 和蛋白质相互作用

染色质免疫共沉淀技术（Chromatin immunopre-cipitation，ChIP），也称结合位点分析法，是全基因组水平研究 DNA 与蛋白质相互作用的有力工具和标准方法。将 ChIP 与下一代高通量测序技术相结合的 ChIP-seq 技术，由于具有成本低、效率高、检测的灵敏度和覆盖度高等优势，已经广泛应用于以下两个方面：一方面是 DNA 序列上转录因子结合位点（Binding sites）的识别，如启动子、增强子等各种顺式作用元件（Cis-acting element）的识别；另一方面主要应用在表观遗传学领域，包括研究基因组 DNA 甲基化、组蛋白修饰和核小体定位等问题[1]。

（5）DNA 甲基化分析中的应用

DNA 甲基化在维持细胞正常功能、遗传印记和胚胎发育过程中起着极其重要的作用。第二代测序可以在基因组整体水平高精度检测 DNA 甲基化。三种常见的依赖于高通量测序的 DNA 甲基化分析技术有：甲基化 DNA 免疫共沉淀测序（Methylated DNA immunoprecipitation sequencing，MeDIP-seq）、甲基化 DNA（蛋白）结合域测序（Methylated DNA binding domain sequencing，MBD-seq）和亚硫酸氢盐测序（Bisulfite sequencing，BS-seq）。

2.2.3 序列分析

序列分析是生物信息学最基本的工作。当前生物实验获得的最主要数据依然还是 DNA、RNA 和蛋白质序列，它们构成了生物信息学的出发点和最主要内容。特别是当前高通量测序的迅猛发展使序列分析的需求呈海量倍增，对序列分析提出了更多新的要求，同时也改变了序列分析的内容和重点。从高通量数据处理的需求出发，当前的序列分析主要集中在序列预处理、序列拼接、短序列映射、变异检测、序列比对、相似性搜索、分子进化分析和比较基因组学等方面。

（1）DNA 序列的预处理

测序得到的 DNA 序列除了包括目的基因的短片段之外，还常常包括引物、接头或载体等其他片段，必须通过计算机程序去除这些片段，这个过程叫做去污染。除此之外，还要去除测序质量较低的部分，这样得到高质量的干净（Clean）数据，才能用于进一步的分析。Bioconductor 的 ShortRead 软件包提供了有针对性的函数，用来去除第二代测序数据中的污染和低质量片段。

（2）序列拼接

第二代测序会得到大量随机的短 DNA 片段，因此如何正确拼接这些片段以得到目的基因组或转录组是一个具有挑战性的问题。由于序列拼接算法比较复杂，且耗费的资源非常可观，因此普遍需要用更具有效率的编程语言（如 C++/C）编写，这里不做过多介绍。拼接得到的序列叫做一致性序列（Consensus sequences），它只是代表了一条参考序列，在这条序列的每个位点的核苷酸只是出现次数较多的那种，出现次数少的核苷酸不被反映出来。

（3）短序列映射和变异检测

对已有基因组或转录组作为参考序列的重测序项目中，需要将测序得到的短序列（一般不超过 500 个 bp）映射到参考序列，这个过程也叫对齐（Alignment）。这也是一个耗费资源的工作，因此不多介绍。不过短序列映射的后续处理工作和其他相应的数据分析工作会大量使用 R 编程。特别是，根据这些映射的结果，在全基因组水平上扫描并检测发现大量的基因序列变异，并结合表型分析，进而指导动植物育种或人类疾病等研究[3]。这些变异包括：单核苷酸多态性（single nucleotide polymorphism, SNP）、拷贝数变异（Copy Number Variation，CNV）、插入（Insertion）和缺失（Deletion）等变异类型。

2.2.4 序列比对和相似性搜索

序列比对又叫序列对齐，简单来说就是将两个或多个序列排列在一起，标明其相似之处，进而确定序列之间的相似性。序列比对中，对应的相同或相似的符号（在核酸中是核苷酸残基，在蛋白质中是氨基酸残基）排列在同一列上，序列中可以插入空位（图 2-5）。

序列比对的理论基础是进化学说，如果两个序列之间具有足够的相似性，就推测二者可能由共同的进化祖先，经过序列内残基的替换、残基或序列片段的缺失以及序列重组等遗传变异过程演化而来。序列相似和序列同源是不同的概念，序列之间的相似程度是可以量化的参数，而序列是否同源需要有进化事实的验证。序列比对根据比对的序列数量，分为双重比对和多重比对。双重比对的一个重要应用是根据已知基因的结构、功能等信息推断其相似基因的同类信息。

```
GAAAATTAATGGCTAGTGGAGGTGAAGATGGTACTGTTCGACTATGGTCTCTTG---AAG
 ||||| || |||| ||||| |||| ||||||||||||||||||||||||||||| |||| |
GAAAAGTATTGGCAAGTGGGGGAGAAGATGGTACTGTTCGACTATGGTCCCTTGGCTCAA
```

图2-5 序列双重比对实例

图 2-5 是一对 DNA 序列比对的结果，短横线"-"表示空位，竖线"|"表示残基相同，用相同残基总量（49）除以考虑空位后的序列长度（60）可以得到两条序列的相似度是81.67%。根据算法不同，序列比对可以分为全局比对和局部比对，前者主要用以鉴别新序列与已有序列的同源关系，而后者主要用来寻找一个基因或蛋白家族中的保守序列片段。

在实际工作中，双重比对最常见的用途就是用于数据库相似性搜索。具体来说就是将查询序列（未注释的）和数据库中的备选序列（已有功能等注释信息）做比对，根据设定的相似性阈值，从数据库中存在的亿万条序列中挑选出符合要求的序列，这些序列可以用来提供查询序列的一些未知信息（如功能、结构等），还可用于多重比对，构建进化树。

多重比对的对象是一组假定具有进化关系的序列，这组序列一般可以通过上面提到的数据库相似性搜索得来。根据多重比对的结果可推导出这些序列间的进化关系。多重比对还经常用来研究序列的保守性，例如蛋白质多重比对可以找到一些高度保守的位点，这些位点可能对蛋白质的结构和功能至关重要，但并不是所有保守的残基都一定是对结构功能起重要作用的，可能它们只是由于历史的原因被保留下来，而不是由于进化压力而保留下来。因此还需要实验和其他方面信息的支持，才能进一步确定。

2.2.5 分子进化和系统发生树

进化生物学（Evolutionary biology）是生物学最基本的理论之一，它探究生物进化并产生生物多样性的历程。长期以来，为了获得生物进化历史的框架，人们常用比较生物学（如生理学、形态学等）方法辅以化石证据来构建系统发生树（Phylogenetic tree），又称为进化树（Evolutionary tree）。然而，由于形态和生理性状的进化式样极其复杂，加上化石资料不够完整，因而所构建的系统树往往存在不少争议，难以反映生物进化历史的全貌。

（1）分子进化

所有生命的蓝图都是以 DNA（某些病毒中为 RNA）书写的，因而可以通过比较 DNA 序列来研究它们的进化关系。20 世纪中叶，进化研究开始进入分子进化（Molecular evolution）水平，这一学科领域被称为分子系统学（Molecular systematics）。

分子进化为解决系统与进化生物学中的疑难问题提供了新的方法论和工具，已对生物分类学的发展发挥了至关重要的作用。尤其到了 20 世纪末，基因组测序计划的巨量信息带来了若干生物领域重大问题的提出，诸如遗传密码的起源、基因组结构的形成与演化、进化的动力等，使得分子进化研究成为生命科学中最引人注目的领域之一。

分子进化研究目前更多地集中在分子（核酸或蛋白质）序列上，但随着越来越多生物基因组的测序完成，基因组水平上的研究会逐渐多起来。

（2）系统发生树

进化树表明了具有共同祖先的各物种间的演化关系。所谓树，从数据结构角度来讲，实际上是一个无向非循环图。系统发生树由一系列节点（Nodes）和分支（Branches）组成；每个节点代表一个分类单元（物种或序列），节点间的连线代表节点之间的进化关系。树的节点又分为外部节点（Terminal node）和内部节点（Internal node）：外部节点代表实际观察到的分类单元；内部节点又称为分支点，它代表了进化事件发生的位置，或代表分类单元进化历程中的祖先。

根据节点的不同意义，系统树又可以分为物种树（Species tree）、基因树（图 2-6）等，前者常常根据物种的表型数据构建，后者才是分子水平的。

系统发生树有许多形式：可能是有根树（Rooted tree），也可能是无根树（Unrooted tree）（图 2-7）；可能是一般的树，也可能是二叉树；可能是有权值的树（或标度树，Scaled tree，树中标明分支的长度），也可能是无权值树（或非标度树，Unscaled tree）。

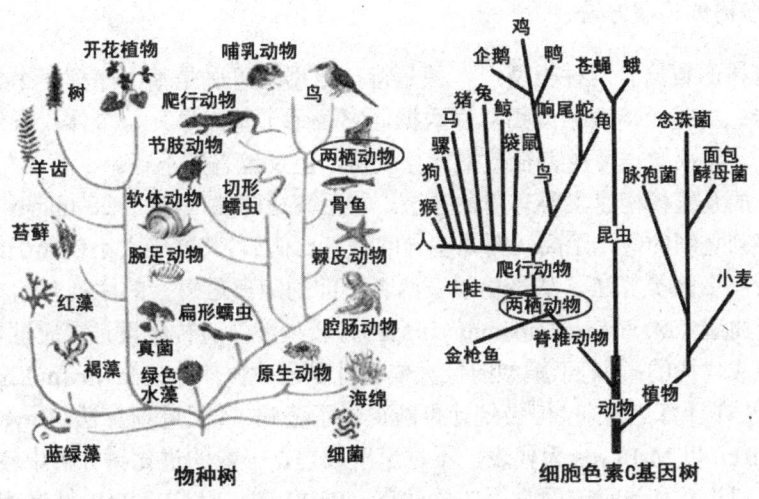

图2-6 物种树与基因树（此图片来自互联网）

有根树反映了树上物种或基因的时间顺序，而无根树只反映分类单元之间的距离而不涉及谁是谁的祖先问题。在一棵有根树中，有一个唯一的根节点，代表所有其他节点的共同祖先，这样的树能够反映进化层次，从根节点历经进化到任何其他节点只有唯一的路径。系统发生分析中一个重要的差别是，有的能由系统发生树推断出共同祖先和进化方向，而有的却不能。无根树没有层次结构，无根树只说明了节点之间的关系，没有关于进化发生方向的信息。但是通过使用外部参考物种（那些明确地最早从被研究物种中分化出来的物种），可以在无根树中指派根节点。例如在研究人类和大猩猩时，可用狒狒作为外部参考物种，树的根节点可以放在连接狒狒与人和大猩猩共同祖先的分支上。

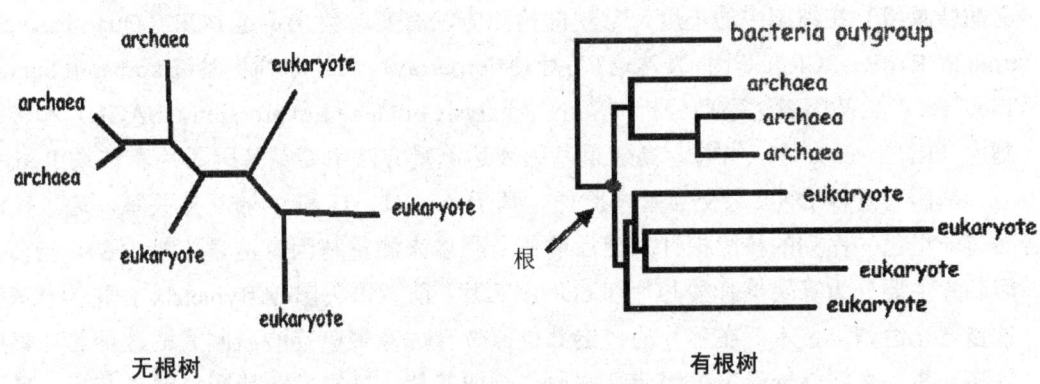

图2-7 无根树和有根树（此图片来自互联网）

二叉树是一种特殊的树，每个节点最多有两个子节点。在有权值的树中，分支的长度（或权值）一般与分类单元之间的变化成正比，它是关于生物进化时间或者遗传距离的一种度量形式。一般假设存在一个分子钟，进化的速率恒定。

（3）系统树的构建方法

构建系统树的数据有两种类型：一种是特征数据，可以是基因序列、个体、群体或物种特征的集合；二是距离数据或相似性数据，它表示了基因序列、个体、群体或物种两两之间的相似性。距离数据可由特征数据计算获得，但反过来则不行。

分子水平的系统树构建主要有四种方法。①距离矩阵法（Distance matrix method），首先计算每对序列之间的进化距离（例如差异的碱基比例），其准确大小依赖于进化模型的选择，然后运行一个聚类算法，从最相似（两者之间的距离最短）的序列开始构建整个进化树；②最大简约法（Maximum Parsimony，MP），较少涉及遗传假设，它通过寻求序列间最小的改变来完成建树的；③对于模型的巨大依赖性是最大似然法（Maximum Likelihood, ML）的特征，该方法在计算上繁杂，但为统计推断提供了基础；④贝叶斯算法（Bayesian Inference of Phylogeny, BI）以 MrBayes 为代表，不过速度较慢，一般的进化树分析中较少应用。

系统进化树构建和显示方面常用的软件有：PHYLIP、PAUP（MP 法常用）、MEGA、MOLPHY8、PAML、PAxML（ML 法常用）、PUZZLE、TreeView、phylogeny、PHYML、MrBayes（BI 法常用）和 Tree of Life 等。PHYLIP 和 Tree View 简单而常用，关于它们的使用方法请参见第三章。MEGA 功能更加强大，预计会逐渐成为主流。

2.3 基因表达分析

2.3.1 基因表达的检测方法

基因表达需要直接或间接测量某个生物个体（如人）内全部基因的转录产物（指狭义的转录组）在细胞中的丰度，常用的检测方法有实时荧光定量 PCR（Quantitative real time PCR，qRT-PCR）、基因（表达谱）芯片 (Microarray)、表达序列标签(Expressed Sequence Tag，EST)、基因表达系列分析（Serial Analysis of Gene Eexpression，SAGE）和转录组测序（RNA-seq）等。当前，高通量基因表达测量方法主要是基因芯片和转录组测序。

基因芯片以 DNA 杂交为基本原理，基于 A 和 T、G 和 C 的互补关系，通过检测样品与一组已知序列的核酸探针杂交后的信号强度来测量基因表达量（图 2-8）。当前，基因芯片主要分为寡聚核苷酸芯片和 cDNA 芯片。前者以美国 Affymetrix 公司为代表，通过显微光蚀刻等技术，在芯片的特定部位原位合成寡聚核苷酸而制成，这种芯片集成度较高，芯片之间性能稳定，因此又称原位合成芯片、高密度芯片和单通道芯片；后者多采用双色杂交系统，即使用 Cy5（红）和 Cy3（绿）两种染料分别标记所比较两种样品的 cDNA 序列，然后杂交至同一芯片，通过染料荧光强度，可间接比较两种样品表达量高低，因此又称点样芯片、低密度芯片和双通道（即两种颜色）芯片。除了用于基因表达检测，基因芯片还可以用于多种测量领域（见 4.2.3）。当前，由于寡聚核苷酸芯片的高密度、高稳定性等优势，几乎完全取代了点样芯片。市场上主流的寡聚核苷酸芯片产品主要来自三家公司： Affymetric 公司、Agilen 公司和 Illumina 公司。由于 Affymetrix 产品在市场上的主流地位，本书的大部分实例都基于采用 Affymetrix 芯片产生的数据。

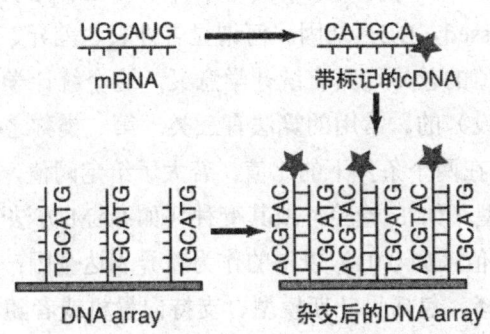

图2-8　芯片杂交原理

转录组测序，即 RNA-seq（见本章 2.2），不仅能获得已知基因的表达情况，更能发现新的转录本信息。由于 RNA-seq 可以同时测得转录本的序列和数量，因此除了应用于表达量分析之外，还可用于可变剪接以及转录本结构变异等研究。RNA-seq 在信号敏感度、动态测量范围和精度等方面比基因芯片具有优势，因此成为了当前的热门技术。第六章详细介绍了 RNA-seq 技术以及相应的数据处理问题，这里不再详述。

2.3.2　基因表达数据分析

基因表达数据通常用矩阵形式表示，称为基因表达矩阵（见第五章例 5-1）。基因表达矩阵的一行代表一个基因在不同条件(如实验处理)下或来源(如组织、株系等)的表达，一列代表某个条件下或某个来源的样品内的所有基因的表达情况，每个格子的数据表示特定的基因在特定的条件下或特定来源的某个样品的表达水平。

基因表达数据分析就是通过对基因表达矩阵的分析，回答一些生物学问题，例如，在不同条件或不同细胞类型中，哪些基因的表达存在显著差异？这些基因有什么共同的功能，或者参与什么共同的代谢途径？在不同条件下，哪些基因变化一致，它们受到哪些基因的调节，或者控制哪些基因的表达？哪些基因的表达是细胞状态特异性的，根据它们的行为可以判断细胞的状态（生存、增殖、分化、凋亡、癌变或应激等）等等。基因表达数据分析和实验设计密不可分，总体来说，实验设计有两大类思路：一类是时间序列分析，主要思想是测定基因多个时间点的表达值，通过聚类和主成分分析等分析手段寻找共调控基因，进而研究其深层机制；第二类就是基因表达差异的显著性分析。

2.3.3　基因表达差异的显著性分析

基因表达差异的显著性分析（Significance analysis of gene differential expression），简称表达差异分析，是当前基因表达分析中的重中之重，其目的是比较两个条件（包括种属、表型等）下的基因表达差异，通过一定的统计学方法，从中识别出与条件相关的特异性基因，然后进一步分析这些特异性基因的生物学意义。

基因表达差异分析的第一步是要识别在两个条件下有显著性表达差异的基因，简称差异表达（Differential Expressed，DE）基因。何谓显著性表达差异？通常是指一个基因在两个条件中表达水平的检测值的差异，具有统计学意义，这个统计学意义往往是基于一定的统计假设（如正态分布假设）的。常用的算法有三类：第一类称之为倍数分析（无任何统计假设），计算每一个基因在两个条件下的比值，若大于给定阈值，则为差异表达基因；第二类方法采用经典统计模型（如 T 检验）或其变种（如 SAM 方法[4]），计算表达差异的置信度（P 值），选取一定 P 值（如 0.01）以下的作为差异表达基因；第三类是通过机器学习方法进行特征（基因）选择，包括贝叶斯模型、支持向量机或者随机森林等。得到差异表达基因后，通常会进行基因本体论和通路分析（这些通常成为下游分析）。图 2-9 包括了表达差异分析的基本步骤，"其他分析"包括了一些更高级的统计分析，例如机器学习和进化分析等。

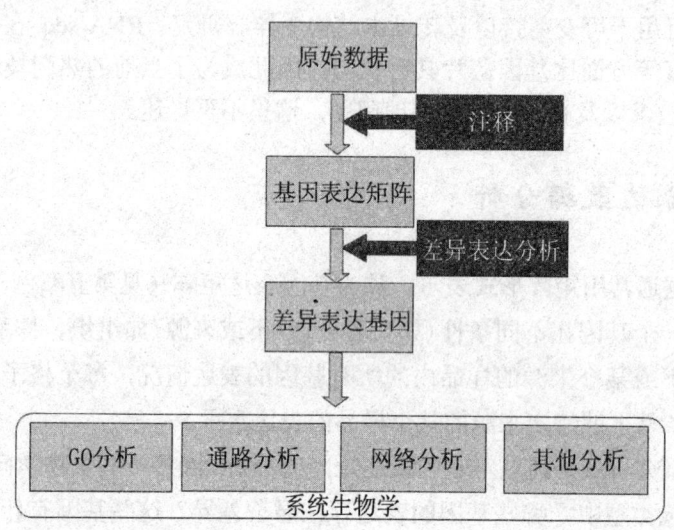

图2-9   表达差异分析基本流程

2.3.4   基因本体论分析

基因本体论（Gene Onotology，GO）分析包括 GO 注释和 GO 富集分析。GO 是基因本体联合会（Gene Ontology Consortium）所建立的数据库，它由一组预先定义好的术语（GO term）组成，这组术语对基因和蛋白质功能进行限定和描述，适用于各种物种，并能随着研究不断深入而更新。GO 中的每个术语都有唯一的一个 GO ID，GO 的所有术语由有向无环图（DAG）来相互联系，术语之间通常有三种关系："is_a"、"part_of" 和 "regulates"。下图就是一个 GO 术语之间的局部关系图。

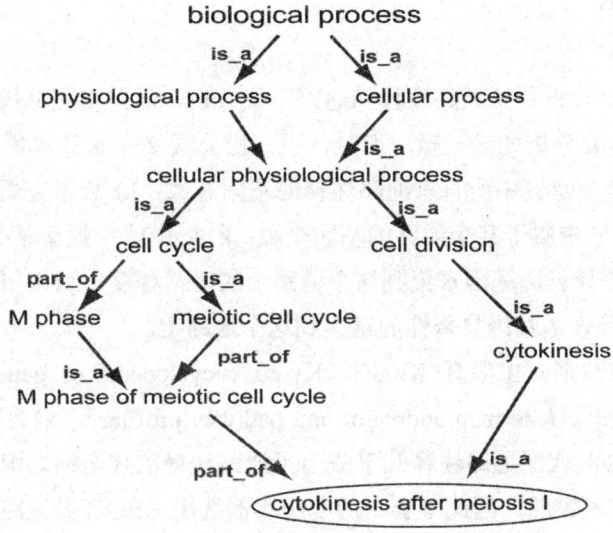

图2-10 基因本体论术语之间关系图

所谓 GO 注释，就是将表示基因或其产物的 ID 映射到一组 GO 的 ID 上，用这组 GO term 来描述这个基因。而实际应用中，人们更关心一组基因（比如差异表达基因）的共同点，因此会对它们所对应的所有 GO 的分布情况进行分析，有利于发现新的现象，或者集中到感兴趣的方向。

如果能够加入一些统计模型，使分析更加深入，可能会产生更有生物学意义的发现。GO 富集分析，就是基于这么一个思想的分析方法。GO 富集分析的统计学基础是超几何分布，简单来说就是根据下列 Fisher 精确检验（Fisher exact test）公式，对每个 GO term 计算一个 P 值：

$$P = \frac{\binom{M}{k}\binom{N-M}{n-k}}{\binom{N}{n}} \qquad \text{公式 2-1}$$

公式 2-1 中，N 表示此次研究中（比如一张芯片上）所有基因总数；n 表示 N 中差异表达基因的总数；M 表示 N 中属于某个 GO term 的基因个数；k 表示 n 中属于某个 GO term 的基因个数。P-值表示差异表达基因富集到这个 GO term 上的可信程度，当 P 小于一定阈值（0.01 或 0.05），则认为差异表达基因显著性的富集到这个 GO term 上。显著富集的 GO term 为研究人员提供的信息更为集中、更有意义，对后续研究更有启发。

另外，值得注意的是，由于不是所有的基因或者所有的差异表达基因都有 GO 注释，因此在计算 N 和 n 的时候，有些文献提出了不同的方法：N 表示此次研究中（比如一张芯片上）所有有 GO 注释的基因总数；n 表示 N 中差异表达基因中有 GO 注释的基因总数（见例 5-24）。这个问题同样存在于通路富集中的 P 值计算中。但是对于人这类 GO 注释信息比较丰富的物种，两种不同计算方法得到的结果差别不大，一般很少有人加以区分。

2.3.5　通路分析

通路（Pathway）分析包括通路注释和通路富集分析。通路富集分析的基本思路、统计模型等基本和 GO 富集分析如出一辙。而且，也是由公式 2-1 来计算每个通路的 P 值。公式 2-1 中，N 表示此次研究中所有有通路注释的基因总数；M 表示有通路注释的差异表达基因的总数；n 表示 N 中属于某个通路的基因个数；k 表示 M 中属于某个通路的基因个数。得到的 P 值，表示差异表达基因富集到这个通路上的可信程度，当 P 小于一定阈值（0.01 或 0.05），则认为差异表达基因显著性的富集到这个通路上。

常用的公共通路数据库主要有 KEGG（Kyoto encyclopedia of genes and genomes）、BioCarta 和 GenMAPP（Gene map annotator and pathway profiler），最为著名的是 KEGG 库中的代谢通路，KEGG 代谢通路注释几乎成为了通路注释的代名词。很多事实已经证明，KEGG 的数据是非常可靠的，因此本书中的应用实例选用 KEGG 做通路注释。这里需要注意的是，KEGG 有两个比较大的缺点：第一就是注释源问题，它只提到由相关专家收集整理而成，没有参考文献等来源信息；第二就是授权问题，由于它授权过于严格，Biocondocutor 已经无法继续支持它，转而开始使用更加开源的 Reactome 数据库。

2.4　注释、统计与可视化

如何用最精简的语言来概括生物信息学（狭义的）的主要工作，那就是注释、统计和可视化。这里的注释是指通过编制计算机程序自动批量注释，它往往是数据处理的第一步；统计基于多条序列注释的结果；可视化贯穿整个数据的处理过程，是生物信息学的一个重要组成部分。广义的生物信息学还涉及更多的方向，如数据库构建和数据挖掘领域、计算生物学领域（三级结构预测和药物对接）和系统生物学等，这里不做讨论。

举例来说，如果你通过测序得到一条 DNA 序列，首先要做的就是比对到公共数据库（即相似性搜索），找到它的相似序列，得到这条相似序列的功能和结构等各类信息。基因组或转录组序列的注释包括基因识别和基因功能注释两个方面。基因识别的核心是确定全基因组序列中所有基因（包括编码区、调控区、5'端未翻译区和 3'端未翻译区等）的确切位置。主要有两种方法：一是通过相似性比对从已知基因和蛋白质序列得到间接证据；二是基于各种统计模型和算法从头预测。对从头预测出的基因进行高通量功能注释也是基于相似性搜索。

2.4.1　注释与 ID 映射

由于大量的生物信息已经由生物学家分门别类收集到各种数据库中，因此在调用这些信息时，只需要提供所需信息所在数据库的 ID。比如，如果你想用到哪条序列的简单介绍，可以提供 NBCI Genbank 数据库的 Accession number；如果是蛋白质结构信息，一般常用 PDB

数据库的 ID。注释新的实验数据时，也只需要把这些已知信息在各种数据库中的 ID 与实验数据的 ID 对应上，这叫做 ID 映射（ID Mapping）。ID 映射在数据注释工作中非常重要，以至于成为了注释的代名词。

ID 映射可以通过编程自动化地进行，大大提高了数据注释的效率。除了自行编程，常用的数据库 ID 之间的映射可以使用 Uniprot 数据库网站的工具（图 2-11）。芯片数据处理过程中，经常要将 Affymetrix 探针组的 ID 映射到其他数据库 ID，这方面的常用工具是 NIH 网站的 DAVID（http://david.abcc.ncifcrf.gov/）。

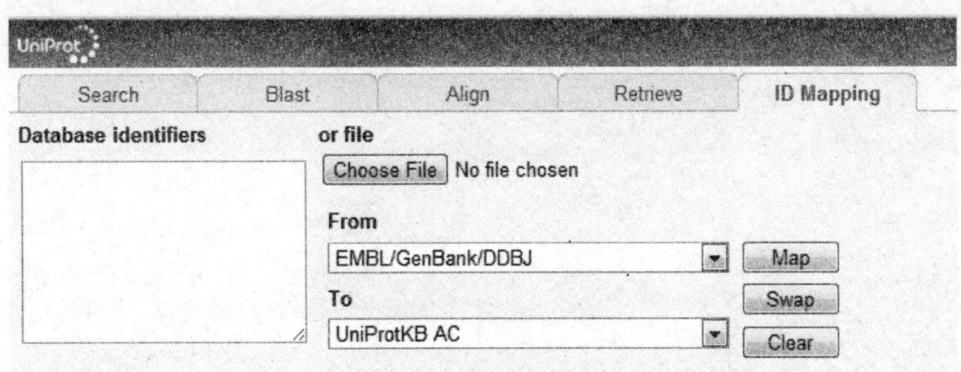

图2-11　Uniprot网站的ID映射工具

2.4.2　统计与可视化

对于一组基因或者蛋白质，往往关心的是它们的共性，因此会用到大量统计学方法。例如对于一组差异表达基因，研究人员会关心这组基因富集到哪些基因本体论术语或者通路上，这就需要应用统计学方法来对富集的显著性进行定量。统计为后续研究指明了方向，是生物信息学研究的核心；而可视化可以帮助研究人员更好地理解统计结果，提供进一步研究的思路和灵感。R 语言提供了强大的统计和绘图功能（见第一章），Bioconductor 提供简单的函数调用将各种实验结果转换为符合已有统计和绘图函数的输入要求的数据，因此，R/Bioconductor 成为了生物信息领域的一个关键性语言。

在差异表达分析领域（特别是来自某些常见芯片的数据），对于得到的差异表达基因，除了利用 R/Bioconductor 进行统计和可视化分析，还可以使用一些提供了类似服务的网站（如前面提到的 NIH 网站的 DAVID 工具和 5.7.3 提到的 IPA 软件），R/Bioconductor 的优势在于从数据到结果的一体化，省去了大量的手工操作，特别适合大批量数据的自动化处理。

参考文献

[1] 高山，张宁，李勃，等.下一代测序中 ChIP-seq 数据的处理与分析[J].遗传，2012，34（6）：773-783.

[2]　王曦，汪小我，王立坤，等.新一代高通量 RNA 测序数据的处理与分析[J].生物化学与生物物理进展，2010，37（8）：834-846.

[3]　高山，张宁，张磊，等.人类变异组计划及其进展[J].遗传，2010，32（11）：1105-1113.

[4]　高山，张红，尹京苑.基因芯片显著性分析方法在伯基特淋巴瘤分期特征分析中的应用[J].上海大学学报（自然科学版），2008，14（1）：106-110.

第三章　R 在生物信息学中的简单应用

这一章用了一个完整的生物信息学课题作为例子，从课题背景、研究目的、程序编写，一直到代码详解等方面，完整地介绍了如何在实际工作中根据需求应用 R 和 Bioconductor来解决问题。本章抛弃了传统的语法讲解和简单举例的编写方式，转而通过案例学习，让初学者了解何时用、为什么用以及怎么用 R 和 Bioconductor，以摆脱单纯语法学习的枯燥与迷惑。但是本案例包含的信息量巨大，从生物信息序列处理、外部程序使用，到 R 语言的多个扩展包，涉及多个方面的背景知识。而且直接阅读 R 源代码对于初学者难度很大，因此可以说，本章的学习是困难的，甚至是痛苦的。读者一定要根据前面的三板斧学习法，逐句执行并显示结果，仔细对比输入和输出数据，再结合常用函数的说明（见附录），才能读懂程序。反复阅读、调试源代码是学习计算机编程语言唯一的捷径，非计算机背景的初学者，更要自觉提高动手能力，以适应计算机语言学习的特点。

本章 3.1 是课题介绍；3.2 应用一般扩展 R 包（非 Bioconductor）实现这一课题（例 3-1）；3.3 和 3.4 应用 Bioconductor 中的扩展 R 包再次实现这一课题（例 3-2 与例 3-3）。读者在学习过程中，要仔细对比 Bioconductor 的扩展 R 包与一般扩展 R 包编程的不同思维方式和主要差别，深入体会 Bioconductor 处理生物信息问题带来的巨大便利。掌握好这一章的内容，是继续学习好后面章节的基础。本章的课题仅仅作为一个范例，读者不必考虑得到的结果（例如进化树）是否到达预期，而应该把主要精力集中到方法的学习以及如何用编程实现想要的结果等方面。

3.1　一个序列分析课题

3.1.1　课题背景

在自然界中，有些环境是普通生物不能生存的，如极端的温度、酸碱盐、压力、辐射等。然而，这里仍然有一些微生物在顽强地生活着，它们就是极端微生物。极端微生物的生态、分类、代谢、进化等均与一般生物有别，并蕴藏了优异的抗逆基因资源，有重要的研究价值和应用前景。

极端嗜盐古菌（*Halobacterium* sp. NRC-1）是一生存于高盐环境下的古生菌（Archaeon），它在分类学上位于 *Archaea* 界，*Euryarchaeota* 门，*Halobacteria* 纲，*Halobacteriales* 目，*Halobacteriaceae* 科，*Halobacterium* 属。通过分析 *Halobacterium* sp. NRC-1 的基因组序列，共得到 2630 个可能编码蛋白质的基因，其中 41% 的基因所表达出的蛋白质是有功能注释的，22% 与其他物种未知功能的蛋白质有高度的保守性，36% 的基因表达出的蛋白质无法比对到其他物种的蛋白质（Ng et al., et al., 2000）。

3.1.2 研究目的与实验设计

极端嗜盐古菌发展出许多复杂且完整的分子机制以对抗盐分、氧气、光和养分的变动，因此可以尝试从蛋白质水平寻找某些序列特征，以期找到一些相关的机制。由于本例的目的在于培养初学者使用 R 语言编程的思维方式，因此仅仅提供一些最基本的序列分析源代码，不涉及更多的生物学意义，以简化读者的学习任务。实验设计包括以下五个方面的任务：

A. 将蛋白质序列批量导入；

B. 统计每条序列的氨基酸百分比含量；

C. 特定模序匹配与统计，提取包含模序 2 次以上的蛋白质序列；

D. 对提取的序列进行两两比对；

E. 根据比对结果构建系统发生树。

3.1.3 数据获取与处理流程

首先登录 NCBI Genbank 数据库（版本 190）中的下载链接 ftp://ftp.ncbi.nih.gov/genbank，进入 genomes 子目录，再进入到 Bacteria 子目录，最后进入 "Halobacterium_sp_uid217" 子目录，下载文件 "AE004437.faa"。该数据的存贮格式是 fasta 格式，共包括 2058 条序列记录，存为 11 457 行文本。

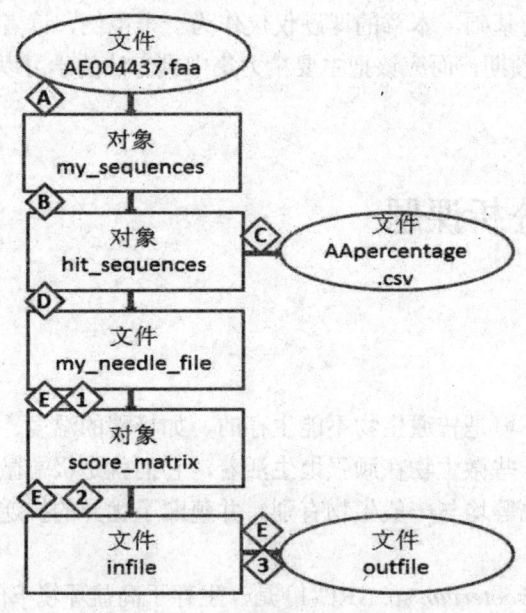

图3-1 例3-1数据处理流程图

为实现整个课题，需要设计一个处理流程，这就需要用到数据流程图（Data Flow Diagram，DFD）来作为设计工具。图 3-1 是本课题的数据流程图，图中的椭圆形图标表示数据流的起始与终止，矩形符号表示中间数据和结果，菱形符号表示数据处理或加工步骤的名称。在数据处理过程中，中间结果的保存可以使用变量或者文件，最终结果用文件保存。如本课题的最终结果文件有"AApercentage.csv"和"outfile"，前者是为了用于其他分析，这里不再详述，后者保存了进化树信息。用户可以选择多种软件查看进化树（步骤 E4），这部分不包括在流程中。

本课题中的数据处理步骤用大写字母符号表示，与 3.1.2 中的任务一一对应。步骤 A、B、C、E1 和 E2 用 R 语言编写函数，步骤 D 由 R 函数调用其他外部程序（非 R 语言编写）实现，E3 和 E4 借助其他软件实现。本书后面部分可以看到这些程序和软件（非 R 语言编写）的功能也可以由 R 语言实现，之所以调用外部程序或借助其他软件实现，主要是为了进一步介绍如何使 R 与其他程序或者软件配合使用以完成复杂的生物信息数据分析，因为这种做法在实际工作会经常用到。一种最常见情况就是，读者已经熟练掌握了一些生物信息软件，只需要用 R 完成这些软件不具备的几个功能，而不需要用 R 语言实现全部功能，大大减少了项目开发的工作量。

- A. 函数 seq_import(input_file)；
- B. 函数 pattern_match(pattern, sequences, hit_num)；
- C. 函数 getAApercentage(sequences)；
- D. 函数 seq_alignment(sequences)+ EMBOSS 软件包之 needle.exe 程序；
- E1. 函数 getScoreMatrix(sequences)；
- E2. 函数 infile_produce(scorem)；
- E3. PHYLIP 软件包之 neighbor.exe 程序；
- E4. PHYLIP 软件包之 retree.exe 程序和 TreeView 软件。

3.2　用 R 包（非 Bioconductor）实现课题

3.2.1　定义全部函数

A. 定义序列导入函数'seq_import'

实现如下功能：
①读入 fasta 格式的数据文件，计算每个序列的长度；
②结果返回一个数据框格式的变量，每行是一个序列记录，包括 4 列信息（序列的 ID、序列注释信息、序列长度和序列内容）。

R 语言代码如下：

```
seq_import<- function(input_file) {
# 逐行读取数据，并存入向量 my_fasta，向量每个元素对应文件 input_file 中的一行，
这样以后可以通过操作向量 my_fasta，来操作对应文件的行。
my_fasta<- readLines(input_file);
```

判断 my_fasta 中每个元素第一个符号是否是 ">"（表示一个 fasta 记录的注释行），判断结果用 1 和-1 表示，并存入向量 y。
```
y <- regexpr("^>", my_fasta, perl = T);
```

向量 y 中为 1 的元素替换为 0，即序列行对应-1，注释行对应 0，这行语句只是一个习惯问题，不是必需的。
```
y[y == 1] <- 0;
```

用 index 记录下 y 中全部的 0 在向量中的位置，对应注释行的行号。
```
index<- which(y == 0) ;
```

生成数据框 distance，包括第 1 列 start（除最后一个 fasta 记录外的所有注释行的位置）和第 2 列 end（除第一个 fasta 记录外的所有注释行的位置）。
```
distance <- data.frame(start = index[1:(length(index) - 1)], end = index[2:length(index)]);
```

在数据框 distance 最后增加一行（两个元素），第 1 个是最后一个 fasta 记录的注释行位置，第 2 个是为所有行的行数+1）。
```
distance<- rbind(distance, c(distance[length(distance[, 1]), 2], length(y) + 1));
```

在数据框 distance 后面加 1 列，其值是第 2 列和第 1 列之差，注释行之间的距离，实际上就是每条序列记录对应的行数。
```
distance <- data.frame(distance, dist = distance[, 2] - distance[, 1]);
```

建立从 1 开始的连续正整数向量，长度等于注释行的数量。
```
seq_no<- 1:length(y[y == 0]);
```

重复正整数向量 seq_no 中的每一个元素，重复次数为两个临近注释行之间的距离（即 distance[, 3]）。
```
index<- rep(seq_no, as.vector(distance[, 3]));
```

建立一个新的数据框变量，名称还是 my_fasta，包括 3 列内容，第 1 列是 index，第 2 列是 y，第 3 列是旧的 my_fasta。
```
my_fasta<- data.frame(index, y, my_fasta);
```

数据框 my_fasta 中，第 2 列为 0 的元素，对应的第 1 列赋值为 0。
```
my_fasta[my_fasta[, 2] == 0, 1] <- 0;
```

tapply 函数调用 paste 函数的字符串连接功能，把 my_fasta[, 3]中的同一类元素合并，my_fasta[, 3]的类别由对应 my_fasta[, 1]的数据来决定，如 "0" 表示序列所有的注释行，"1"

表示第一条记录的序列内容，以此类推。

```
seqs <- tapply(as.vector(my_fasta[, 3]), factor(my_fasta[, 1]), paste, collapse ="", simplify =
F);

# 将变量 seq 由数组类型转化为字符串向量，不包括第 1 个元素（所有注释行），剩下
# 的内容为所有记录的序列。
seqs <- as.character(seqs [2:length(seqs)]);

# 从 my_fasta[, 3]中提取所有的注释行，存入向量 Desc。
Desc<- as.vector(my_fasta[c(grep("^>", as.character(my_fasta[, 3]), perl =TRUE)), 3]);

# 建立一个新的数据框变量，名称还是 my_fasta，每行对应一个序列记录，包括 3 列信
# 息（序列的注释、长度和序列内容）。
my_fasta<- data.frame(Desc, Length =nchar(seqs), seqs);

# 从 my_fasta 第 1 列的注释行中提取序列的 ID(Accession Number)。
Acc<- gsub(".*gb\\|(.*)\\|.*", "\\1", as.character(my_fasta[, 1]), perl = T);

# 将字符串向量 Acc 添加到数据框左边，成为一列。
my_fasta<- data.frame(Acc, my_fasta);

# 将 my_fasta 返回，这是习惯性的，R 把最后出现的数据作为返回值。
my_fasta;
}
```

B. 定义模式匹配函数'pattern_match'

实现如下功能：

①计算自定义模序在所有蛋白质序列中的匹配位点和次数；
②输出匹配次数超过某一阈值的蛋白质序列到文件 Hit_sequences.fasta；
③Hit_sequences.fasta 中的序列要求用小写字母，匹配的部分用大写；
④返回一个数据框对象，每行对应一个匹配的蛋白质序列，包括 4 列信息（序列的 Acc，
序列注释信息，序列长度，用“，”分割的匹配的所有位点、匹配次数和蛋白质序列）。
R 语言代码如下：

```
pattern_match<- function(pattern, sequences, hit_num) {

# 获取正则表达式 pattern 表示的模序在所有序列中出现的位置（未找到匹配将返回-1），
# 所有位置存入一个列表对象 pos，perl=T 表示兼容 perl 的正则表达式格式。
```

```
pos<- gregexpr(pattern, as.character(sequences[, 4]), perl= T);
```

lapply 函数调用 paste 函数的字符串连接功能，对 pos 中的每个成员的第一个元素操作，即用逗号连接成一个字符串，再用 unlist 将所得的列表转换为向量 posv。
```
posv<- unlist(lapply(pos, paste, collapse =", "));
```

将向量 posv 中值为-1 的项赋值为 0，即表示该序列中未找到模序 pattern。
```
posv[posv == -1] <- 0;
```

lapply 函数调用自定义函数 function，根据 pos 中的每一个元素，计算 pattern 在每条序列中匹配的个数，再由 unlist 函数将结果转变为向量。
```
hitsv<- unlist(lapply(pos, function(x) if (x[1] == -1) {0} else {length(x)}));
```

产生一个数据框类型的结果 sequences，保留了原来 sequences 数据的第 1、2、3、4 列，又插入了 2 列，即匹配位点（Position）和匹配次数（Hits）。
```
sequences <- data.frame(sequences[, 1:3], Position = as.vector (posv), Hits =hitsv, sequences[, 4]);
```

找出匹配次数大于 hit_num 的序列，并将大写形式替换为小写，gsub 中第一个参数 [A-Z]匹配任意大写字母，"\\L\\1" 表示将前面小括号中匹配的任意字母替换为其小写形式。
```
tag <- gsub("([A-Z])", "\\L\\1", as.character(sequences[sequences[, 5]> hit_num, 6]), perl = T, ignore.case = T);
```

为模序 pattern 加上小括号，以适合 perl 正则表达式格式，方便下面使用。
```
pattern2 = paste("(", pattern, ")", sep ="");
```

将 tag 序列中，和模序 pattern 匹配的部分替换为大写，原理同上，"\\U\\1" 表示替换为大写。
```
tag<- gsub(pattern2, "\\U\\1", tag, perl = T, ignore.case = T);
```

找出匹配次数大于 hit_num 的序列，并将序列内容替换为 tag 中的序列内容，存于数据框 export。
```
export<- data.frame(sequences[sequences[, 5] > hit_num,-6],tag);
```

#Acc 号前添加 fasta 格式标识 ">"，得到数据框 export，第 1 列是 Acc，第 2 列是小写字母表示的蛋白质序列（模式用大写表示）。
```
export<- data.frame(Acc =paste(">", export[, 1], sep =""), seq = export[,6]);
```

数据框 export 矩阵转置输出，到文件 Hit_sequences.fasta（fasta 文件格式）。

```
write.table(as.vector(as.character(t(export)))，  file  =  "Hit_sequences.fasta"，  quote  =  F，
row.names = F, col.names = F);
```

```
# 输出提示信息。
cat("含有模序\"", pattern, "\"超过", hit_num, "个的所有蛋白质序列已写入当前工作目录
下文件'Hit_sequences.fasta'", "\n", sep ="");
```

```
# 选中匹配次数（sequences 的第 5 列）大于 hit_num 的序列。
selected<- sequences[sequences[, 5] >hit_num, ];
```

```
# 输出提示信息。
cat("极端嗜盐古菌蛋白组中以下序列含有模序\"", pattern, "\"的数量超过 2 个：", "\n",
sep ="");
```

```
# 输出选中序列的第 1 到 5 列到终端，第 6 列是序列内容太长，不显示。
print(selected[, 1:5]);
```

```
# 返回选中序列。
selected;
}
```

C. 定义氨基酸含量统计函数'getAApercentage'

实现如下功能：
①统计输入的每条蛋白序列的氨基酸百分比含量；
②结果返回一个数据框格式的变量，每行是一种氨基酸（共 20 行），每列对应一条序列；
③同时把百分比含量计算结果输出到文件"AApercentage.csv"。
R 语言代码如下：

```
getAApercentage<- function(sequences) {
# 生成一个包含 20 种标准氨基酸单字母简写的数据框 AA。
AA <- data.frame(AA =c("A", "C", "D", "E", "F", "G", "H", "I", "K", "L", "M", "N", "P",
"Q", "R", "S", "T", "V", "W", "Y"));

# strsplit 函数将序列内容 sequences[, 6]转换成字符数组，lapply 函数调用 table 函数统计
每条序列中各字符（氨基酸）出现的次数。
AAstat<- lapply(strsplit(as.character(sequences[, 6]), ""), table);
```

```
# 下面循环每次处理一条序列，全部序列共 length(AAstat)条。
for (i in 1:length(AAstat)) {
# 计算每条序列中 20 种氨基酸出现的百分比。
AAperc<- AAstat[[i]]/sequences[, 3][i] * 100;

# 转换为数据框，第 1 列是氨基酸种类，第 2 列是百分比含量。
AAperc<- as.data.frame(AAperc);

# 将数据框第 2 列名称改为第 i 条序列的 Acc。
names(AAperc)[2] <- as.vector(sequences[i, 1]);

# 通过 AA 中的列名为 "AA" 的列和 AAperc 中列名为 "Var1" 的列之间的元素同名
映射合并#AA 和 AAperc，并产生一个新的对象 AA 保存结果，这样做实质就是按照 "AA"
的 20 种氨基酸的顺序不断添加在每个序列中的分布数据，每个循环至少一列。
AA <- merge(AA, AAperc, by.x ="AA", by.y ="Var1", all = T);
}
# 循环结束。

# 将 AA 中氨基酸种类或百分比为 "NA" 的项赋值为 0。
for (i in 1:length(AA[[1]])) {
# 外循环总次数是 20（种氨基酸）。
for (j in 1:length(AA)) {
# 内循环总次数是序列总数+1。
if (is.na(AA[i, j])) {
# 如果发现 "NA" 。
AA[i, j] <- 0;
# 替换为 0。
}
}
}
# 循环结束。

# 统计所有序列中每种氨基酸出现的平均百分比，放入 AA 最后一列。
AApercentage <- data.frame(AA, Mean =apply(AA[, 2:length(AA)], 1, mean, na.rm = T));

# 将对象 AApercentage 输出到同名的 csv 文件。
write.csv(AApercentage, file ="AApercentage.csv", row.names = F, quote = F) ;

# 提示计算完成。
```

```
cat("氨基酸分布数据已经写入当前工作目录下的文件'AApercentage.csv'", "\n");

# 返回 AApercentage。
AApercentage;
}
```

D. 定义两两比对函数'seq_alignment'

实现如下功能：
调用外部程序"needle"完成所有序列的两两比对，结果存入文件。
R 语言代码如下：

```
seq_alignment<- function(sequences) {
# shell 可调用操作系统命令，命令以字符串形式给出，del 为 Windows 系统上的删除命
令，/f 选项表示强制删除只读文件，my_needle_file 为所要删除的文件名，这样做的目的是
删除上次程序运行的结果文件，否则本次运行结果会追加写入上次的结果文件。
shell("del /f my_needle_file");

# 下面循环每次写一条序列存入 file1，另一条存入 file2，然后调用 needle 程序做比对，
这样每次都是对比两条序列，结果追加写入结果文件。
for (i in 1:length(sequences[, 1])) {

# 第 1 条序列写入 file1（fasta 格式）。
cat(as.character(paste(">",as.vector(sequences[i,1]),sep="")),as.character(as.vector(sequences
[i, 6])), file ="file1", sep ="\n");

    for (j in 1:length(sequences[, 1])) {
    # 第 2 条序列写入 file2（fasta 格式）。
    cat(as.character(paste(">",as.vector(sequences[j,1]),sep="")),as.character(as.vector(sequences
[j, 6])), file ="file2", sep ="\n");

    # 调用 needle 程序对比 file1 和 file2 中的序列，结果追加写入文件"my_needle_file"。
        shell("needle file1 file2 stdout -gapopen 10.0 -gapextend 0.5 >> my_needle_file");
        }
    }
# 提示结果。
cat("Needle 程序完成所有序列的两两比对，结果存入文件\"my_needle_file\"\n");
}
```

E1. 定义函数'getScoreMatrix'求得分矩阵

实现如下功能：

①读取比对结果文件"my_needle_file"；

②基于两两比对得分，生成得分矩阵，求倒数得到距离矩阵；

③根据距离矩阵得到所有序列的聚类关系，并绘图；

④返回得分矩阵作为结果值。

R 语言代码如下：

```
getScoreMatrix<- function(sequences) {
# 读取 my_needel_file 中的所有行，存入向量 score。
score <- readLines("my_needle_file");

# 查找以"# Score"开头的行（如# Score: 290.5），存入向量 score。
score <- score[grep("^# Score", score, perl = T)];

# 将任意结尾带空格的字符串替换为空，只保留 score 后面的得分数字。
score <- gsub(".* ", "", as.character(score), perl = T);

# 将字符向量转为数值向量。
score <- as.numeric(score);

# 将 score 转换为 n*n 的数值矩阵，n 为序列条数 length(sequences[, 1])。
scorem<-matrix(score,length(sequences[,1]),length(sequences[,1]),dimnames=list(as.vector
(sequences[, 1]), as.vector(sequences[, 1])));

# 得分矩阵求倒数，得到普通距离矩阵，用 as.dist 函数转换为下三角距离矩阵。
scorem.dist<- as.dist(1/scorem);

# 根据距离矩阵，调用层次聚类函数 hclust 对所有序列聚类。
hc<- hclust(scorem.dist, method ="complete");

# 绘制层次聚类结果。
plot(hc, hang = -1, main ="Distance Tree Based on Needle All-Against-All Comparison",
xlab =" sequence name", ylab ="distance");

# 返回比对得分矩阵。
scorem;

}
```

E2. 定义函数'infile_produce'

实现如下功能：

根据输入的得分矩阵得到 Phylip 格式的距离矩阵。

R 语言代码如下：

```
infile_produce<- function(scorem) {
# 求得分矩阵倒数，作为距离矩阵。
z <- 1/scorem;

# 计算 scorem 行或列的长度。
len = sqrt(length(scorem)) ;

# 将距离矩阵中对角线赋值为 0, seq 生成一个从 1 到 length(scorem)的向量，by 为步长，
向量中的值即对角线元素在 z 中的位置。
z[seq(1, length(scorem), by = (len + 1))] <- 0;

# 利用 round 函数将 z 中数值保留到小数点后 7 位。
z <- round(z, 7) ;

# 输出 len 长度信息到 infile。
write.table(len, file ="infile", quote = F, row.names = F, col.names = F) ;

# 追加（append=T）输出距离矩阵 z 到 infile。
write.table(as.data.frame(z), file ="infile", append = T, quote = F, col.names = F, sep ="\t");

# 结果提示。
cat("Phylip 格式的距离矩阵已经输出到工作目录下名为'infile'的文件，以便使用 Phylip
软件继续进行分析。", "\n");
    }
```

3.2.2　课题实现

我们用三板斧方法，运行前面定义的所有函数，显示结果，完成整个课题。

首先，将下载的数据文件"AE004437.faa"存放到 R 的工作目录"C:/workingdirectory"，进入 R 主程序；然后，加载程序运行需要的 R 包，由于本例中所有程序只是调用了 R 基本包，R 主程序运行时会自动加载，不需要另外加载 R 包；最后，拷贝前面所有定义的函数，粘贴到 R 主程序，回车；开始逐个运行下面的函数，或全部运行 A 到 E2 得到结果文件"infile"。

A. 调用函数'seq_import'导入数据

```
setwd("C:/workingdirectory");
my_file<- "AE004437.faa";
my_sequences<- seq_import(input_file = my_file);
```

B. 调用函数'pattern_match'寻找模序

```
hit_sequences<- pattern_match(pattern ="H..H{1,2}", sequences = my_sequences, hit_num
=2)
```

C. 调用函数'getAApercentage'统计氨基酸百分含量

```
AA_percentage<- getAApercentage(sequences = hit_sequences)
```

D. 调用函数'seq_alignment'进行序列两两比对

该函数用到了欧洲分子生物学开放软件包（The European Molecular Biology Open Software Suite，EMBOSS）中的"needle.exe"程序。首先直接进入 EMBOSS 官网的 ftp 目录 ftp://emboss.open-bio.org/pub/EMBOSS/windows/，可以看到当前最新的版本（支持 Windows 平台），本书使用的是"mEMBOSS-6.4.0.4-setup.exe"。下载后默认安装即可，然后执行下列 R 语句：

```
seq_alignment(sequences = hit_sequences)
```

E1. 调用函数'getScoreMatrix'得到得分矩阵

```
score_matrix<- getScoreMatrix(sequences = hit_sequences)
```

E2. 调用函数'infile_produce'生成 PHYLIP 软件的输入文件 infile

```
infile_produce(scorem = score_matrix)
```

E3. 调用 PHYLIP 软件生成进化树

该函数用到了系统发生推断软件包（the PHYLogeny Inference Package，PHYLIP）。首先登录 PHYLIP 软件包官网（http://evolution.genetics.washington.edu/ phylip/getme.html），下载自解压文件"self-extracting archive of PHYLIP 3.69 for Windows"（也有可能是其他版本），下载后解压到一个文件夹中即可使用。进入该文件夹的子目录"exe"，双击运行程序"neighbor.exe"，将上一步生成的结果文件"infile"拖入到 neighbor 窗口（图 3-2），输入"Y"，

并按下回车键运行，运行后，生成两个输出文件："outfile"和"outtree"。两个文件都是文本文件，前者方便阅读，后者主要是用于其他软件的输入。

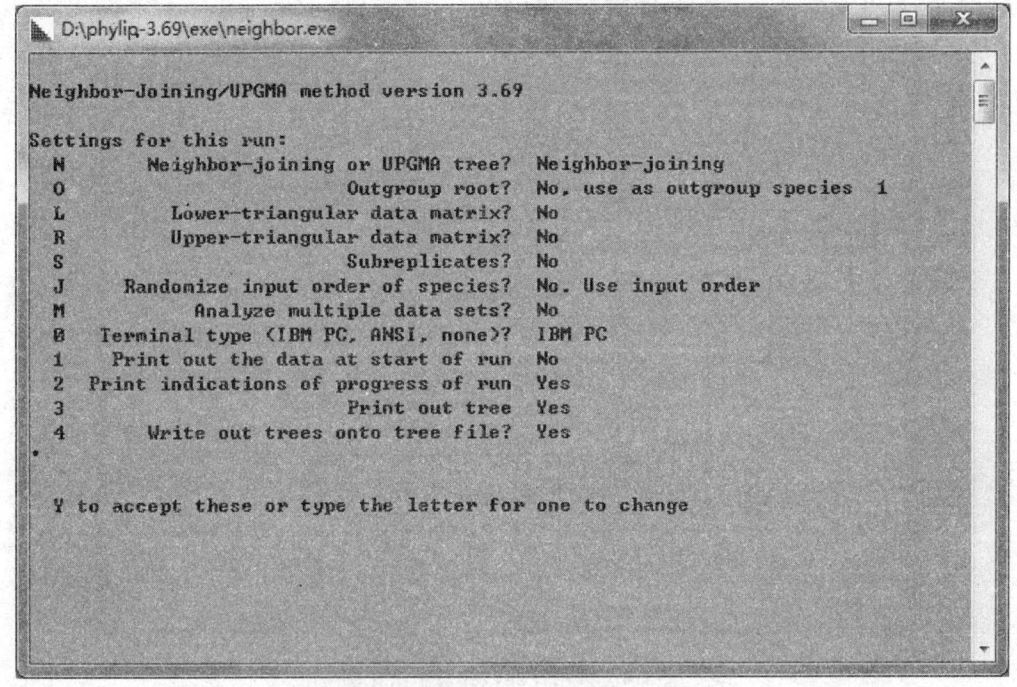

图3-2　调用PHYLIP 软件生成进化树

E4.进化树的查看与编辑

在"neighbor.exe"同一目录下，有另外一个程序"retree.exe"，可以查看和编辑该进化树。首先将文件"outtree"改名为"intree"，作为程序 retree 的输入文件，开始运行 retree 后，需要将 Graphics type 由 IBM PC 改为"none"（输入 0 并按下回车，重复 2 次），然后在提示下输入"Y"并按下回车，即可看到图 3-3。

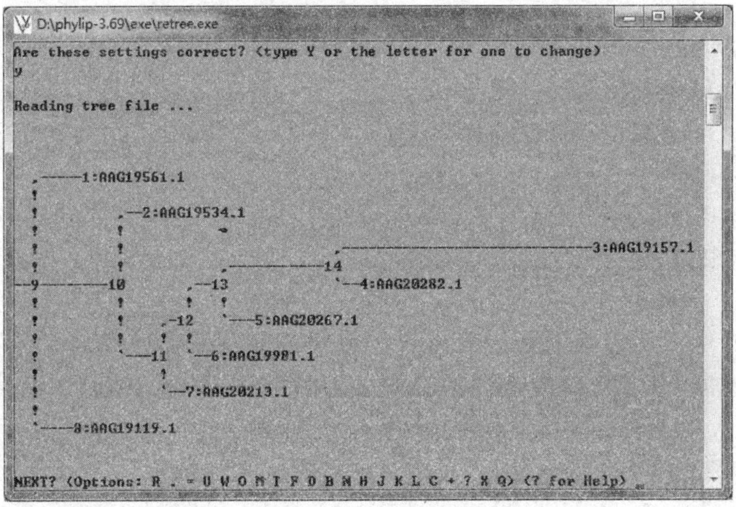

图3-3　调用PHYLIP 查看和编辑进化树

如果想用多种方式来查看该进化树，还可以使用软件 TreeView，并登录网站 http://taxonomy.zoology.gla.ac.uk/rod/treeview.html，选择合适的版本下载，默认安装后运行 TreeView，打开文件"outtree"，即可看到图 3-4。

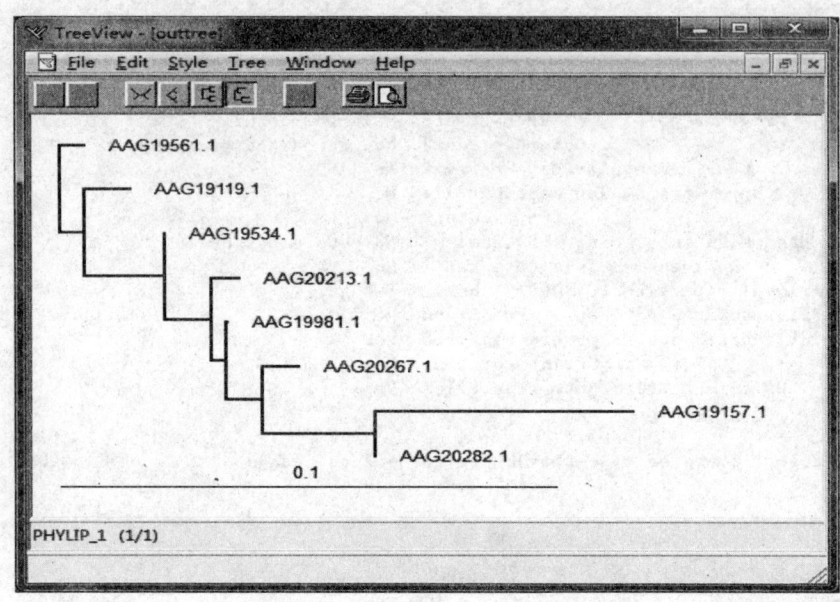

图3-4　调用TreeView查看进化树

3.2.3　源代码详解与小结

A. 函数'seq_import'

进入函数"seq_import"的内部，解析该函数的代码。首先，拷贝下面代码行，粘贴到 R 主程序并运行，可以查看整个程序的核心数据结构——数据框"my_fasta"的前 20 行内容。

```
setwd("C:/workingdirectory");
fileloc<- "AE004437.faa";
my_fasta<- readLines(fileloc) ; #11
.......
my_fasta<- data.frame(index, y, my_fasta); #22
my_fasta[1:20,]
```

从图 3-5 中，可以很清楚地看出这个程序的总体思路就是对最后一列（列名是"my_fasta"）的每个元素（对应读入的 fasta 文件的每一行）进行标注，标注的信息保存在第一列"index"，"1"表示这行属于第 1 条序列，"2"表示这行属于第 2 条序列，以此类推。从行#11 到行#22 的所有步骤都是为了实现这一目的。

运行结果：

```
> my_fasta[1:20,]
   index y                                                                                      my_fasta
1      1  0              >gi|10579650|gb|AAG18645.1| hypothetical protein VNG_0001H [Halobacterium sp. NRC-1]
2      1 -1                   MTRRSRVGAGLAAIVLALAAVSAAAPIAGAQSAGSGAVSVTIGDVDVSPANPTTGTQVLITPSINNSGSA
3      1 -1                   SGSARVNEVTLRGDGLLATEDSLGRLGAGDSIEVPLSSTFTEPGDHQLSVHVRGLNPDGSVFYVQRSVYV
4      1 -1                   TVDDRTSDVGVSARTTATNGSTDIQATITQYGTIPIKSGELQVVSDGRIVERAPVANVSESDSANVTFDG
5      1 -1                   ASIPSGELVIRGEYTLDDEHSTHTTNTTLTYQPQRSADVALTGVEASGGGTTYTISGDAANLGSADAASV
6      1 -1                   RVNAVGDGLSANGGYFVGKIETSEFATFDMTVQADSAVDEIPITVNYSADGQRYSDVVTVDVSGASSGSA
7      1 -1                   TSPERAPGQQQKRAPSPSNGASGGGLPLFKIGGAVAVIAIVVVVVRRWRNP
8      2  0 >gi|10579651|gb|AAG18646.1| amino acid ABC transporter, ATP-binding protein [Halobacterium sp. NRC-1]
9      2 -1                   MSIIELEGVVKRYETGAETVEALKGVDFSAARGEMVTVVGPSGSGKSTMLNMIGLLDSPTAGSVTLDGQD
10     2 -1                   VTGFSEDERTEERRAELGFVFQSFHLLPMLTAVENVELPSMWDTSVDRHDRAVDLLERVGLGDRLTHTPG
11     2 -1                   ELSGGQQQRVAIARSLINEPEILLADEPTGNLDQETGGTILTEMQRLTEEENIAVVAITHDTQLEEFSDR
12     2 -1                   AVNLVDGVLHT
13     3  0              >gi|10579652|gb|AAG18647.1| conserved hypothetical protein [Halobacterium sp. NRC-1]
14     3 -1                   MAWRNLGRNRVRTALAALGIVIGVISIASMGMASAAINQQASAQLGDLGNKVSVTSGEDAEEYGITQAQV
15     3 -1                   ERIDDLVSAGTVVEQKSDSTSLSSRAGTVDVVTVTAVTEVAEPYNITSANPPETLHSGALLTNQTAETLG
16     3 -1                   LGVGDPVKYDGSLYRIRGIITTTSRFGGFAELVVPLSAMADQDEYDTVDIYADSGSDAARIADRLDSEFN
17     3 -1                   SYGRTEEKILEIRSTSDAREGVNNFMRTLKLGLLGIGSISLLVASVAILNVMLMSTIERRGEIGVLRAVG
18     3 -1                   IRRGEVLRMILTEAMFLGAVGGLVGSLASLGVGAFIFDKITQNAMDVLVWPSSKYLVYGFLFAVFASLLS
19     3 -1                   GLYPAWKAANDPPVEALGE
20     4  0              >gi|10579653|gb|AAG18648.1| hypothetical protein VNG_0005H [Halobacterium sp. NRC-1]
> |
```

图3-5　函数'seq_import'的核心数据结构一

　　如果我们再运行下面的代码，并再次查看改变后的"my_fasta"的前20行数据（图3-6），就会发现主要的变化是：第1列（"index"）中所有对应第2列（"y"）为0的项目都改为了0，这是为了后面分类合并做准备。将第1列类别相同的部分所对应的第3列数据合并到一起，类别"0"是所有序列记录的描述，类别"1"是第一条序列的氨基酸序列全长，以此类推。

```
my_fasta[my_fasta[, 2] == 0, 1] <- 0;
my_fasta[1:20,]
```

运行结果：

```
> my_fasta[1:20,]
   index y                                                                                      my_fasta
1      0  0              >gi|10579650|gb|AAG18645.1| hypothetical protein VNG_0001H [Halobacterium sp. NRC-1]
2      1 -1                   MTRRSRVGAGLAAIVLALAAVSAAAPIAGAQSAGSGAVSVTIGDVDVSPANPTTGTQVLITPSINNSGSA
3      1 -1                   SGSARVNEVTLRGDGLLATEDSLGRLGAGDSIEVPLSSTFTEPGDHQLSVHVRGLNPDGSVFYVQRSVYV
4      1 -1                   TVDDRTSDVGVSARTTATNGSTDIQATITQYGTIPIKSGELQVVSDGRIVERAPVANVSESDSANVTFDG
5      1 -1                   ASIPSGELVIRGEYTLDDEHSTHTTNTTLTIYQPQRSADVALTGVEASGGGTTYTISGDAANLGSADAASV
6      1 -1                   RVNAVGDGLSANGGYFVGKIETSEFATFDMTVQADSAVDEIPITVNYSADGQRYSDVVTVDVSGASSGSA
7      1 -1                   TSPERAPGQQQKRAPSPSNGASGGGLPLFKIGGAVAVIAIVVVVVRRWRNP
8      0  0 >gi|10579651|gb|AAG18646.1| amino acid ABC transporter, ATP-binding protein [Halobacterium sp. NRC-1]
9      2 -1                   MSIIELEGVVKRYETGAETVEALKGVDFSAARGEMVTVVGPSGSGKSTMLNMIGLLDSPTAGSVTLDGQD
10     2 -1                   VTGFSEDERTEERRAELGFVFQSFHLLPMLTAVENVELPSMWDTSVDRHDRAVDLLERVGLGDRLTHTPG
11     2 -1                   ELSGGQQQRVAIARSLINEPEILLADEPTGNLDQETGGTILTEMQRLTEEENIAVVAITHDTQLEEFSDR
12     2 -1                   AVNLVDGVLHT
13     0  0              >gi|10579652|gb|AAG18647.1| conserved hypothetical protein [Halobacterium sp. NRC-1]
14     3 -1                   MAWRNLGRNRVRTALAALGIVIGVISIASMGMASAAINQQASAQLGDLGNKVSVTSGEDAEEYGITQAQV
15     3 -1                   ERIDDLVSAGTVVEQKSDSTSLSSRAGTVDVVTVTAVTEVAEPYNITSANPPETLHSGALLTNQTAETLG
16     3 -1                   LGVGDPVKYDGSLYRIRGIITTTSRFGGFAELVVPLSAMADQDEYDTVDIYADSGSDAARIADRLDSEFN
17     3 -1                   SYGRTEEKILEIRSTSDAREGVNNFMRTLKLGLLGIGSISLLVASVAILNVMLMSTIERRGEIGVLRAVG
18     3 -1                   IRRGEVLRMILTEAMFLGAVGGLVGSLASLGVGAFIFDKITQNAMDVLVWPSSKYLVYGFLFAVFASLLS
19     3 -1                   GLYPAWKAANDPPVEALGE
20     0  0              >gi|10579653|gb|AAG18648.1| hypothetical protein VNG_0005H [Halobacterium sp. NRC-1]
> |
```

图3-6　函数'seq_import'的核心数据结构二

　　运行下面代码实现同类合并，并再次查看改变后的"seq"的前 3 行数据，就会发现"0"包括所有序列的注释内容，"1"包括序列的全部氨基酸，"2"包括序列 2 的全部氨基酸（结果不再显示）。

```
seq<- tapply(as.vector(my_fasta[, 3]), factor(my_fasta[, 1]),paste, collapse ="", simplify =
F);seq[1:3]
    seq[1:3]
```

B. 函数'pattern_match'

　　模式匹配这部分的一个核心概念就是正则表达式。字符串模式通常用正则表达式表示，本例中的"H..H{1,2}"表示这个模式由 1 个组氨酸（H）+任意 2 个氨基酸+1 个或 2 个组氨酸组成，符合这个定义的串，就会匹配。另外一个模式"[A-Z]"表示所有的 A 到 Z 范围内的大写字母。正则表达式的匹配或者替换会调用函数"gregexpr"和"gsub"，程序运行完毕可以调用函数"cat"向屏幕输出提示，这几个函数的用法可以参考附录。

　　程序运行后得到一个含有 8 条序列信息的数据框变量，这个数据框的 6 列分别表示了序列的 Acc、序列的注释信息、序列长度、本条序列包含模式的位置（用","分割）、本条序列包含模式的数量以及序列内容，图 3-7 显示了前 5 列内容。

```
> hit sequences<- pattern match(pattern ="H..H{1,2}", sequences = my_sequences, hit_num =2)
含有模式"H..H{1,2}"超过2个的所有蛋白质序列已写入当前工作目录下文件'Hit_sequences.fasta'
极端嗜盐古菌蛋白组中以下序列含有模式"H..H{1,2}"的数量超过2个：
            Acc
475   AAG19119.1
513   AAG19157.1
890   AAG19534.1
917   AAG19561.1
1337  AAG19981.1
1569  AAG20213.1
1623  AAG20267.1
1638  AAG20282.1
                                                                            Desc
475         >gi|10580203|gb|AAG19119.1| hypothetical protein VNG_0611H [Halobacterium sp. NRC-1]
513         >gi|10580249|gb|AAG19157.1| cytochrome c oxidase subunit III [Halobacterium sp. NRC-1]
890            >gi|10580690|gb|AAG19534.1| glutamyl-tRNA synthetase [Halobacterium sp. NRC-1]
917              >gi|10580721|gb|AAG19561.1| membrane protein [Halobacterium sp. NRC-1]
1337        >gi|10581208|gb|AAG19981.1| photolyase/cryptochrome [Halobacterium sp. NRC-1]
1569             >gi|10581480|gb|AAG20213.1| ATP-binding protein [Halobacterium sp. NRC-1]
1623        >gi|10581542|gb|AAG20267.1| conserved hypothetical protein [Halobacterium sp. NRC-1]
1638  >gi|10581559|gb|AAG20282.1| H+-transporting ATP synthase subunit I [Halobacterium sp. NRC-1]
      Length         Position Hits
475     326        26, 89, 203    3
513     285        11, 164, 227   3
890     586       121, 335, 459   3
917     379 80, 135, 177, 282    4
1337    462        92, 121, 167   3
1569    273        80, 202, 249   3
1623    325        17, 72, 281    3
1638    722       315, 615, 635   3
> |
```

图3-7　选中序列模式匹配后所包括的信息

C. 函数'getAApercentage'

这部分的核心就是第一个"for"循环语句，这个语句每次处理一条序列，统计这条序列中 20 种氨基酸的百分含量，结果存放到一个数据框变量中（图 3-8）。该数据框的第 1 列是所有氨基酸的类型，后面每列是一条序列中的各类型氨基酸的百分比含量。这个计算过程是最开始只有一列，每次循环计算后添加一列，直到全部序列的计算工作完毕，再添加一列表示平均百分含量。

```
> AA_percentage
   AA AAG19119.1 AAG19157.1 AAG19534.1 AAG19561.1 AAG19981.1 AAG20213.1 AAG20267.1 AAG20282.1      Mean
1   A  3.6809816 11.5789474 10.2389078  7.6517150 15.8008658 13.1868132 10.153846 11.7728532 10.508116
2   C  0.6134969  0.0000000  0.8532423  0.7915567  0.0000000  1.4652015  2.153846  0.0000000  0.734668
3   D  7.0552147  3.1578947 11.6040956  8.9709763 12.1212121 11.3553114  9.846154  8.1717452  9.035325
4   E 10.7361963  2.8070175  9.0443686  4.4854881  4.1125541  4.3956044  8.000000  7.4792244  6.382557
5   F  3.6809816  8.4210526  3.2423208  2.9023747  2.8138528  3.6630037  3.692308  5.2631579  4.209881
6   G  5.8282209 13.6842105  8.1911263 10.5540897  4.7619048  8.7912088  6.153846  9.9722992  8.492113
7   H  5.2147239  3.8596491  3.4129693  5.5408971  4.5454545  4.7619048  4.615385  2.9085873  4.357446
8   I  7.3619632  5.6140351  3.2423208  5.0131926  1.5151515  2.1978022  1.538462  3.7396122  3.777817
9   K  6.1349693  0.7017544  1.7064846  3.4300792  1.0822511  1.8315018  1.846154  1.8005540  2.316719
10  L  7.3619632  9.4736842  5.2901024  4.2216359  7.5757576  8.7912088  7.384615 12.0498615  7.768604
11  M  1.8404908  2.1052632  2.9010239  3.9577836  0.6493506  1.0989011  2.461538  1.8005540  2.101863
12  N  3.0674847  1.0526316  1.8771331  2.9023747  2.8138528  0.3663004  2.153846  1.2465374  1.935020
13  P  4.2944785  2.1052632  6.1433447  7.6517150  6.2770563  6.2271062  5.846154  4.0166205  5.320217
14  Q  4.2944785  1.0526316  2.2184300  3.1662269  3.0303030  0.7326007  2.461538  1.9390582  2.361908
15  R  5.8282209  3.1578947  8.5324232  4.4854881  8.6580087  6.9597070  8.307692  3.1855956  6.139379
16  S  9.5092025  7.7192982  3.9249147  3.9577836  3.8961039  3.2967033  4.000000  5.9556787  5.282461
17  T  4.6012270  5.2631579  3.7542662  8.9709763  5.1948052  8.7912088  6.769231  5.9556787  6.162569
18  V  4.6012270 10.5263158  9.2150171  7.3878628  8.4415584  9.1575092  8.000000  8.5872576  8.239593
19  W  1.2269939  3.1578947  1.3651877  0.7915567  2.1645022  0.0000000  2.153846  0.8310249  1.461376
20  Y  3.0674847  4.5614035  3.2423208  3.1662269  4.5454545  2.9304029  2.461538  3.3240997  3.412366
> |
```

图3-8 选中序列的20种氨基酸百分比含量

D. 函数'seq_alignment'

序列两两对比可以得到序列两两之间的相似性得分，这是下一步构建距离矩阵和进化树的基础。本程序的核心是通过内外两重循环反复调用外部函数来计算两两比对得分。R 有自己的函数可以完成这个功能，这里之所以调用外部函数，是为了介绍 R 与其他程序交互的一种很重要的方式，即操作系统调用可执行文件。在 Windows 操作系统上，其调用格式就是"shell（'命令行'）"；在 Linux 系统上，"system（'命令行'）"。值得注意的是，采用这种方式编写的 R 语言，为了获得操作系统调用的功能而损失了程序的跨平台能力。图 3-9 是得到的两两比对的结果文件。

```
#############################################
# Program: needle
# Rundate: Wed 5 Dec 2012 12:12:19
# Commandline: needle
#     [-asequence] file1
#     [-bsequence] file2
#     [-outfile] stdout
#     -gapopen 10.0
#     -gapextend 0.5
# Align_format: srspair
# Report_file: stdout
#############################################
#===========================================
#
# Aligned_sequences: 2
# 1: AAG19119.1
# 2: AAG20267.1
# Matrix: EBLOSUM62
# Gap_penalty: 10.0
# Extend_penalty: 0.5
#
# Length: 419
# Identity:       74/419 (17.7%)
# Similarity:    111/419 (26.5%)
# Gaps:          187/419 (44.6%)
# Score: 35.5
#===========================================


AAG19119.1         1 ------------------------------------------------MGITKQ      6
                                                                     .||...
AAG20267.1         1 MSESDGPKQVDDPDYHHENHTAAQTCGWTANAMRGEGTCYKHAFYGIRSH     50
```

图3-9 选中序列的两两对比结果

前面第二章介绍了构建进化树往往需要多重比对而不是两两比对。这里之所以用两两比对，除了速度方面的考虑外，更重要的是多重比对对于含有重复序列（包括简单重复序列）的部分处理的结果不是很理想，更多的内容请参考相关资料。

E1. 函数'getScoreMatrix'

这部分主要是通过分析上面得到的比对结果文件，得到一个 8*8 的得分矩阵"scorem"，作为"getScoreMatrix"函数的返回值。后面再由函数"as.dist"将得分矩阵"scorem"转换为一个下三角距离矩阵"scorem.dist"，用来聚类 8 条序列。聚类函数"hclust"先产生一个对象"hc"，包括了聚类的结果，"plot"函数用来显示聚类结果"hc"（图 3-10）。从图 3-10 可以看到 8 条序列的聚类结果，需要注意的是虽然这个图和后面的进化树的图非常相似，但是两者并不相同，构建进化树需要按照一定的算法来应用距离矩阵，代表了普通聚类不具备的生物学意义。

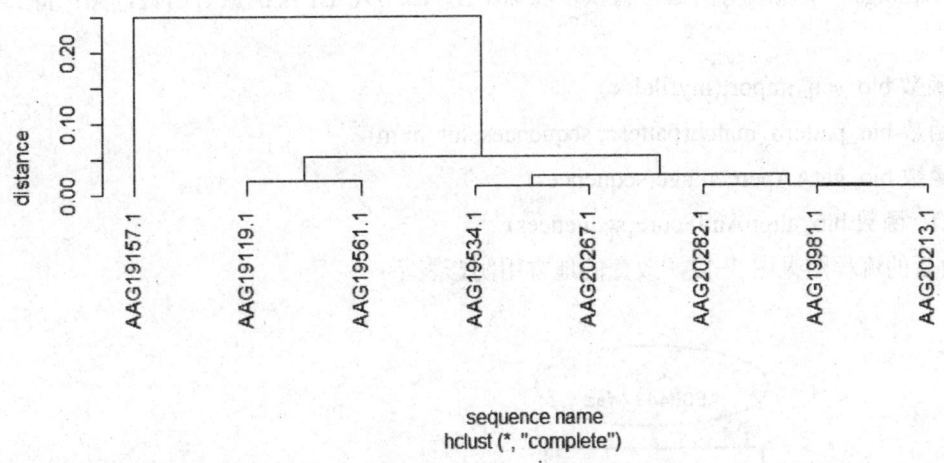

图3-10　选中序列的聚类图

E2. 函数'infile_produce'

这个函数根据前面得到的得分矩阵，得到符合 PHYLIP 软件包要求的输入文件"infile"（图 3-11）。输入文件第一行是序列的个数，下面是一个 8*8 的距离矩阵。

```
8
AAG19119.1  0          0.1666667  0.0238095  0.0194175  0.0333333  0.047619   0.028169   0.0222222
AAG19157.1  0.1666667  0          0.0487805  0.25       0.0487805  0.0625     0.0571429  0.0136986
AAG19534.1  0.0238095  0.0487805  0          0.0126582  0.0133333  0.0178571  0.0124224  0.0129032
AAG19561.1  0.0194175  0.25       0.0126582  0          0.0165289  0.0133333  0.0526316  0.0212766
AAG19981.1  0.0333333  0.0487805  0.0133333  0.0165289  0          0.0112994  0.0217391  0.0119048
AAG20213.1  0.047619   0.0625     0.0178571  0.0133333  0.0112994  0          0.0263158  0.0125786
AAG20267.1  0.028169   0.0571429  0.0124224  0.0526316  0.0217391  0.0263158  0          0.0166667
AAG20282.1  0.0222222  0.0136986  0.0129032  0.0212766  0.0119048  0.0125786  0.0166667  0
```

图3-11　选中序列的 infile

3.3　用 R 包 (Bioconductor) 再实现课题 (方法一)

3.3.1　重新设计数据处理流程和全部函数

在 3.2 中，我们用基本 R 包实现了课题，不需要安装任何扩展 R 包就可以直接运行，本节和下一节内容介绍如何使用 Bioconductor 的几个扩展 R 包来重新编写 3.2.1 中的 R 程序，通过对比，使读者了解 Bioconductor 扩展包独特的编程思想。由于 Bioconductor 扩展包数量巨大、内容繁多，因此有多个包可以实现同样的功能。为了保证学习的连贯性，根据内容逐步加深的原则，这一节先对数据处理流程的前面几个步骤做些变动，仅仅调用扩展包"Biostrings"重新编写函数，替换步骤 A、B、C、D、E1 中的原有函数，并保持其他步骤不变：

A. 函数 bio_seq_import(myfileloc)

B. 函数 bio_pattern_match(pattern, sequences, hit_num)

C. 函数 bio_getAApercentage(sequences)

D+E1: 函数 bio_alignAndScore(sequences)

修改后的流程图见图 3-12，改变的地方用阴影表示：

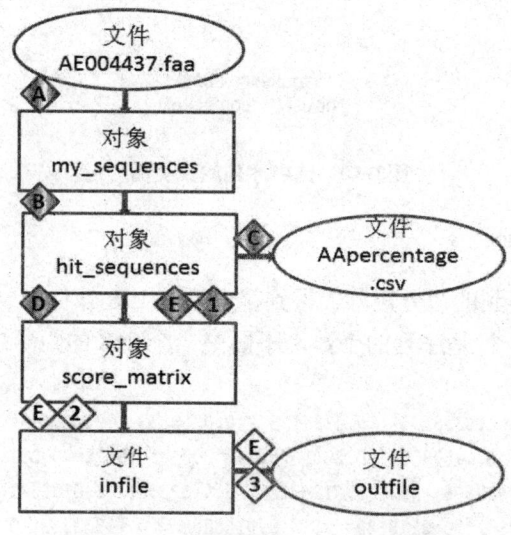

图3-12   例3-2数据处理流程图

A. 定义序列导入函数'bio_seq_import'

```
bio_seq_import<- function(input_file) {
# 读入 fasta 文件，存入对象 my_fasta。
my_fasta <- read.AAStringSet(input_file);


# 从 my_fasta 第 1 列的注释行中提取序列的 ID(Accession Number)。
Acc<- gsub(".*gb\\|(.*)\\|.*", "\\1", as.character(my_fasta[, 1]), perl = T);


# 修改 my_fasta 对象的 names 属性。
names(my_fasta)<-Acc;
```

```
my_fasta;
}
```

B. 定义模式匹配函数'bio_pattern_match'

```
bio_pattern_match<- function(pattern, sequences, hit_num) {
# 从 sequences 对象中获取蛋白质序列的内容。
seqs = as.character(sequences);
```

```
# 获取正则表达式 pattern 表示的模序在所有序列中出现的位置（未找到匹配将返回-1），
所有位置存入一个列表对象 pos，perl=T 表示兼容 perl 的正则表达式格式。
pos<- gregexpr(pattern, seqs, perl = T);
```

```
# lapply 函数调用自定义函数 function，根据 pos 中的每一个元素，计算 pattern 在每条
序列中匹配的个数，再由 unlist 函数将结果转变为向量。
hitsv<- unlist(lapply(pos, function(x) if (x[1] == -1) {0} else {length(x)}));
```

```
# 找出匹配次数大于 hit_num 的序列，并将大写形式替换为小写，gsub 中第一个参数
[A-Z]匹配任意大写字母，"\\L\\1" 表示将前面小括号中匹配的任意字母替换为其小写形式。
tag <- gsub("([A-Z])", "\\L\\1", as.character(sequences[hitsv > hit_num]), perl = T,
ignore.case = T);
```

```
# 为模序 pattern 加上小括号，以适合 perl 正则表达式格式，方便下面使用。
pattern2 = paste("(", pattern, ")", sep ="");
```

```
# 将 tag 序列中和模序 pattern 匹配的部分替换为大写，原理同上，"\\U\\1" 表示替换为
大写。
tag<- gsub(pattern2, "\\U\\1", tag, perl = T, ignore.case = T);
```

```
# 生成新的 AAStringSet 对象 export 保存选中的序列信息（大小写混合表示氨基酸）。
export <- AAStringSet(tag);
```

```
# 输出对象 export 到文件 Hit_sequences.fasta（fasta 文件格式）。
write.XStringSet(export, file="Hit_sequences1.fasta");
```

```
# 输出提示信息。
cat("含有模序\"", pattern, "\"超过", hit_num, "个的所有蛋白质序列已写入当前工作目录
下文件'Hit_sequences.fasta'", "\n", sep ="");
```

```
# 输出提示信息。
cat("极端嗜盐古菌蛋白组中以下序列含有模序\"", pattern, "\"的数量超过 2 个：", "\n",
sep ="");

# 输出选中的序列。
print(export);

# 生成新的 AAStringSet 对象 export 保存选中的序列信息（大写表示氨基酸）。
selected <- AAStringSet(as.character(sequences[hitsv > hit_num]));

# 返回选中序列。
selected;
}
```

C. 定义氨基酸含量统计函数'bio_getAApercentage'

```
bio_getAApercentage<- function(sequences) {
# 生成一个包含 20 种标准氨基酸单字母简写的数据框 AA。
AA <- c("A", "C", "D", "E", "F", "G", "H", "I", "K", "L", "M", "N", "P", "Q", "R", "S", "T",
"V", "W", "Y");
# 得到每条序列中 20 种氨基酸出现的次数。
AApercentage <- letterFrequency(sequences, AA);

# 次数/序列长度，得到每条序列中 20 种氨基酸的百分含量。
AApercentage <- t(AApercentage/width(sequences)* 100);

# 修改数据框 AApercentage 各列的名字。
colnames(AApercentage) <- names(sequences);

# 下面代码与函数 getAApercentage 中相同，参看例 3-1 中的注释。
AApercentage<-data.frame(AApercentage,Mean=apply(AApercentage[,1:dim(AApercentage)
[2]], 1, mean, na.rm = T));
write.csv(AApercentage, file ="AApercentage.csv", row.names = F, quote = F) ;
cat("氨基酸百分比含量已经写入当前工作目录下的文件'AApercentage.csv'", "\n");
AApercentage;
}
```

D. 定义两两比对和函数'bio_alignAndScore'

```
bio_alignAndScore<- function(sequences) {
# 定义一个空的得分矩阵，初始值都为 0。
scorem=matrix(rep(0,length(sequences)*length(sequences)),nrow = length(sequences), ncol
= length(sequences));
# 下面循环每次都是对比两条序列，结果存入得分矩阵 scorem。
for (i in 1:length(sequences)) {
    for (j in 1:length(sequences)) {
# 调用 pairwiseAlignment 函数两两对比
scorem[i,j]=pairwiseAlignment(sequences[[i]],    sequences[[j]],    type    =    "overlap",
substitutionMatrix = "BLOSUM62", gapOpening = 9.5, gapExtension = 0.5,scoreOnly=T)
    }
}
cat("程序完成所有序列的两两比对\n");
}
```

3.3.2　课题实现

首先，安装 Bioconductor 扩展包"Biostrings"：

```
source("http://bioconductor.org/biocLite.R") ;
biocLite("Biostrings") ;
biocLite("ape") ;
```

A. 利用函数'bio_seq_import'导入极端嗜盐古菌的蛋白质组

```
library("Biostrings")
my_file <- "AE004437.faa"
my_sequences <- bio_seq_import(input_file = my_file)
```

B. 调用函数'bio_pattern_match'寻找模序

```
hit_sequences  <-  bio_pattern_match(pattern ="H..H{1,2}", sequences = my_sequences,
hit_num =2)
```

C. 调用函数' bio_getAApercentage'统计氨基酸百分含量

```
AA_percentage<- bio_getAApercentage(sequences = hit_sequences)
```

D. 调用函数'alignAndScore'得到两两比对得分矩阵

```
score_matrix<- bio_alignAndScore(sequences = hit_sequences)
```

3.3.3　源代码详解与小结

通过重写 A 到 D 四个函数，对比原有的函数，可以看到下列主要的变化和特点：

（1）Bioconductor 扩展包针对每一种生物信息数据格式的文件都有专门的函数负责输入、输出和格式转换。例如"Biostrings"包中函数"read.AAStringSet"，可以自动识别 fasta 格式的文件，不需要用户自行编程解析文件格式，大大减少了工作量；"write.XStringSet"函数可以将"AAStringSet"对象直接写入 fasta 格式的文件作为输出。

（2）对于每种基本的序列分析算法或者过程 Bioconductor 都有基本的函数来完成，读者只需要了解输入、输出和调用参数即可。例如"Biostrings"包中函数"pairwiseAlignment"可以自动完成序列两两比对，并且输出比对的得分。"letterFrequency"函数统计序列中各种类型字母的出现频率。

（3）因此，简单来说，Bioconductor 编程就是将已有的输入输出和数据处理模块按照设计好的流程贯穿起来。

3.4　用 R 包（Bioconductor）再实现课题（方法二）

3.4.1　重新设计数据处理流程和全部函数

在 3.2 中，我们提到过两个问题：我们使用了两两比对的方法得到多个序列之间的相互关系，而不是多重比对；构建和显示进化树调用了外部程序，而没有使用 R 扩展包。这里，我们通过多重比对方法（步骤 E1）得到多个序列之间的相互关系，并用 R 扩展包构建和实现进化树。

多重比对与两两比对，对构建进化树的影响在 3.2.3 简单提到过，这里不做进一步讨论。与调用外部程序相比，全部用 R 编程，可以使中间结果和数据传递更简便、效率高、时间短。因此，这一节，我们调用两个 R 的扩展包"seqinr"和"ape"来实现进化树构建与显示。这一节仅仅替换步骤 D、E1、E2、E3 和 E4 中的原有函数，保持其他步骤不变：

D.　ClustalW2 程序；

E1. 函数 read.alignment 和函数 printMultipleAlignment；

E2. 函数 cleaned_aln；

E3. 函数 unrootedNJtree；

E4. 函数 rootedNJtree。

修改后的流程图见图 3-13，改变的地方用阴影表示：

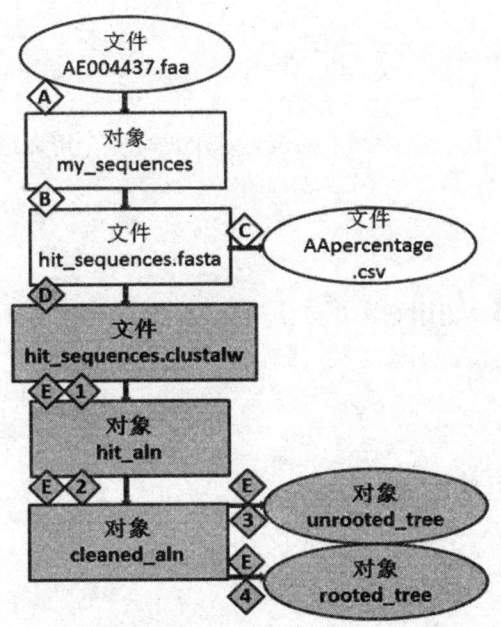

图3-13 例3-3数据处理流程图

E1. **定义函数'read.alignment'和'printMultipleAlignment'**

实现如下功能：

①由"read.alignment"读入比对结果文件（由 R 包直接提供）；

②显示多重比对结果。

R 语言代码如下：

```
printMultipleAlignment <- function(alignment, chunksize=60)
{
# 此函数需要 Biostrings 扩展包。
require("Biostrings") ;
# 从对象 alignment （由 read.alignment 读入）中得到序列总数。
numseqs <- alignment$nb ;
# 得到所有序列比对在一起时的序列长度（=原始序列+indel）。
alignmentlen <- nchar(alignment$seq[[1]]) ;
# 设定显示时，每个新行起始位置对应序列中的实际位置，如果设定每行最多不能超
过 60bp （chunksize=60），则起始位置是 1，61，121 …… 这样，一个 chunk 包括了所有序
列的一段不超过 60bp 的序列。
starts <- seq(1, alignmentlen, by=chunksize) ;
# 得到 chunk 总数。
n <- length(starts) ;
# 定义两个空向量。
```

```
aln <- vector();
# 每个元素是一条序列。
lettersprinted <- vector();
# 对应新行中最后一位在原始行中的位置这个循环完全可以用向量运算解决。
for (j in 1:numseqs)
{
# 每次提取一条序列。
aln[j]   <- alignment$seq[[j]] ;
# 初始化向量。
lettersprinted[j] <- 0 ;
}
# 每次循环处理一个 chunk。
for (i in 1:n) {
# 每次循环处理一条序列。
for (j in 1:numseqs)
{
# 每次取一条序列。
alnj <- aln[j] ;
# 取该序列第 i 个 chunk 长度的片段。
chunkseqjaln <- substring(alnj, starts[i], starts[i]+chunksize-1) ;
# 序列中的字母全部转换为大写。
chunkseqjaln <- toupper(chunkseqjaln) ;
# 统计有多少 "-"。
gapsj <- countPattern("-",chunkseqjaln) ;
# chunk 的长度减去 "-" 就是 DNA 字母数量，逐渐累加，即可对应到原始序列中的位置。
lettersprinted[j] <- lettersprinted[j] + chunksize - gapsj;
# 打印 chunk 中的片段，然后加上最后一位碱基在原始序列中的位置。
print(paste(chunkseqjaln,lettersprinted[j])) ;
}
# 每个 chunk 打印完毕，需要空一行，分割多个 chunk。
print(paste(' ')) ;
    }
}
```

E2. 定义函数'cleaned_aln'

实现如下功能：去除多重比对结果中质量非常低的位置，保证剩下的每个位置的非空位核苷酸残基大于一定比例，并且每个位置上相同残基也要大于一定比例。

R语言代码如下：

```
cleanAlignment <- function(alignment, minpcnongap, minpcid)
{
# 保留一份变量 alignment 的 copy，用于存储更新后的信息，并作为返回值。
newalignment <- alignment;
# 从对象 alignment  （由 read.alignment 读入）中得到序列总数。
numseqs <- alignment$nb;
# 得到所有序列比对在一起时的序列长度（=原始序列+indel）。
alignmentlen <- nchar(alignment$seq[[1]]) ;

# 把 newalignment 对象中所有序列置空。
for (j in 1:numseqs) { newalignment$seq[[j]] <- "" };

# 循环 1 开始，每次循环处理对齐序列中的一个位置。
for (i in 1:alignmentlen)
{
# 定义变量 nongap 记录该位置 gap 总数，并初始化。
nongap <- 0;
# 每次循环处理一条序列中的该位置所有对齐的残基。
for (j in 1:numseqs)
{
# 取第 j 条序列的所有残基。
seqj <- alignment$seq[[j]];
# 只截取第 j 条序列第 i 个位置的残基。
letterij <- substr(seqj,i,i);
# 如果出现不是 "-"，nongap 总数就加 1。
if (letterij != "-") { nongap <- nongap + 1};
}
# 第 i 个位置的 nongap 总数除以序列数量，得到 nongap 的百分比。
pcnongap <- (nongap*100)/numseqs;
# 如果某个位置的 nongap 百分比含量大于等于阈值 minpcnongap。
# 条件判断 1 开始。
if (pcnongap >= minpcnongap)
{
# 满足第一个条件，则还需要看是否满足第 2 个条件。
# 定义两个变量，第 1 个记录两两残基对总数，第 2 个记录相同残基对的数量，并初
始化。
```

```r
numpairs <- 0; numid <- 0;
# 下面两重循环用于第 i 个位置上所有残基，两两比较。
for (j in 1:(numseqs-1))
{
# 只截取第 j 条序列第 i 个位置的残基。
seqj <- alignment$seq[[j]];
# 只截取第 j 条序列第 i 个位置的残基。
letterij <- substr(seqj,i,i);
# 再取第 k 条序列第 i 个位置的残基，逐个与第 j 条 i 位置比较。
for (k in (j+1):numseqs)
{
seqk <- alignment$seq[[k]];
letterkj <- substr(seqk,i,i);
# 再取第 k 条和 j 条都不是 gap 的。
if (letterij != "-" && letterkj != "-")
{
# 两两残基对总数计数增加 1 次。
numpairs <- numpairs + 1;
# 如果这对残基相同，相同残基对的计数加 1。
                    if (letterij == letterkj) { numid <- numid + 1};
               }
          }
        }
# 相同残基对除以两两残基对总数，得到比例。
pcid <- (numid*100)/(numpairs);
# 条件判断 2 开始，如果上面的比例大于阈值。
if (pcid >= minpcid)
{
# 就把第 i 位置上，所有序列相应的残基依次写入，否则就丢弃该位点。
            for (j in 1:numseqs)
            {
                seqj <- alignment$seq[[j]];
                letterij <- substr(seqj,i,i);
                newalignmentj <- newalignment$seq[[j]];
                newalignmentj <- paste(newalignmentj,letterij,sep="");
                newalignment$seq[[j]] <- newalignmentj;
            }
        }
# 条件判断 2 结束。
```

```
        }
# 条件判断 1 结束。
    }
# 循环 1 结束。
    return(newalignment);
}
```

E3. **定义函数**'unrootedNJtree'

实现如下功能：
①用邻位相连法（Neighbor-joining）构建进化树（无根类型）；
②显示构建的进化树。
R 语言代码如下：

```
unrootedNJtree <- function(alignment,type)
{
# 这个函数需要 ape 和 seqinR 扩展包。
require("ape");
require("seqinr");
# 定义一个函数，注意这个新知识点，是函数内定义函数。
makemytree <- function(alignmentmat)
{
# as 开头的函数都是格式转换。
alignment <- ape::as.alignment(alignmentmat);
# 如果序列类型是蛋白质。
if      (type == "protein")
{
# 从比对结果对象中得到一个两两距离矩阵。
mydist <- dist.alignment(alignment);
}
# 如果序列类型是 DNA。
else if (type == "DNA")
{
# as 开头的函数都用于格式转换。
alignmentbin <- as.DNAbin(alignment);
# 从比对结果对象中得到一个两两距离矩阵。
```

```
mydist <- dist.dna(alignmentbin);
}
# 用邻位相连法（Neighbor-joining）构建进化树对象。
mytree <- nj(mydist);
# 将构建的进化树对象返回。
return(mytree);
}
# as 开头的函数都用于格式转换。
mymat    <- as.matrix.alignment(alignment);
# 调用上面定义的函数构建进化树。
mytree <- makemytree(mymat);
# 对构建的进化树做自举（bootstrap）分析。
myboot <- boot.phylo(mytree, mymat, makemytree);
# 画进化树，类型是无根树。
plot.phylo(mytree,type="u");
# 在画好的进化树上显示自举值。
nodelabels(myboot,cex=0.7);
# 把自举值设定为节点的标签。
mytree$node.label <- myboot;
# 返回构建的进化树（对象）。
return(mytree);
}
```

E4. 定义函数'rootedNJtree'

实现如下功能：
①用邻位相连法（Neighbor-joining）构建进化树（有根类型）；
②显示构建的进化树。
R 语言代码如下：

```
rootedNJtree <- function (alignment, theoutgroup, type)
{
# 本函数大部分代码与 unrootedNJtree 函数相同，因此只注释不同的语句。
require("ape");
require("seqinr");
# 定义一个函数，多了一个参数，用于指定哪条序列来充当根。
```

```
makemytree <- function (alignmentmat, outgroup=`theoutgroup`)
    {
    alignment <- ape::as.alignment(alignmentmat);
    if      (type == "protein")
    {
    mydist <- dist.alignment(alignment);
    }
    else if (type == "DNA")
    {
    alignmentbin <- as.DNAbin(alignment);
    mydist <- dist.dna(alignmentbin);
}
mytree <- nj(mydist);
```

\# 这里需要指明哪条序列作为根。

```
    myrootedtree <- root(mytree, outgroup, r=TRUE);
    return(myrootedtree);
}
mymat    <- as.matrix.alignment(alignment);
```

\# 这里函数调用，也多了一个参数。

```
myrootedtree <- makemytree(mymat, outgroup=theoutgroup);
myboot <- boot.phylo(myrootedtree, mymat, makemytree);
```

\# 画进化树，类型是有根树。

```
    plot.phylo(myrootedtree,type="p");
    nodelabels(myboot,cex=0.7);
    myrootedtree$node.label <- myboot;
    return(myrootedtree);
}
```

3.4.2　课题实现

首先，从例 3-1 流程中得到的序列文件"Hit_sequences.fasta"开始，登录序列多重比对程序 ClustalW2 所在的网站（http://www.ebi.ac.uk/Tools/msa/clustalw2/）提交该数据，得到结果后以格式文件下载得到结果文件" hit_sequences.clustalw"，保存到工作目录"C:\workingdirectory "。然后，安装扩展包"seqinr"和扩展包"ape"：

```
install.packages('seqinr');
```

```
install.packages('ape');
```

E1. 读入多重对比结果并显示，供人工查看

```
library('seqinr')
hit_aln    <- read.alignment(file = "Hit_sequences.clustalw", format = "clustal");
printMultipleAlignment(hit_aln, 60)
```

E2. 去除多重比对中的低质量区

```
cleaned_aln <- cleanAlignment(hit_aln, 25, 25)
```

E3. 根据多重比对结果绘制无根树

```
install.packages('ape')
library('ape')
unrooted_tree <- unrootedNJtree(cleaned_aln,"protein")
```

E4. 根据多重比对结果绘制有根树

```
rooted_tree <- rootedNJtree(cleaned_aln, "AAG19157.1", "protein")
```

3.4.3　源代码详解与小结

在例 3-3 中，我们利用扩展包"seqinr"和扩展包"ape"重新实现了构建进化树的功能。多重比对程序 ClustalW2 得到的比对结果文件"Hit_sequences.clustalw"的"clustalw"格式非常常见，扩展包"seqinr"中的 read.alignment 函数可以自动识别这种格式，并把结果存入一个对象。这是非常重要的 R 编程习惯，专门的函数处理输入类型，存入对象，以备下一步继续处理。

我们自己动手写了 2 个函数来处理多重比对数据，"printMultipleAlignment"可以根据用户需要来按照参数指定的长度（如 60）来控制每行输出的序列；"cleanAlignment"可以去除一些比对的低质量位点，不仅可以减少计算量，还可以提高进化树计算的准确度。读者可以输入对象"cleaned_aln"的名称加回车，查看去除后的比对结果（图 3-14）。函数"cleanAlignment"中算法的思路基于最基本的矩阵运算，即把每条序列看作一行，每个位点看作一列；外循环是列，每次处理一列，内循环中处理一列中的所有行。这个算法很简单，但是这样逐个处理矩阵中每个元素的编程方式并不是 R 鼓励的，R 的习惯还是向量运算，一次至少处理一行或一列，不仅使程序简洁，还可以从底层优化，提高速度。这里之所以这么编写程序，主要为了进一步介绍一下 R 的语法，并且说明 R 对于更低级的编程也是支持的。

函数"unrootedNJtree"和"rootedNJtree"都是基于"ape"扩展包来构建进化树的，两者都可以自动识别对比结果（对象），而不必像例 3-1 那样必须先计算距离矩阵，编程更加方便和灵活。两个函数构建进化树的算法都是邻位相连法（Neighbor-joining），前者是无根树，后者是有根树。构建有根树时，我们指定的序列"AAG19157.1"，只是用于程序演示，没有实际的生物学意义。

```
> cleaned_aln
$nb
[1] 8

$nam
[1] "AAG19534.1" "AAG20213.1" "AAG19981.1" "AAG20267.1" "AAG19561.1" "AAG20282.1
[7] "AAG19157.1" "AAG19119.1"

$seq
$seq[[1]]
[1] "drraaggagiselladldegdpaderpvrgtykrgfvdekpdlgfdaegptvtddswfsgseygtadpg-"

$seq[[2]]
[1] "---------------------------------------------g--vpdd----vg---tadsg-"

$seq[[3]]
[1] "-----------hqlrdlhagd-vddsparaayrrdlvdevpalefdang--yppd----hdaaavwdgr-"

$seq[[4]]
[1] "----------------------------------------------da--gcdd----vg--atpdkg-"

$seq[[5]]
[1] "-------------------------------------------tadaptvprt----ge--gwpgsng-"

$seq[[6]]
[1] "drraaggagiseqiadldagvpapesradaafreglladkeapgwtavgtsvpydywfsggeygfaaggg"

$seq[[7]]
[1] "-------------------------------------------de--vpyas---gg--gtp-gg-"

$seq[[8]]
[1] "------------------------------------------idv--ildh----ig---va-gs-"
```

图3-14　去除后的比对结果

第四章　Bioconductor 简介

Bioconductor 是建立在 R 语言环境上的，用于生物信息数据的注释、处理、分析及可视化工具包的总集，由一系列 R 扩展包组成。Bioconductor 当前最主要应用在基因芯片和下一代测序数据分析两个领域，而且在其他领域的应用也逐渐展开。截至 2013 年 10 月，Bioconductor 2.13 已经发布了 750 个软件包、698 个注释包和 180 个数据包，拥有非常活跃的用户群。本章 4.1 简单介绍 Bioconductor 的起源和特点；4.2 分类介绍 Bioconductor 一些主要包的功能；4.3 通过几个具体应用来介绍如何使用 Bioconductor 来解决实际问题。希望通过本章的学习，读者能够了解并熟悉 R/Bioconductor 的编程思想，便于后续章节的学习。

4.1　什么是 Bioconductor

4.1.1　Bioconductor 的起源

自 1995 年斯坦福大学率先使用基因芯片（Microarray）分析基因表达以来，生命科学领域的研究人员迎来了一个巨大的机遇，同时也面临一个巨大的挑战。从机遇角度来讲，这些非常庞大的基因表达数据蕴含着丰富的生物学知识，可以帮助研究人员通过可重复的实验来更好地理解其中的生物学机制。然而，基因芯片带来的海量数据处理任务是史无前例的，要求研究人员同时具备计算机、统计学和生物学三个方面的知识，这无疑是一种新的挑战。另一方面，生命科学研究的一大特点，即实验的可重复性和可对比性要求数据和方法公开和标准化，而当前研究人员各自编写功能类似的软件程序或者流程来分析同类的芯片数据，造成了大量的重复劳动，而且也不利于标准化。因此数据处理的标准化也构成了这个挑战的一部分。

针对这个挑战，美国西雅图 Fred Hutchinson 癌症研究中心（Fred Hutchinson Cancer Research Center，FHCRC）的 Rober C. Gentleman（R 语言的两位创始人之一）等人于 2001 年发起了 Bioconductor 软件开发项目[1]。他们的最初目标是提供一个快速发展、可以进行资源整合、持续升级并支持并行运算的软件平台来降低研究人员分析基因芯片数据的门槛，增加基因组信息分析平台软件的透明度和数据处理的重现度，并提高数据分析等相关软件的开发效率（避免重复劳动）。当然，现在 Bioconductor 已不局限于分析基因芯片数据，而是被广泛应用于分析流式细胞仪、色谱以及下一代测序技术等产生的高通量数据。自 2002 年 5 月第一版发布以来，Bioconductor 与 R 语言同步发展，每年保持两次更新。而且作为一个开放和发展的系统，Bioconductor 也致力于研究人员的培训，每年定期举行会议，并提供课程以培训研究人员。同 R 语言一样，Bioconductor 也设立了核心开发团队（Core team），该团队主要成员来自于 FHCRC 中心。

4.1.2 Bioconductor 的主要特点

同属于 R 的扩展包，Bioconductor 是免费和开源的，它包括的所有扩展包都是基于 Artistic 2.0、GPL2 或者 BSD 授权的，用户可以方便地查看或者修改现有算法或数据模块，根据新的需求不断更新已有扩展包或开发新包。除此之外，Bioconductor 还具有其他很多优点，主要表现在以下几个方面[1]。

（1）分布式开发模式

面对类型多样、数目庞大的生物信息学数据，仅仅靠一个实验室或者研究所是不可能提供所有的解决方案的。分布式开发模式便于世界各地的研究人员集思广益，发挥各自优势，共同开发和拓展 Bioconductor 项目。分布式开发允许各地的开发者同时开发同一个工程中相同的组件，这首先要求源代码可以随时访问和修改，还需要具备良好的版本控制系统。Bioconductor 使用 Concurrent Versions System（一种版本控制软件）来进行版本控制。通过这一系统，所有的开发者都可以接触到在一个统一的文档中心存放的整个工程的源代码。分布式开发的另一个要求是不能因为个别开发者的行为引发系统其他部分的崩溃。由于 R 中使用了包的组织方式，可以将不同开发者开发的组件按照统一规范整理成扩展包，每个包都应该只有单一和一致的主题，这样通过功能模块化的包控制了错误发生的范围。

Bioconductor 依赖 R 包测试系统的测试机制来对每一个包进行测试以确定其稳定性与健壮性。每一个开发者都要对其开发的包中的所有函数进行记录，并且提供示例代码、脚本或命令用于代码测试。开发者在每次提交新包或者升级旧包之前都必须保证所提交的代码可以正常运行。有时升级包会影响依赖它或者导入它的相关包的运行，所以在提交升级之前，必须保证升级的部分不会影响其他包的正常运行。开发团队的成员们可以通过论坛、电子邮件、电话和会议等交流思想、更新知识或协调合作。

（2）外部资源再利用

这里的外部资源主要是指用其他编程语言编写的程序。外部资源再利用需要考虑三个方面：第一，Bioconductor 开发的一个基本原则就是尽量直接使用或者稍加改编整合已有的算法或程序，特别是一些标准工具和成熟算法，而不是重写。这样大大减少了使用未经测试的新代码的风险，而且提高了效率。第二，由于生物信息学是一个复杂的领域，往往需要使用多种程序和工具来完成一个任务，所以 Bioconductor 必须提供整合其他代码或程序的多种手段。以 Bioconductor 三个主要的与图和网络相关的包（graph、RBGL 和 Rgraphviz）为例：graph 包主要用于构建图和网络，还包括一些简单的属性操作函数；RBGL 包用于对图和网络分析算法的实现，包括求最短路径和求子网络等；Rgraphviz 用于可视化和网络分析。三个包中的后两者就是从 C 语言中的 BOOST 库和 Graphviz 库直接整合而来，Bioconductor 不需要重写代码，只是提供了可以更方便地使用这些功能的接口。当前，还有多个生物信息语言或者软件的开发项目（例如 Bioperl 和 Biojava）与 Bioconductor 项目并行发展，这些项目将要实现 Bioconductor 项目同样（例如 Bioperl 和 Biojava）或者相关的功能，

Bioconductor 项目没有必要也没有可能同时完成其他项目可以完成的工作，因此最好的方法就是提供一个标准化的接口，可以方便地访问这些项目的各种资源（程序或者数据）。举例来说，可扩展标记语言（eXtensible Markup Language，XML）就是一种广泛使用的共享数据资源的标记语言，它提供统一的方法来描述和交换独立于应用程序或供应商的结构化数据。Bioconductor 可以不断获取 XML 的新成果，而大大降低成本，增强自身功能。

（3）动态的生物学注释

这里的注释特指元数据（Metadata），在 Bioconductor 的一些文档中，元数据与数据的注释这两个概念经常混用。元数据作为描述数据的数据，主要描述数据属性，用来支持如指示存储位置、历史数据、资源查找和文件纪录等功能。生物信息领域的元数据有两个重要特点，即变化性和复杂性。因此 Bioconductor 项目开发了一些软件协助研究人员使用和分析元数据。为了保证元数据及时更新，以便用户可以得到最新的元数据，Bioconductor 将元数据写入 R 包。这些 R 包都是采用一种半自动更新的方法创建，并通过一些基于 reposTools 包开发的工具发布或更新。元数据有版本管理，用户可以决定何时更新需要的数据，还可以方便地获取旧版本的数据。

自动构建数据包有如下好处：首先，因为注释包有统一的规范，用户熟悉了一个包之后对同类型的包也会触类旁通；第二，数据包的创建便捷快速，例如有关基因芯片的所有数据包，都应该包括同样的信息（例如染色体位置和基因本体论类别等），所不同的是每种芯片都有不同的探针集合。

经常遇到的一个问题是，用户是否应该仅仅依赖在线资源获取元数据。从潜力上讲，在线方式保证了用户可以更及时获取最新的信息，本地包的方式往往做不到。但是相对于在线资源，使用本地数据包也有它的优势，比如用户不能一直在线，用户可能对在线的信息资源并不是十分了解等。另外，在线资源可以被拥有者随意地更新和修改，有时候无法保证追踪到旧版本的数据以重复已经发表的结果。

（4）实验的可重复性

Bioconductor 非常强调研究的可重复性，这是生物信息学，乃至科学发现的基础。然而在计算科学领域，这方面不是很乐观。在以往的计算科学相关的文章中，人们往往只是对自己的算法进行描述，因为纸制文章这种发表媒介局限了人们发布实验数据、运行参数以及程序本身。其后果就是他人在重复前人工作时，需要花费很大的精力去琢磨一些细节问题，特别在无法与作者进行有效沟通的情况下，需要投入更多的时间。在生物信息学领域，在发表文章的同时发表数据已经成为一种趋势，这为他人重复实验提供了可能。而重复实验还需要软件以及每一步的执行命令和参数等详细信息。因此当前主流的高品质期刊都要求文章发表者提供相应的哪怕是非常基础的工作细节。将全部详细信息一起提交的文章，才能成为高水平的文章。

Biocondoctor 扩展包及文档的统一标准为同时发布数据和代码等信息提供最优秀的平台，完全可以满足生物信息学研究的可重复性要求。哪怕是如何生成一个图形或一个表格，其详细过程都可以在 Sweave 文档中找到。任何一个 R 用户都可以很轻松地修改代码或参数来检验文章中的计算结果的健壮性，或者尝试不同算法和参数的计算结果。从可重复性角度，R 和 Bioconductor 将给生物信息学研究带来一场革命。

（5）教育培训资源丰富

R/Bioconductor 作为一种新的程序设计语言，需要生物学、计算机和统计学等多方面的背景知识，因此教育培训用户成为了一个重要的环节。每年都会有大量的培训资料公布在 Bioconductor 的官网或其他网站上，主要提供两个方面的资源：课程资料和说明文档。一些 Bioconductor 的开发者会亲自主讲一些课程，并且依据反馈不断改进课程资料。课程资料主要是为了介绍如何使用扩展包，是公开免费的，不过对发表有限制。Bioconductor 除了发表传统的说明文档（如使用手册），更依赖于网上可动态更新的在线文档。特别是 Bioconductor 引入一种叫做 Vignette 的大规模说明文档：传统的文档只是说明一个或者几个函数的功能或应用，Vignette 则详细地说明完成某项复杂任务（使用多个函数和包）所需要的每一个步骤。文档开发需要多方面人员的共同努力，有文档写作经验的开发者会在写作策略、概念以及方法学方面带来创新。但更多的贡献需要来自 R 使用者，即使是不懂编程的人也可以作出贡献。很多研究人员会从 Bioconductor 用户转变为开发者，所以在文档写作的过程中，必须考虑这一类人的需要。如果文档写得非常有吸引力，极有可能把这些人吸引到该项目的开发队伍中，大大提高合作开发的成功率。

（6）响应用户需求

一个软件的成功很大程度上取决于它与用户的交流。当前最有效的响应用户的方式可能就是邮件列表（Maillist）。Bioconductor 在建立初始就启动了相应的邮件列表（bioconductor@stat.math.ethz.ch），并可查询以往的邮件。以往的邮件中的问题答案可以帮助遇到相同问题的用户快速地解决问题；以往的邮件中的错误报告为开发者避免或者修正错误提供了参考。另一方面，响应用户需求还需要图形化用户界面（Graphical User Interface，GUI）。GUI 比命令行形式可以更好地实现人机交互，它可以减少人们对命令行的敬畏感，同时可以有效帮助人们自动完成复杂的操作，比如众多参数的设置、复杂函数名的拼写等等。

用户在下载及安装方面也会遇到不同程度的困难：有些时候可能是用户本地配置的问题，有时候可能是由软件的 Bug 引起的。Bioconductor 项目核心开发团队会尽力帮助每个用户正确安装 R 以及 Bioconductor。另外，不同扩展包之间的依赖关系的管理也尽可能由系统自动完成，用户下载安装某个扩展包时，系统会自动下载并安装它所依赖的其他包。

4.2 Bioconductor 的分类介绍

包的管理方式大大方便了分布式开发和版本管理，但是也带了另外一个问题，即当用户面对成百上千个扩展包的时候，应该如何从零入手学习呢？本节分类介绍各种包的功能，给初学者一个总体概念，为读者的自学提供一个指南。

4.2.1　三大板块分类介绍

BiocViews 是由 Bioconductor 的 BiocViews 包自动生成的用于展示 Bioconductor 各个发布版本所有包的 HTML 信息页。BiocViews 将 Bioconductor 划分为三大板块（图 4-1），包括实验数据包（ExperimentData）、软件包（Software）和注释数据包（AnnotationData）。

划分的目的是方便软件开发及教学交流。对于 Bioconductor 用户而言，这种划分方法非常适合快速掌握数据处理流程。首先需要知道设计算法是为了处理什么样的生物信息数据，这些数据的格式和内容是什么，因此必须有一些公开的数据作为样例，这就是设计实验数据包的出发点，比如白血病（Leukemia）的 ALL 数据包是广泛用 Affymetrix 进行基因芯片分析的教学数据包；算法是 Bioconductor 的核心，这些算法集成到软件包中，由它们负责读取实验数据来产生统计结果或图形输出；在数据处理过程中，需要调取的参考信息全部放到注释数据包中，注释数据包实际上就是本地化的生物信息数据库。三大板块划分的更为重要的意义，在于它们可以协同合作记录一个实验的全部数据和分析过程，用户可以将其与论文同时发表，提高科研成果的可重复性（见 4.1.2）。

三大板块的划分有利于开发者快速开发与验证软件包。开发者可以从实验数据包中选择合适的数据来进行算法分析或比较，比如 hapMap 数据包就是广泛用于 SNP 算法分析与比较的数据包。这样做，一方面可以有效减小软件包的大小，另一方面使用和其他开发者相同的数据，可以方便纠错（Debug）以及横向比较不同软件包算法的差别。开发者通过 BiocViews 的分类系统对自己的软件包进行定位，还可以从同类软件包中学习开发标准及规范。

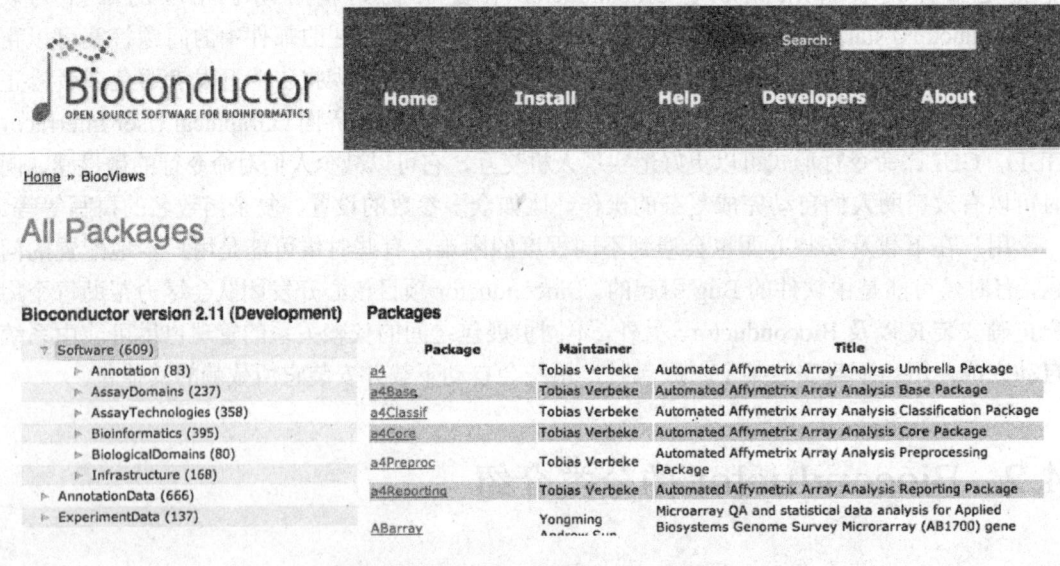

图4-1　Bioconductor的BiocViews界面

4.2.2　软件包的进一步介绍

在三大类包中，软件包尤为重要，因为用户使用 Bioconductor 最主要的目的就是对其提供的算法和数据处理方法的调用，因此需要对软件包中的六组具体应用做一个简单介绍。

这种早期的划分方式现在看来比较混乱，不能提供很好的结构以适应各类具体应用，因此读者只需要简单了解一下即可。考虑到 R 包的动态变化，下面列出的分类与最新版本的内容会有一些差异。

（1）注释（Annotation）

生物数据（如序列）的注释是生物信息学一个非常重要的领域，而且随着各种生物基因组测序任务的完成，以及表达序列标记（Expressed Sequence Tag，EST）和基因表达数据的大量积累，序列注释的工作量和复杂度大大增加。Bioconductor 提供了大量的工具和元数据用于各类生物数据的注释，"注释"即作为一组软件包单独分类，又作为一个应用领域分类介绍（详见 4.2.3）。考虑到很多工具是针对某种元数据的，后者的分类方式更为合理。"注释"作为一组软件包，可进一步分为以下几部分：

- 基因本体论（Gene Ontology，GO）
- 通路分析（Pathways）
- 平台属性（Proprietary Platforms）
- 报告生成（Report Writing）

（2）微阵列板块（Assay Domains）

这个组的包主要用于处理基因芯片数据。Bioconductor 可支持几乎所有主流芯片数据格式，从 Affymetrix 公司的商业化单色寡核苷酸芯片，到用户定制的双色 cDNA 芯片。芯片分析包括数据预处理、差异表达基因筛选以及聚类分析等。有关基因芯片数据处理的内容会在第五章详细介绍。这个组的包可进一步分为以下几部分：

- 比较基因组杂交(Comparative Genomic Hybridization，CGH)
- 细胞水平检测(Cell Based Assays)
- 染色质免疫共沉淀芯片(ChIPchip）
- 拷贝数变异（Copy Number Variants ）
- CpG 岛（CpGIsland）
- 差异表达（Differential Expression）
- DNA 甲基化（DNA Methylation）
- 外显子检测（Exon Array）
- 基因表达（Gene Expression）
- 遗传变异性（GeneticVariability）
- 单核苷酸多态性（SNP）
- 转录（Transcription）

（3）高通量实验技术（Assay Technologies）

这个组的包将可以处理的高通量实验数据，从基因芯片扩展到了包括质谱、流式细胞仪和高通量测序等领域。例如，高通量测序（High Throughput Sequencing）类的 ShortRead 包是一个对高通量测序数据进行输入、质量评估和预处理的包。这个组的包进一步分为以下几部分：

- 基因芯片（Microarray）
- 微孔板检测（Microtitre Plate Assay）
- 质谱（Mass Spectrometry）
- 基因表达系列分析（Serial Analysis of Gene Expression，SAGE ）
- 流式细胞仪（Flow Cytometry）
- 测序（Sequencing）
- 高通量测序（High Through put Sequencing）

（4）**生物信息学**（Bioinformatics）

这个组的包主要为生物数据的处理提供各种通用的流程和算法。主要的流程包括基因芯片数据预处理（如背景校正、归一化和质量控制等）、分析基因芯片数据、研究基因之间的关系、研究样本之间的关系和识别差异表达基因等。一些常见的数据分析方法（如分类分析、聚类分析和时间序列分析等）都包含在内。这个组的包可进一步分为以下几部分：

- 聚类（Clustering）
- 分类（Classification）
- 富集分析（Enrichment）
- 多组比较（Multiple Comparisons）
- 预处理（Preprocessing）
- 质量控制（Quality Control）
- 序列匹配（Sequence Matching）
- 时间序列分析（Time Course）
- 可视化（Visualization）
- 网络分析（Networks）

（5）**生物学板块**（Biological Domains）

这个组的包侧重生物（特别是各类组学）数据的下游分析。例如，细胞生物学（Cell Biology）类的 SamSPECTRAL 包帮助用户确定流式细胞仪数据中的细胞群；遗传学（Genetics）类的 TSSi 包帮助用户确定高质量测序数据中的转录起始位点；蛋白组学（Proteomics）类的 clippda 包为用户提供一些分析来自临床样本的蛋白质组学数据的方法，涵盖实验设计和参数确定等方面。这个组的包可进一步分为以下几部分：

- 细胞生物学（Cell Biology）
- 遗传学（Genetics）
- 代谢组学（Metabolomics）
- 蛋白质组学（Proteomics）

（6）Bioconductor **基础架构**（Infrastructure）

这个组的包主要给用户提供一些通用工具，包括数据的输入、输出和图像可视化等。数据输入（DataImport）类的 Rsamtools 包提供了一个统一接口可以接受下一代测序中常见文件格式（例如 SAM 和 BAM 格式）的输入。图形用户界面（Graphical User Interface，GUI）

类的 oneChannelGUI 包提供一个用户界面，方便用户分析基因表达芯片和 miRNA/RNA-seq
数据。这个组的包可进一步分为以下几部分：
- 数据输入（Data Import）
- 数据呈现（Data Representation）
- 图和网络（Graphs And Networks）
- 图形用户界面（Graphical User Interface）
- 可视化（Visualization）

4.2.3 按照应用领域分类

为了方便用户根据应用目的快速找到相关的 R 包，Bioconductor 网站在首页提供了一个
根据应用领域的简单分类，这个分类体现在当前最主要的应用领域，而且主页上显示的那
些领域是动态变化的，本书根据 Bioconductor 2.11（2012 年 10 月访问）的主页内容，简单
介绍下列 5 个应用领域。

（1）基因芯片（Microarrays）

Bioconductor 的起源就来自基因芯片数据分析，因此这方面的支持是最全面的，涵盖
了多个芯片厂商和多种芯片类型，主要的芯片提供商包括 Affymetrix 公司、Illumina 公司、
Nimblegen 公司和 Agilent 公司；芯片类型有基因表达芯片（Expression arrays）、外显子芯片
（Exon arrays）、拷贝数变异（检测）芯片（Copy number arrays）、SNP（检测）芯片（SNP arrays）、
DNA 甲基化（检测）芯片（Methylation arrays）等。基因芯片数据分析的主要工作包括预
处理（Pre-processing）、质量评估（Quality assessment）、差异基因表达分析（Differential gene
expression analysis）、基因集富集分析（Gene set enrichment analysis）和遗传基因组学等。
Bioconductor 提供了主要基因芯片数据库（如 GEO 和 ArrayExpress）的接口，方便获取芯
片数据。

针对不同基因芯片厂商和类型，Bioconductor 开发了多种不同的包分别处理不同类型数
据，包与芯片种类的对应关系非常复杂，下面根据各种芯片数据，简单介绍一些常用的扩
展包。

Affymetrix 3'-biased Arrays 芯片的数据处理需要 affy 包、gcrma 包和 affyPLM 包，这些
包又依赖芯片定义（CDF）、探针（Probe）和注释（Annotation）三个包，后三个包会自动
安装；Affymetrix 3'-biased Arrays 芯片还需要 xps 包，xps 包依赖 ROOT 包（必须手动安装），
可以直接使用 Affymetrix 芯片产生的数据文件格式，包括 CDF、PGF、CLF 和 CSV。

Affymetrix Exon ST Arrays 芯片和 Affymetrix Gene ST Arrays 芯片的数据处理需要 oligo
包和 xps 包。Oligo 包需要预先使用 pdInfoBuilder 包创建一个 pdInfoPackage 包，后者可以
合并芯片定义（CDF）、探针（Probe）和注释（Annotation）三种数据。

Affymetrix SNP Arrays 芯片的数据处理仅仅需要 oligo 包。Oligo 包需要预先使用
pdInfoBuilder 包创建一个 pdInfoPackage 包，后者可以合并芯片定义（CDF）、探针（Probe）
和注释（Annotation）和单体型图（HapMap）四种数据。但是当前的 oligo 包还不能处理 SNP5.0
和 SNP6.0 中的拷贝数变异（Copy-number variation，CNV）的区域。

Affymetrix Tilling Arrays 芯片和 Nimblegen Arrays 芯片的数据处理仅仅需要 oligo 包。

Illumina Expression Microarrays 芯片的数据处理需要 lumi 包和 beadarray 包。lumi 包和 beadarray 包都需要各自独有的映射包和注释包，如 lumi 包需要 lumiHumanAll.db 包和 lumiHumanIDMapping 包；beadarray 需要 illuminaHumanv1BeadID.db 包和 illuminaHumanV1.db 包。

（2）测序数据（Sequence data）

Bioconductor 可以处理多种与测序（特别是高通量测序）结果相关的文件类型，包括 Fasta、Fastq、SAM、BAM、Gff、Bed 和 Wig 等。对测序数据的处理，一般包括测序结果的预处理（例如去除低质量和污染等步骤）、格式转换(Transformation)、序列对比 (Alignment)、测序质量评估、RNA-seq 实验数据处理及表达差异分析和 ChIP-seq 实验数据处理等方面。

Bioconductor 的 SRAdb 包提供了对 SRA（Sequence Read Archive）数据库的接口。SRA 是 NCBI 在 2007 年底推出的，专门用于存储、显示、提取和分析高通量测序数据的数据库，其范围涵盖基因组、转录组和表观遗传学等多个方面，是当前最为重要的高通量测序数据公共数据库。

ShortRead 包一般将高通量测序数据作为输入，提供质量控制、去污染等数据预处理基本功能；Rsamtools 包的输入数据是将测序得到的读段比对到参考基因组或者转录组的结果文件（如 SAM 和 BAM 格式），主要完成的功能包括文件格式转换和一些比对结果的统计与分析；rtracklayer 用于将数据导入到 UCSC 基因组浏览器（http://genome.ucsc.edu），并进行浏览和操作，也可用于将数据导出。

IRanges 包、GenomicRanges 包和 genomeIntervals 包都是基于 DNA 区域(如染色体区域)对数据进行计算、操作和表示的扩展包。Biostrings 包集成了序列比对（Alignment）和模式匹配（Pattern matching）等非常基本的序列分析函数，将在本章 4.3 详细介绍。BSgenome 包用于访问或者操作带有注释信息的全基因组数据；GenomicFeatures 包用于对基因组中的序列特征（如编码区）进行注释。

RNA-seq 数据分析和差异表达分析方面常用的扩展包主要有 edgeR、DESeq、baySeq、DEGseq 和 DEXSeq。DEXSeq 包可以用于外显子水平（Exon-level）的差异表达分析，但是要求 R 的版本必须高于 2.14。这些包将在第六章详细介绍。

ChIP-seq 数据分析及相关分析，如基序发现（Motif discovery）和结合位点检测（Peak calling）等，可以使用以下包：CSAR、chipseq、ChIPseqR、ChIPsim、ChIPpeakAnno、DiffBind、iSeq、rGADEM、segmentSeq、BayesPeak 和 PICS。

更多的高通量测序数据处理相关的扩展包的信息，可以进入【biocViews】查找：选择软件包类【Software】→高通量实验技术【AssayTechnologies】→高通量测序【HighThroughputSeqencing】。

（3）注释（Annotation）

上文提到，Bioconductor 提供了大量的包来进行生物信息注释，这些包既包括注释工具，又包括各种注释数据，或者连接到注释数据库的接口等等。这里按照注释方式做一个简单的分类，并且介绍几个核心的注释包，为读者提供一个整体框架。本书将 Bioconductor 中注释的方式分为三类。

第一大类是基于 AnnotationDbi 包的扩展包。AnnotationDbi 包的重要性达到了"绝大部分注释包都依赖 AnnotationDbi 包"的水平。一旦使用 biocLite 函数安装任何一个".db"注释包，AnnotationDbi 包都会被自动安装。AnnotationDbi 包实现了".db"注释包的创建和操作，并能创建个性化的芯片平台（Custom chip platforms）。这类注释包可以进一步分为：物种型注释包，如 org.Mm.eg.db、org.Hs.eg.db 和 org.Rn.eg.db 等；平台型注释包，如 Affymetrix 公司的 hgu133plus2.db 等；系统生物学注释包，如 GO.db 和 KEGG.db 等。

• 物种型注释包包括整个物种相关的基因数据，其命名格式为："org.Xx.yy.db"。"Xx"是种属的缩写，"yy"是来源数据库 ID，用于把所有数据连到一起。例如：org.Hs.eg.db 注释包中，其种属是"Hs"，ID 源是"eg"。

• 平台型注释包依赖于具体实验平台，最典型的就是芯片注释包，其命名格式为："platformName.db"。"platformName"是芯片平台的名称。例如 hgu95av2.db 包，就是对应 Affymetrix 公司的 hgu95av2 基因芯片。另外，Affymetrix 相关平台的每个".db"包还需要其对应的".cdf"和".probe"包。其名称格式为："platformName.cdf"和"platformName.probe"。

• 系统生物学注释包用于设备无关的下游分析（例如基因功能分析）。例如：KEGG.db 用于获取 KEGG（Kyoto Encyclopedia of Genes and Genomes）数据库中的数据；GO.db 用于获取基因本体论（Gene Ontology）的数据；PFAM.db 用于获取不同蛋白家族的特征和相关性数据。

第二大类是利用 biomaRt 包获取注释信息。biomaRt 包与 AnnotationDbi 注释包的最大不同在于它提供的注释信息都来自远程服务器，biomaRt 包只是提供了一组接口，而 AnnotationDbi 注释包将数据本地化。虽然 biomaRt 包在注释速度上严重依赖网络的连接速度，但它具有无需维护，不占用本地存储空间和注释信息自动更新等突出优点，这部分内容将在 4.3.2 详细介绍。

第三大类是指前两类以外的其他注释资源。一个例子就是以基因组浏览器为基础的 Rtracklayer 包，它负责完成 R 中数据结构 GRanges objects 与常见基因组文件格式（如 Wig、Bed 等）相互转换，成为 R 与基因组浏览器之间的桥梁。此外，还有一些下游的数据分析也时常被人们视为注释的一部分，但实现上它们已经超出了注释的本意，如基于注释信息进行聚类分析所涉及的包、用于分类分析的 Category 包、对已注释的基因本体论术语做超几何检验的 GOstats 包。

在三类注释方式中，利用 biomaRt 包获取注释信息最为重要，biomaRt 可以连接到各主要生物信息数据库以获取注释信息和数据（如 DNA 序列），功能最为强大；在学习基于 AnnotationDbi 包的注释过程中，重点要放在如何使用".db"注释包，对于如何利用 AnnotationDbi 包创建".db"注释包可以简单了解；第三大类包情况复杂，需要通过以后的学习慢慢积累经验，没有通用的规律可以遵循。

（4）变异注释（Variants）

这个领域只有一个扩展包 VariantAnnotation。随着下一代测序技术（NGS）的快速发展，对于基因组中不同个体之间的遗传信息进行突变分析已经成为疾病诊断及分析的重要手段。通过 SAMTOOLS 等软件对 NGS 测序结果分析，可以得到包含插入与缺失（INDELs）和 SNP 突变信息的文件（格式称作 Variant Call Format，VCF）。Variant Annotation 扩展包用于读取 VCF 文件，以获得 DNA 在基因组的定位信息或者编码区中氨基酸的无义突变等信息。

（5）高通量实验（High Throughput Assays）

Bioconductor 有许多分析高通量实验的包，用于处理流式细胞仪（Flow Cytometry）、定量 PCR（Quantitative real-time PCR）、质谱（Mass spectrometry）、蛋白质组（Proteomics）和其他基于细胞水平的高通量数据。以下简要介绍一下与上述几类高通量试验数据分析相关的一些重要的扩展包，详细信息可参考扩展包主页（http://www.bioconductor.org/packages/release/bioc/）或相关文献（http://www.bioconductor.org/help/publications/）。

流式细胞仪：flowCore、flowViz、flowQ、flowStats、flowUtils、flowFP、flowTrans 和 iFlow 等 R 包使用标准的 FCS 文档（Data File Standard for Flow Cytometry），包括基础架构、应用、可视化和流式细胞仪数据的半自动化分析方法；flowClust、flowMeans、flowMerge 和 SamSPECTRAL 等包提供了算法来聚类流式细胞仪数据；文档 flowWorkFlow.pdf（http://www.bioconductor.org/help/workflows/high-throughput-assays/flowWorkFlow.pdf）中介绍了一个应用 flowCore、flowViz、flowQ 和 flowStats 等包的典型工作流程，流程中用到的数据下载自 http://www.bioconductor.org/help/workflows/high-throughput-assays/dataFiles.tar。

细胞水平检测：cellHTS2 和 RNAither 两个包用于对细胞水平高通量筛选提供数据结构和算法；RTCA 这个包用于支持 xCELLigence 系统，这个系统包含一系列的实时细胞分析仪（Real-time cell analyzer，RTCA）。

高通量定量 PCR 试验：HTqPCR、ddCt 和 qpcrNorm 等包主要提供了如何分析定量实时 PCR 的循环阈值（Cycle threshold）的算法。

质谱和蛋白组数据：clippda、MassArray、MassSpecWavelet、PROcess、flagme 和 xcms 等包主要为质谱和蛋白质数据提供分析框架、可视化和统计分析。

基于图像的试验：EBImage 等包主要为基于图像的表型分型，或其他关于图像（处理）任务的自动化提供一个基础框架。

4.3 从 R 到 Bioconductor 的跨越

读者从第三章基本了解了 R 和 Bioconductor 的编程思路以及两者之间的差异。例 3-2 与例 3-1 相比，Bioconductor 能做到的，用一般的 R 编程也能做到，只是 Bioconductor 大大简化了编程，但这还不能体现 Bioconductor 的全部价值。从下面的例子你就能看出，有些工作用 Bioconductor 几行代码即可轻松解决，但是如果用普通的 R 包来实现，几乎就是不可能完成的任务。这是为什么呢？原因很简单。Bioconductor 的核心开发人员花费了大量精力来构建 Bioconductor 的三大板块架构。数据-算法-注释，这三个环节紧密相扣，而且无缝连接，所有的 R 包开发者都遵循这个架构，根据一定标准开发软件，这种开发模式，任何个人和公司都不可能比拟。这就是为什么 Bioconductor 不能被普通的 R 包组合所替代。

下面从三大板块角度各举一个代表性的扩展包（Biostrings、BiomaRt 和 AnnotationDbi）

的应用实例，来帮助初学者适应 Bioconductor 的编程思维。对于一名 Bioconductor 的初学者，熟悉和掌握这些基础的包就是实现从 R 到 Bioconductor 跨越的第一步。

4.3.1　应用 Biostrings 处理生物序列

Bioconductor 中的软件包提供了各种算法和程序用于处理各类生物数据，从最基本的序列分析、注释到各种高层次的应用（如基因芯片处理）。本书篇幅有限，不可能一一举例，这里以一个非常基本的软件包 Biostrings 为例讲解软件包的使用方法。Biostrings 主要用于对生物分子序列进行定义、处理和分析等，它有一个基础类 BString，下面有三个继承类：DNAString、RNAString 和 AAString，分别对应 DNA、RNA 和氨基酸序列。下面首先安装 Biostrings 包，并安装人类基因组序列数据包（版本号 H19）和人类基因组表达谱芯片 HG-U133A 的探针数据包，然后通过几个实例帮助读者掌握 Biostrings 的用法。

```
# 安装本章用到的软件包：
source("http://www.bioconductor.org/biocLite.R");
biocLite("Biostrings");
biocLite("BSgenome.Hsapiens.UCSC.hg19");
biocLite("hgu133a2probe");
# 加载 Biostrings 包。
library(Biostrings);
# 加载人类基因组序列数据包。
library(BSgenome.Hsapiens.UCSC.hg19);
# 加载 HG-U133A 的探针数据包。
library(hgu133a2probe);
######################################################################
```

例 4-1：基本操作：互补，反向，反向互补，翻译，转录和逆转录。
```
# 用 DNAString 生成一个 dna 对象。
dna<-DNAString("TCTCCCAACCCTTGTACCAGT");
# 查看这个对象。
dna;
   21-letter "DNAString" instance
seq: TCTCCCAACCCTTGTACCAGT
# 将对象 dna 由 DNAString 类型转为"RNAString"类型，直接查看内容。
Biostrings::dna2rna(dna);
   21-letter "RNAString" instance
seq: UCUCCCAACCCUUGUACCAGU
# 将对象 dna 中的 DNA 转录，产生一个"RNAString"类型新对象 rna。
rna<-transcribe(dna);
```

```
# 查看 rna 内容
rna
    21-letter "RNAString" instance
seq: AGAGGGUUGGGAACAUGGUCA
# 再转为"DNAString"类型，RNA 序列中的 U 全部替换为 T。
rna2dna(rna);
    21-letter "DNAString" instance
seq: AGAGGGTTGGGAACATGGTCA
# 对象 rna 逆转录，得到新对象 cD（"DNAString"类型）。
cD<-cDNA(rna);
# 查看 rna 的三连密码子。
codons(rna);
   Views on a 21-letter RNAString subject
subject: AGAGGGUUGGGAACAUGGUCA
views:
    start end width
[1]     1   3     3 [AGA]
[2]     4   6     3 [GGG]
[3]     7   9     3 [UUG]
[4]    10  12     3 [GGA]
[5]    13  15     3 [ACA]
[6]    16  18     3 [UGG]
[7]    19  21     3 [UCA]
# rna 翻译，产生新对象 AA（"AAString"类型）。
AA <-translate(rna);

# 查看 AA 的内容。
AA;
    7-letter "AAString" instance
seq: RGLGTWS
# dna 的互补，又得到一个"DNAString"类型的对象。
complement(dna);
    21-letter "DNAString" instance
seq: AGAGGGTTGGGAACATGGTCA
# dna 的反向互补序列，还是"DNAString"类型的对象。
reverseComplement(dna);
    21-letter "DNAString" instance
seq: ACTGGTACAAGGGTTGGGAGA
# dna 的反向序列，还是"DNAString"类型的对象。
reverse(dna);
    21-letter "DNAString" instance
seq: TGACCATGTTCCCAACCCTCT
####################################################################
```

例 4-2：统计人类基因组数据中的碱基频率。

将第 22 号染色体全序列对有 N 的地方遮盖，以方便后续步骤时提高工作效率。

chr22NoN <-mask (Hsapiens$chr22, "N");

统计第 2 号染色体全序列中的所有基础碱基[ATCG]的出现次数。

alphabetFrequency(Hsapiens$chr22, baseOnly =TRUE);

```
        A        C        G        T     other
  9094775  8375984  8369235  9054551         0
```

再统计染色体中所有碱基的出现次数。

alphabetFrequency(Hsapiens$chr22);

```
        A        C        G        T        M        R        W        S        Y
  9094775  8375984  8369235  9054551        0        0        0        0        0
        K        V        H        D        B        N        -        +
        0        0        0        0        0        0        0        0
```

看看 Hsapiens$chr22 是否只有基础碱基[ATCG]（字母）。

hasOnlyBaseLetters(Hsapiens$chr22);

[1] TRUE

显示 Hsapiens$chr22 中碱基（字母）种类（不含冗余）。

uniqueLetters(Hsapiens$chr22);

[1] "A" "C" "G" "T"

计算 Hsapiens$chr22 中 C 或 G 的数量，注意不是 CG 两连子。

GC_content<-letterFrequency(Hsapiens$chr22, letters ="CG");

查看 C 或 G 的数量。

GC_content

C|G

16745219

计算 Hsapiens$chr22 中 C 或 G 所占的含量（比例）。

GC_pencentage<-letterFrequency(Hsapiens$chr22,letters="CG")/letterFrequency(Hsapiens$chr22, letters ="ACGT");

查看 C 或 G 的含量。

GC_pencentage

C|G

0.4799

###

例 4-3：模板匹配，在一组序列中匹配一个模板。

生成连续 7 个碱基组成的模板。

my_pattern = "TATAAAA";

在 chr22NoN 中匹配该模板，读者可自己查看结果。

mT = matchPattern(my_pattern, chr22NoN);

计算 chr22NoN 中匹配该模板的数量。

```
countPattern(my_pattern, chr22NoN);
[1] 5276
```

在 chr22NoN 中匹配该模板且允许一个错配。

```
mmT = matchPattern(my_pattern, chr22NoN, max.mismatch =1);
```

另一种方法计算匹配的数量，可以看到多匹配了很多。

```
length(mmT);
[1] 102178
```

观察前 5 个匹配得到的片段中错配碱基所在的位置。

```
mismatch(my_pattern, mmT[1:5]);
 [[1]]
 [1] 2

 [[2]]
 [1] 5

 [[3]]
 [1] 7

 [[4]]
 [1] 1

 [[5]]
 [1] 2
```

左侧将要匹配的模板序列。

```
Lpattern <- "CTCCGAG";
```

右侧将要匹配的模板序列。

```
Rpattern <- "GTTCACA";
```


用左右模板同时匹配 Hsapiens$chr22，要求中间的序列长度不能超过 500bp。

```
LRsegments<-matchLRPatterns(Lpattern, Rpattern, 500, Hsapiens$chr22);
```

查看匹配到的前 5 条序列。

```
LRsegments[1:5];
  Views on a 51304566-letter DNAString subject
subject:
NNNNNNNNNNNNNNNNNNNNNNNNNNNNNNNNNNNNNNNNNNNNNNN...NNNNNNNNNNNNNNNNNNNNNNNNNNNNNNNNNNNNNNNNNNNN
views:
         start       end width
[1] 16602263 16602567   305
[CTCCGAGGGTTTGAATGATTGTCCTTCACAAAGGA...TGGGACTCAAAAACACTGCTGCTGCTCGGTTCACA]
[2] 17620584 17620854   271
[CTCCGAGTAGCTGGGATTACAGGCACCTGCCACCA...TAAATTGAAATCTGCCCCTTGCTTTTCAGTTCACA]
[3] 21741812 21742230   419
[CTCCGAGTGCCAAGGCCAGCCCCCACAACCCTGGA...TACTTCGGCAAAAGCAAGATGCCCAAGGGTTCACA]
[4] 23793654 23793992   339
[CTCCGAGTTAACCGCCATTAACATTTTGAAGATTT...TTGAGAGCAGGTGTCTTCTACAAGCGAGGTTCACA]
[5] 33218204 33218260    57 [CTCCGAGGCTGGCTCCTGTGCCCAAAGTCTTCCTCGCTGTCTCTGGGTATGTTCACA]
```

###

例 4-4： 模板匹配，在一组序列中匹配一组模板（必须长度一样）。

提取所有探针的序列，组成一组模板，存于对象 dict。

```
dict<-hgu133a2probe$sequence;
```

```
# 计算所有探针（序列）的数量。
length(dict);
[1] 247899
# 查看探针的长度 nchar(dict)有多少种，只有一种是 25。
unique(nchar(dict));
[1] 25
# 查看 dict 的前三项内容（探针序列）。
dict[1:3];
 [1] "CACCCAGCTGGTCCTGTGGATGGGA" "GCCCCACTGGACAACACTGATTCCT"
 [3] "TGGACCCCACTGGCTGAGAATCTGG"
```

\# 用这组探针序列构建 DNA 词典（模板），允许最大有一个错配。

```
pdict<-PDict(dict, max.mismatch =1);
# 用词典匹配 Hsapiens$chr22 序列。
vindex<-matchPDict(pdict, Hsapiens$chr22);
# 每个模板（探针序列）对 Hsapiens$chr22 匹配的个数。
count_index<-countIndex(vindex);
# 计算所有模板匹配的总数。
sum(count_index);
[1] 51471
# 看看前 3 个模板的匹配情况， 结果全是 0，看来匹配不多。
count_index[1:3];
[1] 0 0 0
# 统计一下匹配数量的分布，可以看到大部分（243903）模板的匹配数都是 0。
table(count_index);
```

```
count_index
    0       1       2       3       4       5       6       7       8       9
243903   3549     187     100      23      25       5       4       7       4
   10      11      12      13      14      15      17      19      27      30
    5       4       2       2       3       1       1       1       2       1
   31      32      33      35      68      90     147     153     179     186
    1       1       1       1       1       1       1       1       1       1
  190     194     196     197     205     215     250     265     275     284
    1       1       1       1       1       1       1       1       1       1
  289     297     309     310     324     331     336     338     365     384
    1       1       1       1       1       1       1       1       2       1
  413     417     421     444     454     461     468     479     480     487
    1       1       1       1       1       2       1       1       1       1
  493     503     515     789     823     886     904     921     932     953
    1       1       1       1       1       1       1       1       1       1
  973    1146    1147    1206    1227    1270    1271    1284    1299    1301
    1       1       1       1       1       1       1       1       1       1
 1304    1306    1311    1317    1958    2130    2760    2773
    1       1       1       1       1       1       1       1
```

\# 从探针序列中提取匹配数最多的模版对应的序列。

```
dict[count_index == max(count_index)];
[1] "CTGTAATCCCAGCACTTTGGGAGGC"
```

用这个序列在 Hsapiens$chr22 匹配，看看匹配数量，结果和上面统计分布最后一个相同。

countPattern("CTGTAATCCCAGCACTTTGGGAGGC", Hsapiens$chr22);

[1] 2773

##

例 4-5：搜索回文结构。

计算 chr22_pals 长度，限定间隔至少 40bp。

chr22_pals <-findPalindromes(chr22NoN, min.armlength =40, max.looplength =20);

计算 chr22_pals 长度。

nchar(chr22_pals);

```
 [1]  83  96 107  94  81  90  88  91  88 136  91  88 106 100 100  88  97  81  82  81  85  89  93  97
[25] 101 105 109 111 107 103  99  95  91  87  83  81  86  83  85  91  83  89 113  83  96  98  97 127
[49]  95  80  85  88  83 100  97  94  87  83 105 125 104  81  83  93
```

查看前 5 个找到的回文结构。

chr22_pals[1:5];

```
  Views on a 51304566-letter DNAString subject
subject: NNNNNNNNNNNNNNNNNNNNNNNNNNNNNNNNNNNNNNNNNNNNNN...NNNNNNNNNNNNNNNNNNNNNNNNNNNNNNNNNNNNNNNNNNNNN
views:
        start      end width
[1] 16288595 16288677    83 [GCGCGTGCGGCGTGCGCGTGCGGCGTGCGCGTGCGGC...GGCGTGCGCGTGCGGCGTGCGCGTGCGGCGTGCGCG]
[2] 16288595 16288690    96 [GCGCGTGCGGCGTGCGCGTGCGGCGTGCGCGTGCGGC...GGCGTGCGCGTGCGGCGTGCGCGTGCGGCGTGCGCG]
[3] 16288596 16288702   107 [CGCGTGCGGCGTGCGCGTGCGGCGTGCGCGTGCGGCG...CGGCGTGCGCGTGCGGCGTGCGCGTGCGGCGTGCGC]
[4] 16288609 16288702    94 [GCGTGCGGCGTGCGCGTGCGGCGTGCGCGTGCGGCGG...CGGCGTGCGCGTGCGGCGTGCGCGTGCGGCGTGCGC]
[5] 16288622 16288702    81 [CGCGTGCGGCGTGCGCGTGCGGCGTGCGCGTGCGGCG...CGGCGTGCGCGTGCGGCGTGCGCGTGCGGCGTGCGC]
```

查看回文结构序列中的间隔长度。

palindromeArmLength(chr22_pals);

```
 [1]  83  96 107  94  81  90  88  91  88 136  91  88 106 100 100  88  97
[18]  81  82  81  85  89  93  97 101 105 109 111 107 103  99  95  91  87
[35]  83  81  86  83  85  91  83  89 113  83  96  98  97 127  95  80  85
[52]  88  83 100  97  94  87  83 105 125 104  81  83  93
```

统计回文结构中的所有基础碱基[ATCG]的出现次数。

ans<-alphabetFrequency(chr22_pals, baseOnly =TRUE);

查看基础碱基的频率。

ans;

##

例 4-6：序列比对。

用 AAString 函数生成一个"AAString"对象 aa1。

aa1 <-AAString("HXBLVYMGCHFDCXVBEHIKQZ");

用 AAString 函数生成一个"AAString"对象 aa2。

aa2 <-AAString("QRNYMYCFQCISGNEYKQN");

# 序列全局比对，应用矩阵"BLOSUM62"打分，要求 gap open 罚分为 3。
needwunsQS(aa1, aa2, "BLOSUM62", gappen =3);

```
Global PairwiseAlignments (1 of 1)
pattern: [1] HXBLVYMGCHFDCXV-BEHIKQZ
subject: [1] QRN--YMYC-FQCISGNEY-KQN
score: 39
```

# 用 DNAString 函数生成一个"DNAString"对象 dna1。
dna1 <-DNAString("CTCCGAGGGTTTGAATGAT");

# 用 DNAString 函数生成一个"DNAString"对象 dna2。
dna2 <-DNAString("CTCCGAGTAGCTGGGATTA");

# 构建 4×4 的矩阵 DNA 打分矩阵。
mat <-matrix(-5L, nrow =4, ncol =4);
for (i in seq_len(4)) mat[i, i] <-0L;
rownames(mat) <-colnames(mat) <-DNA_ALPHABET[1:4];

# 序列全局比对，应用矩阵 mat 打分，要求 gap open 罚分为 0。
needwunsQS(dna1, dna2, mat, gappen =0);

```
Global PairwiseAlignments (1 of 1)
pattern:  [5] GAGGGTTTGAATGA
subject: [15] ----GA-----T---T-A
score: 0
```

##

例 4-7：读写序列文件(Fasta 和 Fastq 格式)
# 指定文件的目录(Biostrings 安装目录中的 extdata 子目录)和文件名(someORF.fa)。
filepath<-system.file("extdata", "someORF.fa", package ="Biostrings");
# 显示上面 FASTA 文件中的数据信息。
fasta.info(filepath);
# 读取 FASTA 文件。
x <-readDNAStringSet(filepath);
# 查看 FASTA 文件的内容。
x;

```
  A DNAStringSet instance of length 7
    width seq                                          names
[1]  5573 ACTTGTAAATATATCTTTTAT...ATCGACCTTATTGTTGATAT YAL001C TFC3 SGDI...
[2]  5825 TTCCAAGGCCGATGAATTCGA...AAATTTTTTCTATTCTCTT YAL002W VPS8 SGDI...
[3]  2987 CTTCATGTCAGCCTGCACTTC...TACTCATGTAGCTGCCTCAT YAL003W EFB1 SGDI...
[4]  3929 CACTCATATCGGGGGTCTTAC...CCCGAAACACGAAAAAGTAC YAL005C SSA1 SGDI...
[5]  2648 AGAGAAAGAGTTTCACTTCTT...TAATTTATGTGTGAACATAG YAL007C ERP2 SGDI...
[6]  2597 GTGTCCGGGCCTCGCAGGCGT...TTTTGGCAGAATGTACTTTT YAL008W FUN14 SGD...
[7]  2780 CAAGATAATGTCAAAGTTAGT...AAGGAAGAAAAAAAAATCAC YAL009W SPO7 SGDI...
```

命名输出文件。

```
out1 <- 'example1.fasta';

# 把序列输出到文件 out1，格式还是 FASTA。
writeXStringSet(x, out1);

# 指定文件的目录和文件名(s_1_sequence.txt)，这个是 FASTQ 文件。
filepath<-system.file("extdata", "s_1_sequence.txt", package ="Biostrings") ;

# 显示上面 FASTQ 文件中的数据信息。
fastq.geometry(filepath);
[1] 256 36   #表示数据有 256 条 reads，测序长度是 36bp
# 读取 FASTQ 文件。
x <-readDNAStringSet(filepath, format ="fastq");
# 查看 FASTQ 文件，结果不在这里显示。
x;
# 从第 1 号染色体上按照固定长度（50bp）依次取短序列（read）的起点（向量）。
sw_start<-seq.int(1, length(Hsapiens$chr1) -50, by =50);
# 从起点开始取 read，每个长度为 10bp，注意 sw 的格式是"XStringViews"。
sw<-Views(Hsapiens$chr1, start =sw_start, width =10);
# 变量 sw 的格式从"XStringViews"转换为"XStringSet"。
my_fake_shortreads<-as(sw, "XStringSet");
# 按照"ID"加开头 6 个数字的格式，得到一组新名称。
my_fake_ids<-sprintf("ID%06d", seq_len(length(my_fake_shortreads)));
# 用新名称替换旧名称。
names(my_fake_shortreads) <-my_fake_ids;
# 查看第 500000 到 500005 条数据，结果不在这里显示。
my_fake_shortreads[500000:500005];
# 命名输出文件。
out2 <- 'example2.fastq';
# 把序列输出到文件 out2，格式是 FASTQ， 但是缺少质量信息。
writeXStringSet(my_fake_shortreads, out2, format ="fastq");
# 产生质量信息。
my_fake_quals <- rep.int(BStringSet("DCBA@?>=<;"), length(my_fake_shortreads));
# 查看 my_fake_quals 内容，结果不在这里显示。
my_fake_quals;
# 命名输出文件。
out3 <- 'example3.fastq';
# 把序列输出到文件 out3，格式还是 FASTQ， 这次含有质量信息。
writeXStringSet(my_fake_shortreads, out3, format ="fastq", qualities =my_fake_quals);
```

4.3.2　应用 BiomaRt 获取实验数据与注释信息

　　获取数据是生物信息分析的第一步，经常使用的一个示例数据是 Bioconductor 中的慢性淋巴细胞白血病（Chronic Lymphocytic Leukemia，CLL）实验数据包，其安装办法是在启动 R 主程序并运行：

例 4-8：
# 安装 CLL 数据包。
source("http://www.bioconductor.org/biocLite.R");
biocLite("CLL");
# 载入 CLL 数据包。
library(CLL) ;
# 载入数据（库文件中附带的示例数据）。
data(CLLbatch);

# 查看数据内容与结构。
phenoData(CLLbatch);
```
  An object of class "AnnotatedDataFrame"
    sampleNames: CLL10.CEL CLL11.CEL ... CLL9.CEL (24 total)
    varLabels: sample
    varMetadata: labelDescription
```
从上图，我们可以看到 CLL 数据集一共有 24 个样本，在实际应用中，需要读取所有样本对应的 CEL 文件（见第五章例 5-1）。把一些实验数据制作成包，便于用户下载和使用，也便于开发者开发和测试算法。但是对于比较大的数据或者经常动态更新的数据或注释，包就显得力不从心。一个简单的解决办法：Bioconductor 只需要提供一个包就能实现 Bioconductor 与所有在线生物数据库的接口，用户就可以根据需要通过操作这个包获取数据和注释信息。这样大大简化了数据和注释信息的获取，但是不同的数据库对外提供数据的标准和方式都不同，如何统一生物信息数据库的数据访问就成为了一个关键问题。

　　因此，有必要介绍一下由欧洲生物信息研究所（EBI）和冷泉港实验室（ESHL）共同开发的 BioMart 数据管理系统。BioMart 系统可以管理任意格式的数据库，也可以按照不同的需求安装不同的查询工具和界面，由于其内部采用关系型的数据组织模式，所以更易于进行复杂的数据挖掘研究，读者可以通过官方网站（http://www.biomart.org）进一步了解 BioMart。当前各主要生物信息数据库（如 EBI 维护的 Ensembl 数据库）都提供了基于 BioMart 管理系统的批量数据访问服务，这些数据库也可以统称为 BioMart 数据库。为了更好地理解和掌握 BioMart，下面用一个实例来介绍它的使用，这个实例的目的是获得猪转录组所有的 3'UTR 序列（详见例 5-21）。

　　登录数据库所在的官方网站（http://www.ensembl.org/），点击其主页上导航菜单中的链接 "BioMart" 可以进入图 4-2 所示的页面，页面的正下方底部提供了 YouTube 视频教程。数据以及注释信息的获取通过三步设置就可以实现：

第一步，点击左侧导航条中"Dataset"选项，从右侧表单中选择数据库（"DATABASE"）和数据集（"DATASET"）。图 4-2 中，选择的数据库是 ensembl 基因组数据库（"Ensembl Genes 70"），数据集是猪的基因组（含转录组）数据["Sus scrofa genes（Sscrofa10.2）"]。

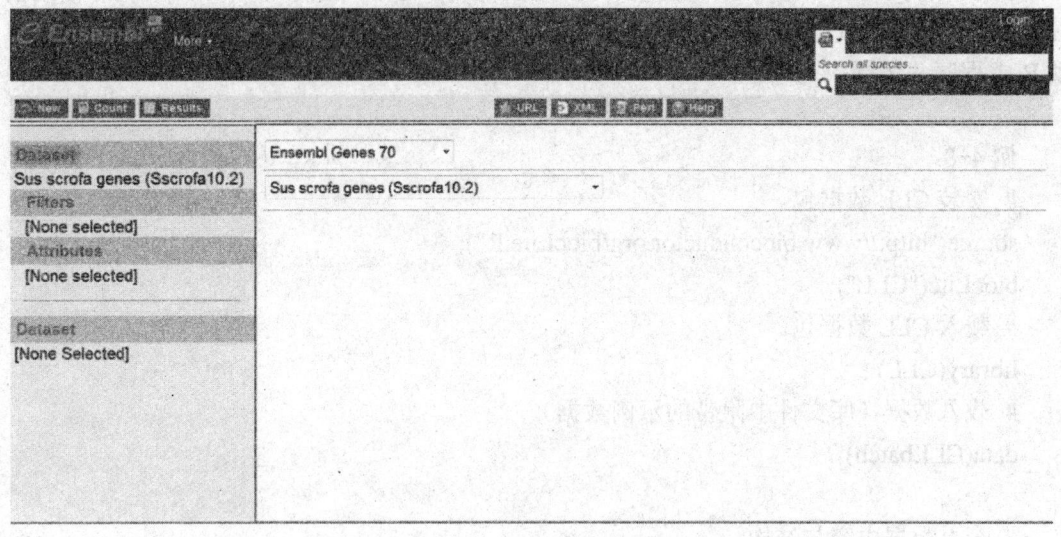

Datasets -> Filters (filtering and inputs) -> Attributes (desired output) -> Results

Biomart tutorial: YouTube | YouKu

图4-2　设定"Dataset"选项

第二步，点击左侧导航条中"Filters"选项（图 4-3），该选项提供了多种筛选条件，只保留符合条件的（对应输出文件的一行）。比如"REGION"选项，可以选择只保留某个染色体上的数据，还可以只选择一段染色体上的基因；再比如"GENE"选项，可以根据基因的某种 ID 选择下载这部分 ID 对应的数据。本例中，我们不做任何筛选，保留全部数据。

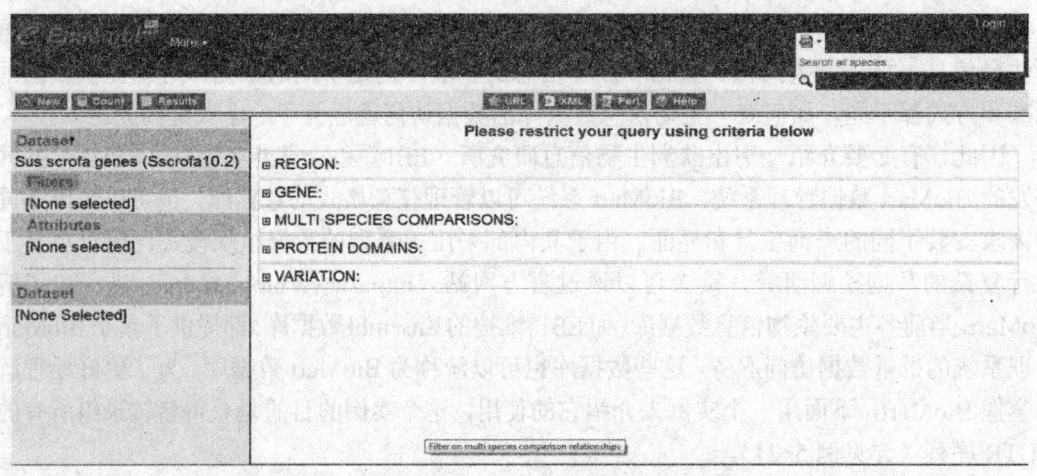

Datasets -> Filters (filtering and inputs) -> Attributes (desired output) -> Results

Biomart tutorial: YouTube | YouKu

图 4-3　设定"Filters"选项

　　第三步，点击左侧导航条中"Attirbutes"选项，根据多种条件筛选数据的属性（对应输出文件的一列）下载所需要的数据（序列和描述信息）。先选中"Sequences"选项中的三项，第一项是"Header Information"→"Transcript Information"→"Ensembl Transcript ID"；第二项是"Header Information"→"Gene Information"→"Description"；第三项是"SEQUENCES"→"Sequences"→"3' UTR"（图 4-4）。全部条件设定后，可以点击主菜单左上角的"Results"选项，浏览前 10 行数据（图 4-5），并设定数据获取的方式。本例将全部数据以文件形式导出，文件格式是"FASTA"格式。

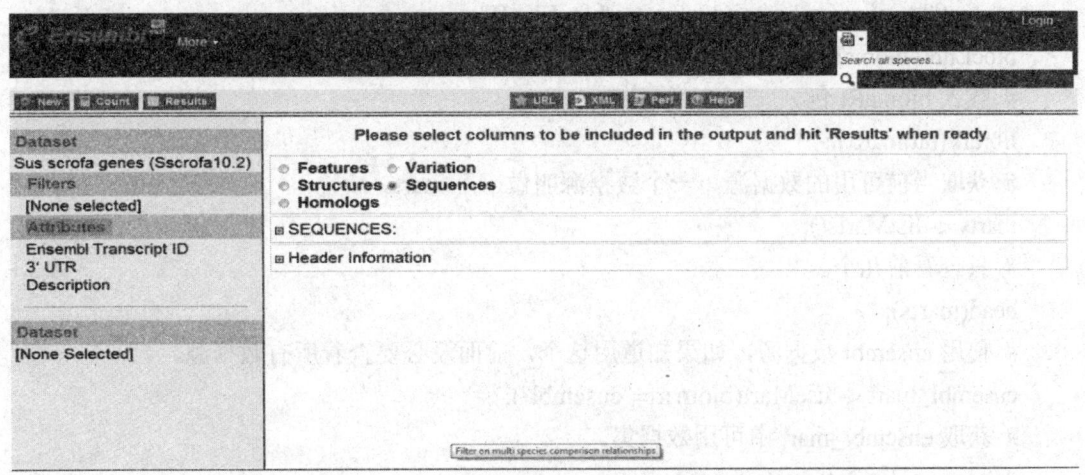

图 4-4　设定"Attributes"选项下载序列和描述

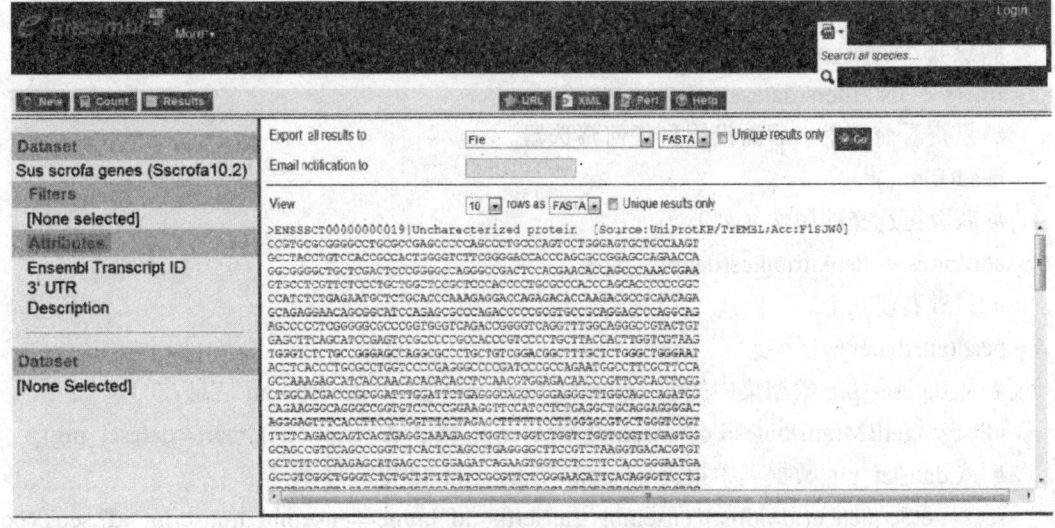

图4-5　数据下载前预览

　　登录网站下载数据的过程完全可以通过简单编程而实现，下面一个例子，就是演示如何使用 Bioconductor 的 biomaRt 包实现这一过程的（例 4-9）。biomaRt 包不仅可以轻松获取数据库中的数据和注释，还能够获取相关数据或注释在不同数据库间的关联信息（见例 5-22），为生物数据和注释的获取提供了极大的便利，这是一般的 R 扩展包无法实现的。

　　例 4-9：
　　# 安装 biomaRt 包。
　　source("http://www.bioconductor.org/biocLite.R");
　　biocLite("biomaRt");
　　# 载入 biomaRt 包。
　　library(biomaRt) ;
　　# 获取当前可用的数据源，一个数据源叫做一个 mart。
　　marts <- listMarts();
　　# 只查看前几个。
　　head(marts);
　　# 使用 ensembl 数据源，如果知道用这个，前面没必要查看所有数据源。
　　ensembl_mart <- useMart(biomart="ensembl");
　　# 获取 ensembl_mart 中可用数据集。
　　datasets <- listDatasets(ensembl_mart);
　　# 查看前 10 个。
　　datasets[1:10,];
　　# 使用猪基因组数据集。
　　dataset_pig <- useDataset("sscrofa_gene_ensembl", mart= ensembl_mart);
　　# 获取 dataset_pig 数据集上可用的筛选器。
　　filters <- listFilters(dataset_pig);
　　# 只查看前几个，后面没用到任何筛选器。
　　head(filters);
　　# 获取可选择的属性（列）。
　　attributes <- listAttributes(dataset_pig);
　　# 只查看前几个。
　　head(attributes);
　　# 从 dataset_pig 数据集中提取 ensembl_transcript_id 和 description 信息。
　　idlist <- getBM(attributes= c("ensembl_transcript_id", "description"), mart= dataset_pig);
　　# 从 dataset_pig 数据集中根据 ensembl_transcript_id 提取序列。
　　seqs=getSequence(id=idlist["ensembl_transcript_id"],type="ensembl_transcript_id",seqType="3utr", mart = dataset_pig);
　　# 去除没有序列内容的数据记录。
　　seqs = seqs[!seqs[, 1]=="Sequence unavailable",];
　　# 去除没有 UTR 注释的数据记录。

```
seqs = seqs[!seqs[ ,1]=="No UTR is annotated for this transcript", ];
# 提取序列的内容。
x=seqs[ ,1];
# 提取序列的 ID。
names(x)=seqs[ ,2];
# 结果存入文件"UTR3seqs-1.fa"，格式为 fasta。
writeXStringSet(DNAStringSet(x, use.names=TRUE),"UTR3seqs-1.fa");
# 同时提取对应 3'UTR 序列的 cDNA 序列。
cDNAseqs = getSequence(id=idlist["ensembl_transcript_id"], type="ensembl_transcript_id",
seqType="cdna", mart = dataset_pig);
x=cDNAseqs[ ,1];
names(x)=cDNAseqs[ ,2];
# 结果存入文件"UTR3seqs-1.fa"，格式为 fasta。
writeXStringSet(DNAStringSet(x,   use.names=TRUE), " transcriptom.fasta");
```

读者运行例 4-9 并对比两次下载的结果会发现，编程下载的数据没有添加注释信息，其实该信息已经包含在变量"idlist"中，只需稍稍改动一点程序，即可以得到含有注释信息的数据。使用 biomaRt 包应特别注意两点：其一是该包很多函数运行速度严重依赖网络速度，有些在线数据库对每次下载的数据量的大小作出了限制，在批处理数据的过程中，还可能发生不可意料的错误；其二是 biomaRt 包中可用的数据库和数据集合的版本与该数据库官方网站的版本不保证同步更新，如 biomaRt 包中 Ensembl 数据库版本已经更新到 "ENSEMBL GENES 73"，而官方网站的 BioMart 数据库则可能还是"ENSEMBL GENES 70"，因此使用数据时，一定要记录好数据库版本，否则将来无法重复计算结果。

4.3.3　应用 AnnotationDbi 生成注释包

基因芯片给出的分析结果都是针对芯片探针组的，每个探针组只有一个公司自己定义的 ID，既没有序列信息，也不知道来自于该物种的哪条基因，因此需要在注释包的帮助下对芯片处理结果进行注释。构建一个完整的芯片注释信息通常需要三个包，它们有统一的命名方式，例如 Affymetrix 公司的人类基因组表达芯片 hgu133plus2（型号），它对应的三个包是 hgu133plus2.db、hgu133plus2cdf 和 hgu133plus2probe。实际使用时，主要用".db"那个包，如何注释芯片的内容将在下一章详细讲解。

主流大公司的芯片， Bioconductor 通常都有对应的注释包。但是对于某些非主流芯片，例如 Affymetrix 公司的人类基因组表达芯片 PrimeView（型号）， Bioconductor 没有对应的注释包，需要用户自行创建。 PrimeView 芯片的最大的特点就是，它全面覆盖人类基因组中已经注释了的基因，包括最新被注释的基因；对于成熟注释的基因，每个探针组都由 11 个独立的探针组成，而对于其他基因，每个探针组由 9 个探针组成，重复性及可靠性极高；不完全兼容 Affymetrix 公司的另外两种人类基因组表达芯片 Genome U133 和 Human Gene 1.0 ST。截止本书撰稿，Bioconductor 的注释包当中还只有 primeviewcdf 及 primeviewprobe 两个文件，缺少相应的 primeview.db 注释文件。因此，用户只有通过

AnnotationDbi 包来自行生成。

　　首先，下载注释文件到工作目录 C:\workingdirectory 中。下载链接如下：
http://www.affymetrix.com/Auth/analysis/downloads/na32/ivt/PrimeView.na32.annot.csv.zip。

　　然后，解压缩，得到一个文本文件。该文本文件共包括 49397（24+1+49372）行，24 行注释，一行标题，49372 行数据，每行数据对应一个探针信息。探针的第一列是该探针的唯一标示，即探针 ID（Probe.Set.ID），后面每列都是探针 ID 对应的一种数据库的基因标示。这个就是第二章讲到的 ID 映射（ID mapping），这里不需要这么多种映射，只选择最常用的一种即可。例 4-10，选用 Entrez 的 ID（Entrez.Gene），最后得到探针 ID 与 Entrez.Gene 的映射文件。这个映射文件是包含两列内容的以 "Tab" 分隔符间隔的文本文件，第一列是探针 ID，第二列是 Entrez.Gene，无行号，无列名。

例 4-10：

```
# 读入解压后的注释文件。
probeset <- read.csv("c:/workingdirectory/PrimeView.na32.annot.csv", comment.char ="#");
# 查看列名，可以看到每个探针可以对应到多少种公开数据库的 ID 上。
colnames(probeset);
# 只保留 probeset 两列，探针 ID（probeset id）和 Entrez 数据库的 ID(Entrez.Gene)。
Id_mapping <- probeset[,c("Probe.Set.ID", "Entrez.Gene")];
# 将 Entrez.Gene 一列信息中的空白字符（"\\s+"），转为空字符（""）
Id_mapping$Entrez.Gene <- gsub("\\s+","", Id_mapping$Entrez.Gene);
# Entrez.Gene 一列信息不为空的数据保留下来。
Id_mapping <- Id_mapping[Id_mapping$Entrez.Gene!="---", ];
# 提取所有的 Entrez.Gene。
l<-as.character(Id_mapping$Entrez.Gene);
# 通过查看，发现有些探针 ID 对应多个 Entrez.Gene。
head(l[!grepl("^\\d+$", l)]);
# 先将以"///"分割的多个 Entrez.Gene 分割开。
entrez<-strsplit(as.character(Id_mapping$Entrez.Gene),"///");
# entrez 中所有对象的名称赋值为探针 ID。
names(entrez)<-as.character(Id_mapping$Probe.Set.ID);
```

　　# 由于无法直接将对象 entrez 从 list 格式转换成 matrix 格式，先将 list 内的元素转成以探针 ID 及 Entrez.Gene 为列名的 matrix，然后再合并成一个长表。为了提高效率，要用到 yapply 函数并行运算，下面先定义一个 yapply 函数。yapply 函数的作用是对 list 操作时可以同时调用其名称以及索引值，该函数表达简洁、功能强大，但语法复杂，初学者可以跳过下面 2 句。

```
yapply<-function(X,FUN, ...) {
    index <- seq(length.out=length(X))
    namesX <- names(X)
    if(is.null(namesX)) namesX <- rep(NA,length(X))
```

```
FUN <- match.fun(FUN)
fnames <- names(formals(FUN))
if( ! "INDEX" %in% fnames ){
    formals(FUN) <- append( formals(FUN), alist(INDEX=) )     }
if( ! "NAMES" %in% fnames ){
    formals(FUN) <- append( formals(FUN), alist(NAMES=) )     }
mapply(FUN,X,INDEX=index, NAMES=namesX, MoreArgs=list(...)) };
```
调用上面定义好的 yapply 函数，实现需要的功能。
```
entrez<-yapply(entrez, function(.ele){cbind(rep(NAMES, length(.ele)), gsub(" ","",.ele))} );
```
转换成两列的 matrix。
```
entrez<-do.call(rbind, entrez);
```
去除重复记录。
```
entrez<-unique(entrez);
```
结果输出，最后得到一个 ID 映射文件。
```
write.table(entrez,file="primeviewHumanGeneExprs.txt",sep="\t",col.names=F,row.names=F,
quote=F);
```

最后，调用 Bioconductor 的 AnnotationDbi 包生成注释文件 primeview.db。例 4-11 就是生成注释文件的代码，这个过程非常慢，请耐心等待。另外，考虑到本书的写作基于 R2.15.1 平台，例 4-11（基于 R2.14.1 以前版本）已经不再兼容，读者运行下列代码会遇到错误提示，因此不必运行例 4-11 的代码。

例 4-11：
安装并加载相应的 R 包。
```
source("http://bioconductor.org/biocLite.R");
biocLite("AnnotationDbi");
library(AnnotationDbi);
```
查看所有的可用模版。
```
available.chipdbschemas();
```
在当前目录下新建叫做 primeview 的文件夹。
```
dir.create("primeview");
```
根据之前生成的 primeviewHumanGeneExprs.txt，生成一个 SQLite 数据库，注释信息来源自 human.db0，模版采用"HUMANCHIP_DB"。这一步耗时相当长。这步结束后，可以在 primeview 的文件夹中看到一个结果文件 primeview.sqlite。
```
populateDB("HUMANCHIP_DB",affy=F,prefix="primeview",fileName="primeviewHuman
GeneExprs.txt",   metaDataSrc=c("DBSCHEMA"="HUMANCHIP_DB","ORGANISM"="Homo
sapiens","SPECIES"="Human","MANUFACTURER"="Affymetrix","CHIPNAME"="PrimeView
Human Gene Expression Array",  "MANUFACTURERURL"="http://www.affymetrix.com"),
baseMapType="eg", outputDir="primeview");
```
生成数据库种子，指明生成模板"HUMANCHIP.DB"，数据包的名称"primeview.db"

以及版本号"1.0.0"等相关信息。

```
seed<-new("AnnDbPkgSeed",Package="primeview.db",Version="1.0.0",PkgTemplate=
"HUMANCHIP.DB", AnnObjPrefix="primeview");
```

　　# 在 primeview 的文件夹，生成最后的 primeview.db 文件。

```
makeAnnDbPkg(seed, file.path("primeview", "primeview.sqlite"), dest_dir="primeview");
```

　　通过例 4-10 和 4-11，我们详细了解了生成一个基因芯片注释文件的一般过程（PrimeView.na32.annot.csv->primeviewHumanGeneExprs.txt->primeview.sqlite->primeview.db），这个过程不仅限于 Affymetrix 公司的芯片，适合于任何公司的任何产品。其实，Affymetrix 公司的芯片，有其特殊性，生成它的注释文件的过程更为简单和方便，bioconductor 增加了 AnnotationForge 包（基于 R2.15.2 及以上平台），支持一步生成注释文件。例 4-12 中的代码就实现了上述功能，它相当于执行了例 4-10 与 4-11。

　　例 4-12：

　　# 安装并加载相应的 R 包。

```
source("http://bioconductor.org/biocLite.R");

biocLite("AnnotationDbi");

biocLite("AnnotationForge");

library(AnnotationDbi);

library(AnnotationForge);
```

　　# 查看所有的可用模板。

```
available.chipdbschemas();
```

　　# 在当前目录下新建叫做 primeviewdb 的文件夹。

```
dir.create("primeviewdb");
```

　　# 直接使用 Affymetrix 芯片注释文件，通过自动处理，在 primeviewdb 文件夹中生成 sqlite 文件。

　　# 在 primeviewdb 的文件夹，生成最后的 primeview.db 文件。

```
makeDBPackage("HUMANCHIP_DB",affy=TRUE,prefix="primeviewdb",fileName="Prime
View.na32.annot.csv",baseMapType="eg",outputDir="primeviewdb",version="1.0.0",manufacturer
="affymetrix", chipName= "PrimeViewHumanGeneExpressionArray", manufacturerUrl="http://www.
affymetrix.com");
```

　　# 输出本章的会话信息。

```
sessionInfo();

R version 3.0.0 (2013-04-03)

Platform: x86_64-apple-darwin10.8.0 (64-bit)

locale:

[1] en_US.UTF-8/en_US.UTF-8/en_US.UTF-8/C/en_US.UTF-8/en_US.UTF-8

attached base packages:
```

[1] parallel   stats   graphics grDevices utils   datasets   methods   base

other attached packages:

[1] AnnotationForge_1.2.0 org.Hs.eg.db_2.9.0   RSQLite_0.11.3

[4] DBI_0.2-5   AnnotationDbi_1.22.2   Biobase_2.20.0

[7] BiocGenerics_0.6.0

loaded via a namespace (and not attached):

[1] IRanges_1.18.0 stats4_3.0.0   tools_3.0.0

参考文献

[1] Gentleman RC, Carey VJ, Bates DM, et al. Bioconductor: open software development for computational biology and bioinformatics[J]. *Genome biology*，2004，5(10):R80.

第五章 Bioconductor 分析基因芯片数据

Bioconductor 最初就是设计用来分析基因芯片数据的，因此芯片分析反映了 Bioconductor 的设计理念和编程思想。尽管芯片分析现在已经不再是生物信息学的热点问题，本书还是把这部分内容作为重要的基础篇章详细讲解，希望读者，特别是初学者，通过这部分内容的学习从整体上掌握 Bioconductor 的编程思想。本章先从一个简单的例子开始，使读者可以初步了解使用 Bioconductor 完成基因芯片预处理的流程，并且会发现整个过程非常简单；接着，详细讲解芯片数据预处理与芯片数据分析等内容；最后，用几个实际项目让读者更深入了解实际工作中会遇到的芯片处理问题，以及如何用学到的知识解决这些问题。考虑到 Affymetrix 表达谱芯片的代表性，本章乃至本书的几乎所有例子都集中到此类芯片。学习过本章内容，读者即可掌握芯片分析的整体框架，自行学习其他厂商或种类（例如 SNP 芯片或 ChIP-chip 芯片）的芯片处理方法。

5.1 快速入门

例 5-1 从数据包 CLL 中载入芯片数据，完成预处理，最后获得基因（探针组）表达矩阵（见 2.3.2）。注意，探针组表达矩阵的行对应的是探针组，而不是基因，基因和探针组的关系见 5.2.1。这段程序从载入原始数据（CEL 文件）开始，通过预处理得到基因表达矩阵，是芯片数据处理的一个必须步骤。

例 5-1：
```
# 安装并加载所需 R 包。
source('http://Bioconductor.org/biocLite.R');
biocLite("CLL") ;
# CLL 包会自动调用 affy 包，affy 包含有后面需要的 rma ()函数。
library (CLL);
# 读入数据（CLL 包中附带的示例数据集）。
data (CLLbatch) ;
# 调用 RMA 算法来对数据预处理（详见 5.3.3）。
CLLrma <- rma(CLLbatch) ;
# 读取预处理后所有样品的基因（实际上是探针组）表达值。
e <- exprs(CLLrma);
# 查看部分数据。
e[1:5, 1:5]
```

##		CLL10.CEL	CLL11.CEL	CLL12.CEL	CLL13.CEL	CLL14.CEL
##	100_g_at	7.496	7.945	7.861	7.990	7.890
##	1000_at	7.251	8.299	8.474	8.131	8.051
##	1001_at	4.457	4.518	4.358	4.651	4.474
##	1002_f_at	3.985	3.982	4.065	4.132	4.065
##	1003_s_at	6.437	6.201	6.412	6.314	6.105

例 5-1 中用到的慢性淋巴细胞白血病（Chronic lymphocytic leukemia，CLL）数据集，采用了 Affymetrix 公司的 HG_U95Av2 表达谱芯片（含有 12625 个探针组），共测量了 24 个样品（"CLL10.CEL"、"CLL11.CEL"、"CLL12.CEL"、"CLL13.CEL"、"CLL14.CEL" 等），每个样品来自一个癌症病人，所有病人根据健康状态分为两组：稳定期（Stable）组和进展期（Progressive）也称为恶化期组（见 5.3.1）。因此，最后的结果得到的对象 e 是一个 12625 行、24 列的基因表达矩阵。例 5-1 采用的实验设计方式：两组之间是对照试验（Control test），每组内部是平行试验（Parallel test）。对照试验，简单来说就是为了阐明某种单一因素的效应或影响，在保持其他因素不变的前提下，测试一定数量的实验组样本和对照组样本，并对结果进行比较。平行试验，简单来说就是对同样的一组样本取两个以上相同的样品，以完全一致的条件进行试验，测试结果的稳定性。

从例 5-1 可以看到，用 Bioconductor 编程，仅用不超过 10 行代码即完成了整个芯片预处理过程，甚至比常用的分析软件 Affymetrix Expression Console Software 还要简单。而且 Bioconductor 提供了多种参数供用户设定，可以完成更为复杂的分析及批量处理功能，是分析软件所不具备的。

5.2　基因芯片基础知识

5.2.1　探针组

一张基因芯片（以 Affymetrix 表达谱芯片为例）可以包含上百万的探针（通常由 25 个碱基组成），它们被整齐有序地印刷在芯片上。一组探针或称探针组（Probe set），来自于一个基因，通常由 20 对或者 11 对探针组成，每一对探针都由匹配探针（Perfect match，PM）和错配探针（Mismatch，MM）组成，称为探针对（Probe pair）（图 5-1）。MM 与 PM 的序列只有正中央的那个碱基不同，其余的都一致。但是，在一些高密度芯片中，例如外显子芯片（Exon array），每个探针组只有 4 个 PM 探针，没有 MM 探针。

探针序列的来源叫做参考序列（图 5-1），通常来自于公开的核酸数据库（例如 NCBI GenBank 或 RefSeq）。对于不同的芯片类型，探针组在参考序列中的分布不同（见图 5-2）：3' 表达谱芯片的探针组排布在参考序列 3' 末端附近的一至两个外显子上；外显子芯片中，每个长度大于 25 个碱基的外显子都有针对它的探针组；铺瓦芯片（Tilling array）中，探针组覆盖了几乎所有的外显子和内含子。

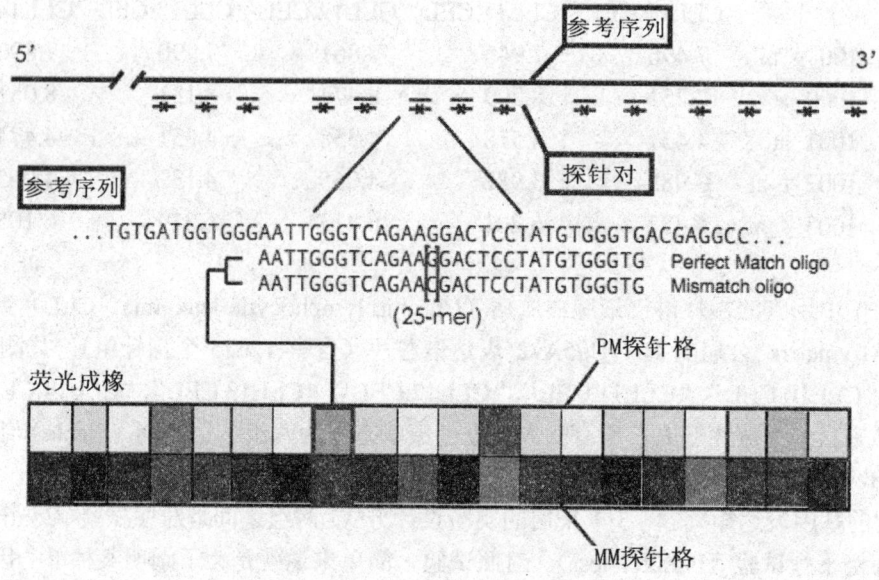

图5-1 Affymetrix 芯片中的探针组

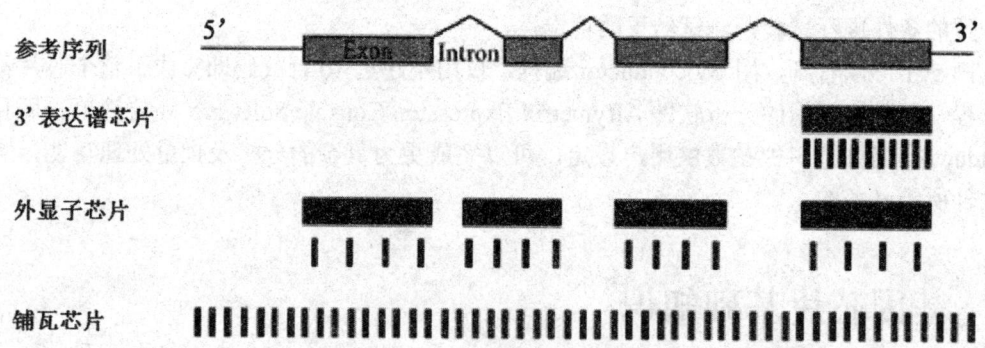

图5-2 不同类型芯片中的探针分布

　　这里需要强调的是，芯片数据领域提到的基因表达矩阵（见例 5-1）往往是以探针组而不是以基因为单位的，即每行都对应一个探针组的表达量。后面将要讲到的差异表达分析也是找到显著性差异表达的探针组，然后通过 ID 映射才对应到探针组代表的基因，探针组与基因的关系往往是多个探针组对应一个基因。但在实际应用中，经常不太注意区分，探针组有时也会被叫做基因。

5.2.2 主要的芯片文件格式

　　从芯片实验结果获取数据包括两个步骤：第一步由扫描设备（如 Affymetrix Scanner 3000）对芯片进行扫描，得到荧光信号图像文件（DAT 文件）；第二步就是由系统自带的图像处理软件（如 Affymetrix 公司的 GeneChip operating software，GCOS），经过网格定位

(Griding)、杂交点范围确定（Spot identifying）和背景噪音过滤（Noise filtering）等图像识别过程，从芯片图像中提取数据，得到 CEL 文件。

Affymetrix 芯片原始数据最常用格式为 CEL 格式，也是芯片数据预处理和分析的出发点。下面根据一个具体的 CEL 文件来介绍其主要内容。该数据来自肺腺癌（Lung adenocarcinoma）数据集（NCBI GEO 数据库编号为 GSE5900）的一个癌症样品（NCBI GEO 数据库编号为 GSM254625），芯片型号是 Affymetrix HG-U133A。CEL 文件的主要内容就是每个“cell”的灰度信息，“cell”是整个芯片图像划分后得到的小网格，每个小网格中的图像被看做来自一个探针。从图 5-3A 中可以看到，自“CellHeader”开始，每行数据对应芯片上的一个“cell”位点，包含 5 列信息，依次为 X 坐标、Y 坐标、灰度的平均值、灰度的标准差以及用了多少个像素来求这个平均值。

A.

```
[CEL]
Version=3  #CEL文件版本号

[HEADER]
Cols=712        #该芯片共有712列
Rows=712        #该芯片共有712行
TotalX=712      #该芯片共有712列
TotalY=712      #该芯片共有712行
OffsetX=0       #此参数未使用
OffsetY=0       #此参数未使用
GridCornerUL=165 125  #左上角网格的XY坐标（单位是像素值）
GridCornerUR=5288 146 #右上角网格的XY坐标（单位是像素值）
GridCornerLR=5271 5286#右下角网格的XY坐标（单位是像素值）
GridCornerLL=148 5265 #左下角网格的XY坐标（单位是像素值）
Axis-invertX=0              #此参数未使用
AxisInvertY=0               #此参数未使用
swapXY=0                    #此参数未使用
DatHeader=[5..65486]        #DAT文件的头部信息
Algorithm=Percentile        #用于产生该CEL文件的算法
AlgorithmParameters=Percentile:... #用于产生该CEL文件的算法参数

[INTENSITY]                 #下面每个cell的灰度值
NumberCells=506944          #表示一共有506944个cell
CellHeader=X    Y      MEAN    STDV    NPIXELS
  0       0     252.0  70.7     25
```

B.

Probe Set Name	Probe X	Probe Y	Probe Interrogation Position	Probe Sequence	Target Strandedness
200688_at	291	621	0	TCTCCTGGGGTCATGGTAGCACAAA	AntiSense
200688_at	695	449	0	GTAGCACAAACGCACATGACTGAGT	AntiSense
200688_at	593	239	0	CTGGCCCTGGGAGATCTGGGGGACC	AntiSense
200688_at	499	595	0	TGCTGTCCTATATGTGATGCTTTGA	AntiSense
200688_at	409	65	0	AGAGAGGGCACCGTGGGGTGTTCAG	AntiSense
200688_at	348	283	0	CCACTAGCTGCCCAACGGATGAATC	AntiSense
200688_at	372	343	0	GAATCAACGCCTTGGCAGAGTTTTC	AntiSense
200688_at	470	283	0	CCACTGCCTTGGGGACGGGTGAGGA	AntiSense
200688_at	615	577	0	TGAGGAGTTAGCCTGGAACATTCCA	AntiSense
200688_at	316	5	0	ATTCCAGCGTGGGCATTATTGTCCT	AntiSense
200688_at	76	535	0	GGAATCCAGTTTTGTCGATCCAATT	AntiSense

图5-3 CEL和Probe文件部分内容

CEL 文件只提供了每个探针的灰度信息，还需要基因芯片探针排布的信息（即哪个探针来自于哪个探针组），才可以得到芯片上每个探针组对应的表达数据（见例 5-1），这就需要 CDF 文件。另外一个重要的文件是 Probe 文件，它提供了探针的序列信息。Affymetrix 公司为每种型号的芯片都提供了对应的 CDF 文件和 Probe 文件。CDF 文件中的对应关系用户可以自行更改，例如，为了应对多个探针组的 ID 对应到同一个基因 ID 的现象，有些研究机构（http://masker.nci.nih.gov/ev/）就把对应到同一个基因的多个探针组合并为一个探针组，并提供修改后的 CDF 和 Probe 文件。图 5-3B 是 Affymetrix HG-U133A 芯片的 Probe 文件的部分内容，它只包括了一个探针组（名称是“200688_at”）的所有探针，共 11 条序列，文件中第 2 和 3 列是对应探针所在的 X 和 Y 坐标；第 4 列是序列的第 13 个碱基（中心）位置对齐到一致性序列的相对位置；第 5 列是对应探针的序列；最后是样品与探针杂交的方向。

除了 DAT 文件、CEL 文件和 CDF 文件，常见的芯片数据文件还包括 EXP 文件、CHP 文件、TXT 文件和 RPT 文件。这些文件在芯片数据处理中的位置以及相互关系见图 5-4。图 5-4 中，“MAS5”标准化方法请参见 5.3.4，TXT 文件特指包括基因表达矩阵（见例 5-1）的 TXT 文件，CHP 文件与 TXT 文件内容基本相同。

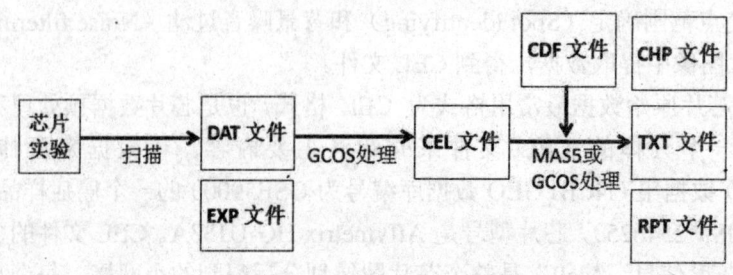

图5-4   常见芯片数据文件格式

5.3   基因芯片数据预处理

基因芯片数据预处理的目的是将探针水平的数据（杂交信号）转换成基因表达数据。主要的数据结构有 AffyBatch 类和 ExpressionSet 类，前者用于存储探针水平的数据（相当于 CEL 文件的内容），而后者用于存储表达水平的数据（相当于基因表达矩阵的内容）。预处理通过质量控制，剔除不合格的芯片（数据），只保留合格的进入下一步处理。然后通过标准化，将所有芯片数据中的基因表达值变换到一个可以比较的水平，用于后续分析。为了突出主要问题而便于读者理解，本节中的标准化算法或方法举例使用了全部样品（数据），对质量控制中不合格的样品没有进行剔除。另外，这部分 R 语言程序实现的功能，读者可以使用 Affymetrix 公司的专用软件 Expression Console[1] 实现，并对比结果。

5.3.1   数据输入

在例 5-1 中，芯片数据的输入是从数据包中得到的，但是实际应用中，更常见的情况是从 CEL 文件中获得数据（这部分内容详见例 5-18）。CEL 文件是芯片数据分析的出发点，因此大部分芯片研究都会提供其数据对应的 CEL 文件，例 5-1 中，数据包 CLL 中得到的芯片数据基本上等同于 CEL 文件。无论数据包还是文件输入，读入的数据会存入一个 "AffyBatch" 类型的对象中（见例 5-2），读者可以通过执行 help("AffyBatch")获得更详细的介绍。

例 5-2：
```
# 加载所需 R 包，前面已安装。
library (CLL);
# 读入数据（CLL 包中附带的示例数据集）。
data (CLLbatch) ;
# 查看数据类型，结果不再显示。
data.class (CLLbatch) ;
# 读入所有样品的状态信息。
```

```
data(disease);
# 查看所有样品的状态信息。
disease;
# 查看"AffyBatch"的详细介绍。
help (AffyBatch);
```

在 Biobase 软件包中，AffyBatch 类是从一个更基础的类 eSet 类衍生来的。eSet 类是如此的基础，以至于它被写成了一个虚类，从而衍生出了许多非常重要的类，包括 ExpressionSet 类、SnpSet 类 以及 AffyBatch 类等。eSet 是 Bioconductor 为基因表达数据格式所定制的标准，因此如果想了解芯片数据结构必须要熟悉 eSet 及其衍生类。这里仅简要介绍一下 AffyBatch 类。

• 头文件：用于描述实验样本、平台等相关信息，其中包括 phenoData、featureData、protocolData 以及 annotation 等几个类。从图 5-5A 中可见，数据"CLLbatch"中共有 24 个样品，分别是"CLL10.CEL"、"CLL11.CEL"等。

A.
```
> phenoData(CLLbatch)
An object of class "AnnotatedDataFrame"
  sampleNames: CLL10.CEL CLL11.CEL ... CLL9.CEL (24
    total)
  varLabels: sample
  varMetadata: labelDescription
> featureData(CLLbatch)
An object of class "AnnotatedDataFrame": none
> protocolData(CLLbatch)
An object of class "AnnotatedDataFrame": none
> annotation(CLLbatch)
[1]. "hgu95av2"
```

B.
```
> exprs_matrix<-assayData(CLLbatch)[[1]];
> exprs_matrix[1:5,1:5]
  CLL10.CEL CLL11.CEL CLL12.CEL CLL13.CEL CLL14.CEL
1    183.0     113.0     119.0     130.0     133.0
2  11524.8    6879.8    7891.3    8627.5    8205.3
3    301.0     146.0     133.0     160.0     153.0
4  11317.0    6747.0    7916.0    8616.0    7865.0
5    115.0      82.0      78.8     101.0      65.3
> exprs(CLLbatch)[1:5,1:5]
  CLL10.CEL CLL11.CEL CLL12.CEL CLL13.CEL CLL14.CEL
1    183.0     113.0     119.0     130.0     133.0
2  11524.8    6879.8    7891.3    8627.5    8205.3
3    301.0     146.0     133.0     160.0     153.0
4  11317.0    6747.0    7916.0    8616.0    7865.0
5    115.0      82.0      78.8     101.0      65.3
```

图5-5　AffyBatch数据结构

• assayData：这是 AffyBatch 类必不可少的，它的第一个元素是矩阵类型，用于保存基因表达矩阵。该矩阵的行对应不同的探针组（Probe sets），用一个无重复的索引值表示；列对应不同的样品。当使用 exprs 方法时，调取的就是这个基因表达矩阵（图 5-5B）。

• experimentData：一个 MIAME 类型的数据，设计这个 MIAME 类的目的就是用于保存 MIAME 原则（Minimum Information About a Microarray Experiment）建议的注释信息。MIAME 原则是一组指导方针，它建议了一组标准来记录与基因芯片实验设计相关的资料，比如实验室名或发表的文章等等，这里不再具体介绍。

从例 5-2 可以看到，执行 phenoData（CLLbatch）并没有看到每个样品对应的表型信息。因为 CLL 包采用了一个数据框类型的变量 disease 来保存每个样品的表型（即疾病种类或者状态）信息。因此，通过查看变量 disease 的内容（未显示），可以看到有 9 个病人的癌症状态处于稳定期（"stable"），14 个病人处于恶化期（"progress"）以及一个病人的状态未知（"NA"）。但是，将表型信息存入数据结构 CLLbatch 中是更为规范的做法。

5.3.2　质量控制

　　质量控制对于后续的分析至关重要，原始图像（DAT 文件）级别的质量控制一般用各芯片公司自带的软件（如 Affymetrix 公司的 GCOS) 完成。本节中，质量控制主要集中在 CEL 文件级别的处理，从最简单的直观观察，到平均值方法，再到比较高级的数据拟合方法。这三个层次的质量控制功能分别由 image 函数、simpleaffy 包和 affyPLM 包实现。

　　直观地查看一下芯片上所有位点的灰度图像，例 5-3 要和例 5-2 一起运行。

例 5-3：

```
# 查看第一张芯片的灰度图像。
image(CLLbatch[, 1]);
```

　　这句代码表示选取 CLLbatch 中的第一个基因芯片（即"CLL10.CEL"）的数据，然后调用 image 函数根据 CEL 文件中的灰度信息画图（图 5-6）。Affymetrix 芯片在印刷时会在四个角印制特殊的花纹，并且在左上角印制芯片的名称，花纹与芯片名称可以帮助我们借助这个图像分辨率来了解芯片数据是否可靠。如果无法分辨四角花纹或芯片名称，很可能数据有问题。根据图像信息，还可以对芯片的信号强度产生一个总体认识：如果图像特别黑，说明信号强度低；如果图像特别亮，说明信号强度很有可能过饱和。

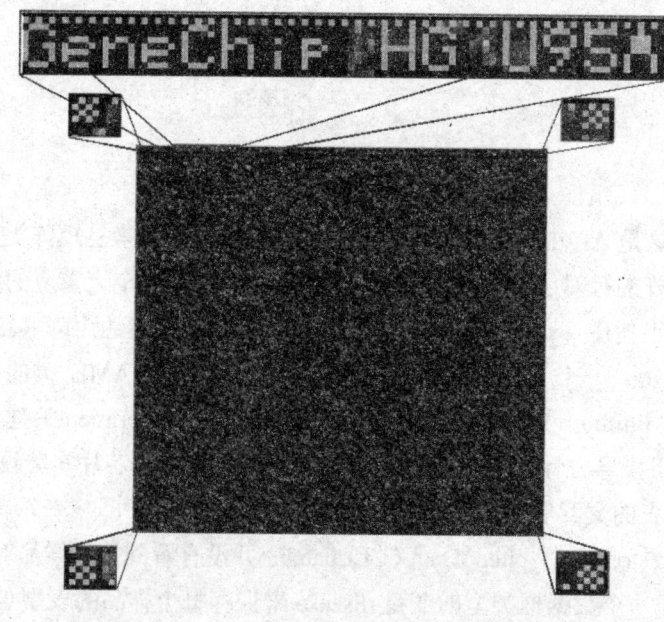

图5-6　根据CEL文件信息构建的灰度图像

　　比直观评价方法更好的简单方法是基于各种平均值的方法，这类方法的一个共同特点就是假设一组实验中的每个芯片数据对于某个平均值指标都相差不大。Affymetrix 公司在指导手册中详细描述了这些标准[2-3]，它们有：

• 尺度因子（Scaling factor）： 每一块芯片上所有探针的平均值被用于决定尺度因子。我们假设每个芯片上所有基因定量后的线性坐标表达值为介于 0 到 200 之间的数字，平均值为 100。如果有两块芯片需要比较，第一块芯片的平均值为 50，第二块芯片的平均值为 200。那么它们的尺度因子就分别是：2（50/100）和 0.5（200/100）。依照 Affymetrix 公司的标准，用于比较的芯片之间的尺度因子的比例必须小于 3，在这个假设下，2/0.5=4，大于 3 了，因此这两块芯片不能用于比较，其中至少有一块出了问题。

• 检测值（Detection call）和检出率（Percent present）：一组探针能否被检测到，用检测值有（Present，简称 P）、无（Absent，简称 A）和不确定（Marginal present，简称 M）来表示。那么每组探针的检测值如何确定呢？首先使用公式 $R=\dfrac{PM-MM}{PM+MM}$ 求得每个探针的区分度（Discrimination score），然后减去一个用户预定义 Tau 值后做 Wilcoxon 秩和检验（Wilcoxon's signed rank），再求得一个 P 值（P-value）。根据这个 P 值落入的值域，来确定检测值是 P、A 还是 M（图5-7）。图5-7 中，检测范围的上下边界（α_2 及 α_1）选用了默认值 0.04 和 0.06。检出率，是用所有检测值为 P 的探针组数量除以芯片所有探针组数量得到的百分比。如果检出率很低，表示大部分的基因都未被检测到，很难说明是该芯片实验有问题，还是这个样品的大多数基因本身就很难检测到，原因或是表达量极低或是其他。因此，需要看多个样品之间的相对差别，如果有的样品的检出率与其他的有比较大的差别，那很可能该样品出现了问题。

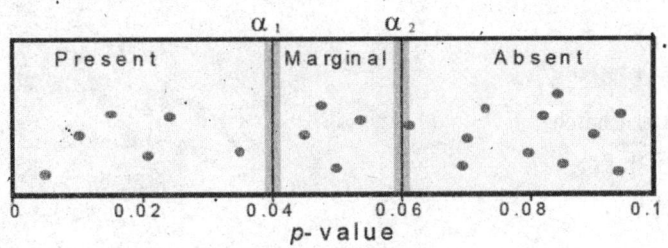

图5-7　根据P值确定检测值

• 平均背景噪声（Average background）：对于每一块芯片，根据所有的 MM 值作出统计，可以得到背景噪音的平均值、最小值和最大值。往往较高的平均背噪都伴随着较低的检出率，因此这两个指标可以结合使用。

• 标准内参（Internal control genes）：mRNA 是按 5' 端至 3' 端的顺序来降解的，芯片探针组也是根据这个顺序来设计的，因此探针组的测量结果可以体现这一趋势。因为大部分的细胞都有 β-actin 和 GAPDH 基因，所以 Affymetrix 在大部分的芯片里都将它们设置为一组观察 RNA 降解程度的内参基因。根据这两个基因设计的探针组很好地涵盖了它们 3' 端 至 5' 端的每一个区段。通过比较它们 3'端相对于中间或者 5'端的信号强度，可以很好地指示出实验质量。Affymetrix 建议这个比值对于 β-actin 不大于 3，对于 GAPDH 不大于 1.25，即可说明这个芯片的质量可以接受。如果这个比值很高，表明不完整的 β-actin 或者 GAPDH 的存在，可能源于体外转录不好或者降解非常严重。如果使用的是 Affymetrix 的小样本实验流程（Small sample protocol）而不是常用的标准流程（Standard protocol），建议使用 3'端相对于中间的比值。原因是小样本流程有更多扩增次数，有可能产生更多较短的转录序列，不可避免地带来 3'端的偏倚。为了验证杂交的质量，Affymetrix 公司还加入了两类嵌入探针组 (Spike-in probesets)：一类是 poly-A 内参，包括 lys、phe、thr 和 dap，它们从实验的第一步开始加入；另一类是杂交内参，包括 BioB、BioC、BioD 和 CreX，它们自样品与芯片混合前最后一步加入。ploy-A 内参用于检测标记过程是否有问题，杂交内参主要用于指示杂交效率。poly-A 内参（lys、phe、thr 和 dap）的稀释浓度分别为：1:100 000、1:50 000、1:25 000 和 1:7 500，因此，期望检测到的信号强度为 lys < phe < thr < dap；杂交内参也按照同理稀释，期望检测到的信号强度为 BioB < BioC < BioD < CreX。如果 BioB 不能被检测为 P，说明该芯片的杂交没有达标，这很有可能是芯片本身的问题。

　　根据上述的这些标准，可以使用 Bioconductor 的 simpleaffy 包对 Affymetrix 芯片数据进行质量评估（见例 5-4），最后得到质量控制总览图（图 5-8）。

例 5-4：

```
# 安装并加载所需 R 包。
source('http://Bioconductor.org/biocLite.R');
biocLite("simpleaffy");
library(simpleaffy);
library (CLL);
data (CLLbatch) ;
# 获取质量分析报告。
Data.qc <- qc(CLLbatch);
# 图型化显示报告。
plot(Data.qc);
```

　　图 5-8 是 CLL 数据集中全部 24 个芯片数据的质量控制总览图。图 5-8 中从左至右，第 1 列是所有样品的名称；第 2 列是两个数字（对应每个样品），上面的是以百分比形式出现的检出率，下面的数字表明平均背景噪音；第 3 列（"QC Stats"）最下面的横轴是尺度因子等指标对应的坐标，取值范围从-3 到 3，用浅蓝色虚线作为边界。第 3 列用到了三项指标：尺度因子、GAPDH 3'/5' 比值和 actin 3'/5' 比值（记做 gapdh3/gapdh5 和 actin3/actin5 ），分别用实心圆、空心圆和三角标志表示出来。另外，如果第三列中出现红色的 "bioB" 字样，说明该样品中未能检测到 BioB。

　　简单地讲，所有指标出现蓝色表示正常，红色表示可能存在质量问题。但是根据实际情况不同，还要进一步分析。一般来讲，如果有一个芯片各项指标都不太正常，尤其是 BioB 无法检测到，建议判定为该芯片实验失败。如图 5-8 中的样品 "CLL15.CEL"，这个数据的检出率（38.89%）明显低于其他样品，actin3/actin5 远大于 3，而且没有检测到 BioB，因此可以判定此数据无效。如果多个芯片都出现了相同的问题，原因则可能是多方面的：如左侧第 2 列 24 个芯片的检出率和背景噪声都很高，原因是阈值设定过高，如果降低阈值，大部分就会变蓝；再如，全部芯片都不能检测到 BioB，有可能是嵌入探针所针对的 DNA 溶液加入比例不对。

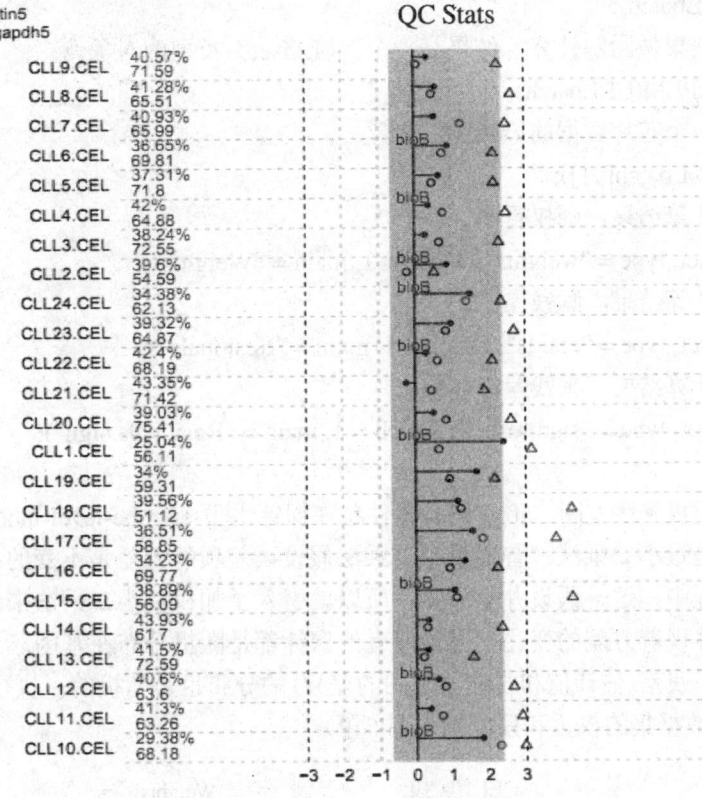

图5-8　质量控制总览图（见彩图）

基于平均值假设的评价指标都有一个默认的假设，那就是对于每一块芯片，质量是均匀的，不会随着位置不同发生较大的变化。但事实上真有这么简单么？如果关注芯片的每个小格（Grid），就会发现格与格之间的质量也是有差异的，这可能由于芯片印刷的问题，也可能是杂交过程出现的问题，这里不再详述。那么如何才能得到比较可靠的质量评估呢？这需要设计多种能反映芯片数据全貌的指标综合分析从而得出最终的结论。这些指标要在对原始数据拟合（回归）的基础上计算得到，然后以图的形式显示，包括：权重（Weights）&残差（Residuals）图、相对对数表达（Relative log expression，RLE）箱线图、相对标准差（Normalized unscaled standard errors，NUSE）箱线图、RNA 降解曲线、聚类分析（Cluster analysis）图、主成分分析 (Principal component analysis，PCA) 图、信号强度分布图（见 5.3.3）及 MA 图（见 5.3.3）等。以上功能由 Bioconductor 中的 affyPLM 包实现。

例 5-5:

```
# 安装并加载所需 R 包。
source('http://Bioconductor.org/biocLite.R');
biocLite("affyPLM ") ;
library (affyPLM);
```

```
library (CLL);
# 读入数据（CLL 包中附带的示例数据集）。
data (CLLbatch);
# 对数据集做回归计算，结果是一个"PLMset"类型的对象。
Pset<- fitPLM(CLLbatch);
# 画第一个芯片数据的原始图。
image(CLLbatch[, 1]);
# 根据计算结果，画权重图。
image(Pset, type = "weights", which = 1, main = "Weights");
# 根据计算结果，画残差图。
image(Pset, type = "resids", which = 1, main = "Residuals");
# 根据计算结果，画残差符号图。
image(Pset, type = "sign.resids", which = 1, main = "Residuals.sign");
```

　　首先介绍权重残差图。affyPLM 软件包在探针水平（Probe-level-model）拟合时所使用的回归方法是最小二乘法。普通最小二乘法假设误差项的方差是不变的；然而，在芯片的应用计算过程中，这一假设并不成立，所以就引入了加权最小二乘法来进行回归。这个加权的权重就体现着方差的变化。因为所有的探针都是随机分布在基因芯片上的，因此，理论上，权重和残差(估计值和观测值之间的差异)的分布也是随机的。执行例 5-5 代码，可以得到 CLL 数据集的权重和残差图（图 5-9）。

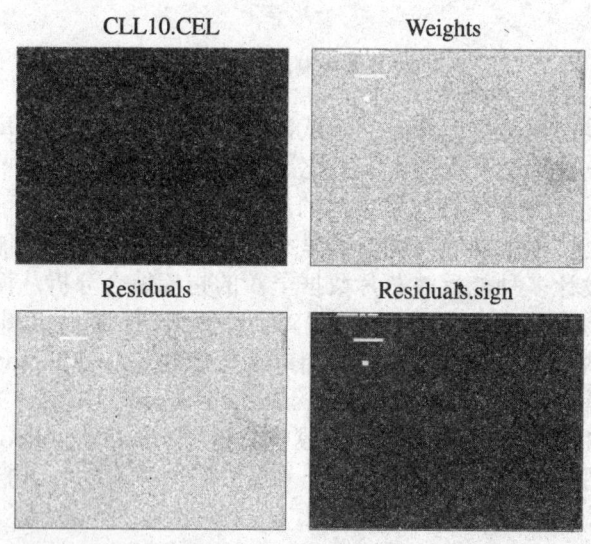

图5-9　CLL数据集的权重残差图（见彩图）

　　一般情况下，在权重图中，绿色代表较低的权重（接近 0），白色、灰色代表较高的权重（接近 1）；在残差图中，红色代表正的高残差，白色代表低残差，蓝色代表负残差；在残差符号图中，红色代表正的残差，蓝色代表负的残差。如果权重和残差都是随机分布的，应该看到绿色均匀分布的权重图和红蓝均匀分布的残差图。图 5-9 中，左上为原始图像，右上为权重图，左下为残差图，右下为残差符号图。从图 5-9 中可以看到，虽然在一定程度上芯片的右中部权重及残差分布并不均匀，但是总体上看来还是可以接受的。另外，还可以看到，图中左上部出现了一些白色的条块，这是正常的现象，因为有些时候，探针会按照 GC 比率（GC ratio）排布从而导致白斑的出现。那什么样的权重和残差图是不可接受的呢？如图 5-10 所示。

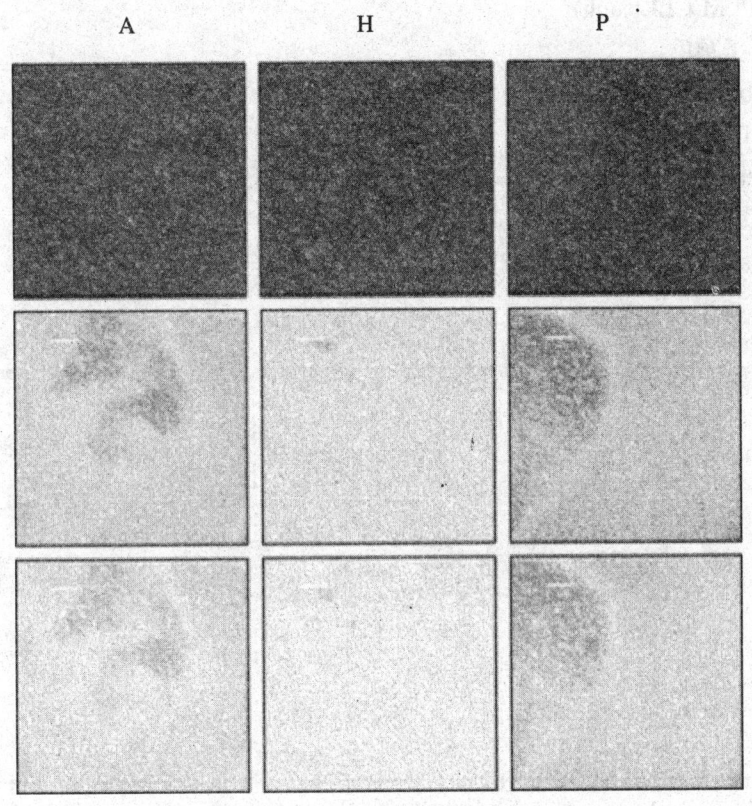

图5-10   不可接受的权重残差图示例(见彩图)

在对比实验中，即使是相互比较的对照组与实验组之间，大部分基因的表达量还是应该保持一致的，平行实验之间一致性更强。相对对数表达（RLE）箱线图可以反映上述趋势，它定义为一个探针组在某个样品的表达值除以该探针组在所有样品中表达值的中位数后取对数。一个样品的所有探针组的 RLE 的分布可以用一个统计学中常用的箱型图形表示。如果使用 RLE 箱线图来控制 CLL 数据集的实验质量，每个样品的中心应该非常接近纵坐标 0 的位置（图 5-11）。如果个别样品的表现与其他大多数明显不同，那说明可能这个样品有问题。运行例 5-6 代码，可以得到图 5-11 结果。

例 5-6：
# 安装并加载所需 R 包，RColorBrewer 包包含多种预设的颜色集。
source('http://Bioconductor.org/biocLite.R');
biocLite("RColorBrewer");

```
library(affyPLM);
library(RColorBrewer);
library (CLL);
# 读入数据（CLL 包中附带的示例数据集）。
data (CLLbatch);
# 对数据集做回归计算，结果是一个 "PLMset" 类型的对象。
Pset <-fitPLM(CLLbatch);
# 载入一组颜色。
colors <- brewer.pal(12, "Set3");
# 绘制 RLE 箱线图。
Mbox(Pset, ylim = c(-1, 1), col = colors, main = "RLE", las = 3) ;
# 绘制 NUSE 箱线图。
boxplot(Pset, ylim = c(0.95, 1.22), col = colors, main = "NUSE", las = 3) ;
```

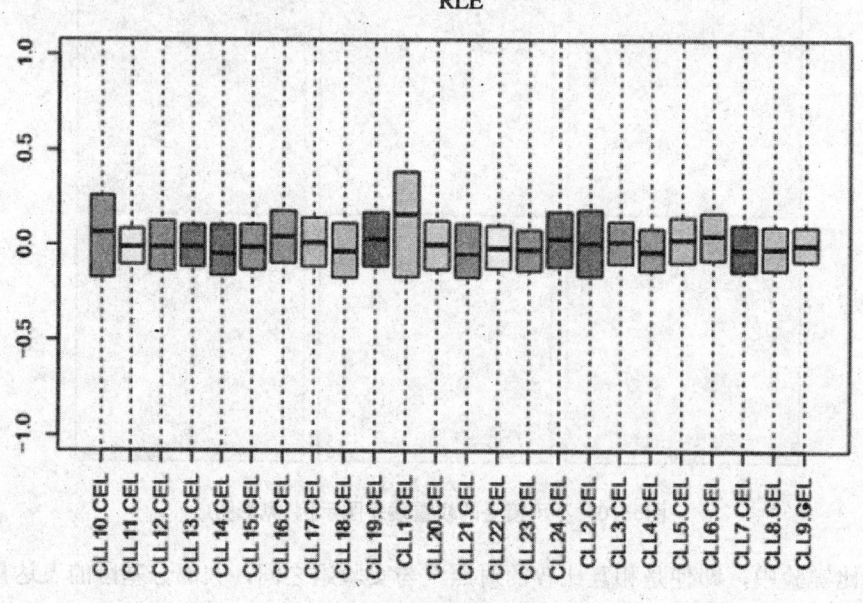

图5-11　CLL数据集的RLE 箱线图

　　NUSE 是一种比 RLE 更为敏感的质量检测手段。如果根据 RLE 箱线图对某个芯片的质量产生怀疑，那么再结合 NUSE 图，这种怀疑就可以确定下来。NUSE 定义为一个探针组在某个样品的PM 值的标准差除以该探针组在各样品中PM 值标准差的中位数。如果所有芯片的质量都是非常可靠的话，那么它们的标准差会十分接近，因此它们的 NUSE 值就会都在 1 附近。然而，如果有某些芯片质量有问题的话，就会严重地偏离 1，进而导致其他芯片的 NUSE 值偏向相反的方向。当然，还有一种非常极端的情况，那就是大部分芯片都有质量问题，但是它们的标准差却比较接近，反而会显得没有质量问题的芯片的 NUSE 值明显偏离 1，所以必须结合 RLE 及 NUSE 两个图才能作出更可靠的判断。例如，结合图 5-11 和 5-12，可以看出 CLL1 及 CLL10 的质量明显有别于其他样品，所以需要舍弃。

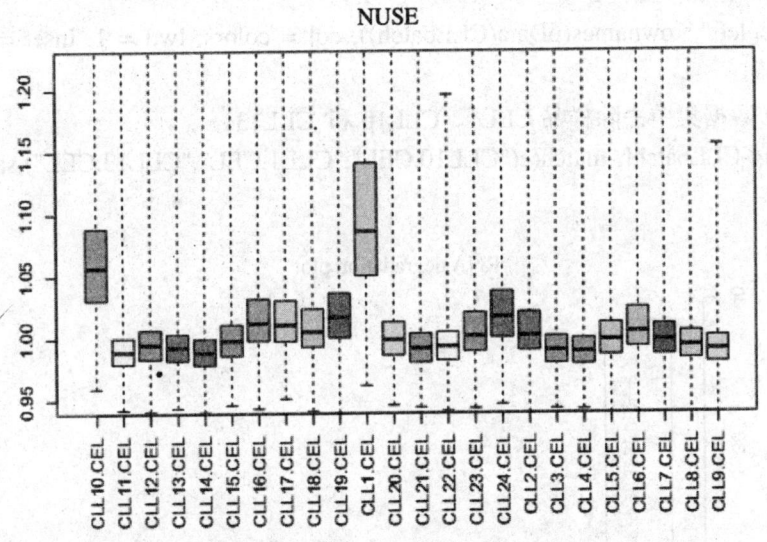

图5-12 CLL数据集的NUSE 箱线图

RNA 降解是影响芯片数据质量的一个很重要因素。因为 RNA 是从 5' 端开始降解的，所以理论上探针 5' 端的荧光强度应该低于 3' 端的荧光强度。RNA 降解曲线的斜率表示了这种变化趋势，斜率越小，说明降解较少；反之，则降解越多。但是，如果斜率太小，甚至接近 0，就要特别注意，这不仅不代表基本没降解，而且可能全部被降解。因为，在实际实验中，基本没降解是不可能的，很可能是 因为 RNA 降解太严重，才导致计算值接近 0。从图 5-13 中，可以看到 CLL13 对应的曲线几乎平行于横轴，因此判断很可能降解严重，需要作为坏数据去除。

最后，经过上面的综合分析，需要去除三个样品数据：CLL1、CLL10 和 CLL13。

例 5-7：
```
# 安装并加载所需 R 包。
source('http://Bioconductor.org/biocLite.R');
biocLite("affy") ;
library(affy);
library(RColorBrewer);
library (CLL);
# 读入数据（CLL 包中附带的示例数据集）。
data (CLLbatch);
# 获取降解数据。
data.deg <- AffyRNAdeg(CLLbatch);
# 载入一组颜色。
colors <- brewer.pal(12, "Set3");
```

绘制 RNA 降解图。

plotAffyRNAdeg(data.deg, col = colors) ;

在左上部位加注图注。

legend("topleft", rownames(pData(CLLbatch)), col = colors, lwd = 1, inset = 0.05, cex = 0.5);

从 CLL 数据集中去除样品 CLL1、CLL10 和 CLL13。

CLLbatch<-CLLbatch[,-match(c("CLL10.CEL","CLL1.CEL","CLL13.CEL"),sampleNames(CLLbatch))];

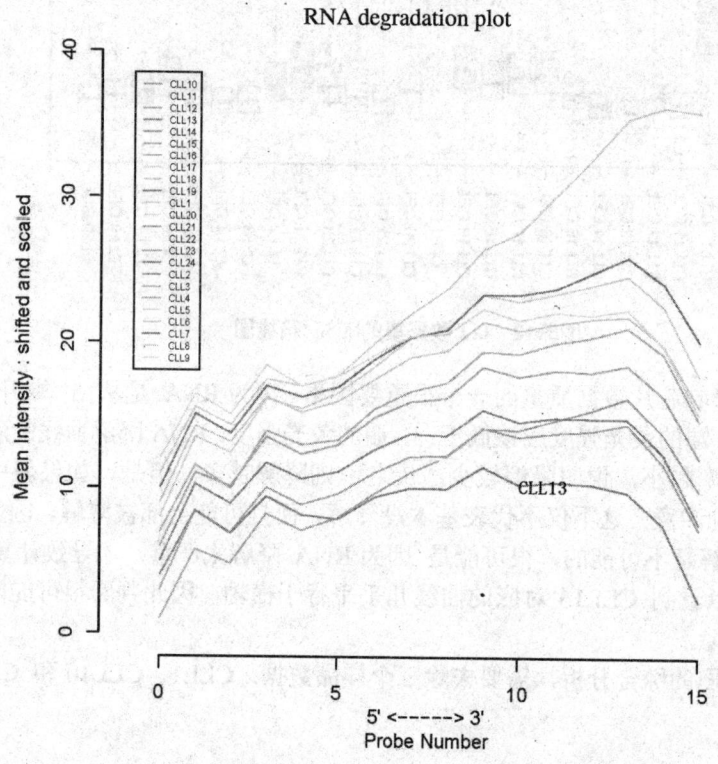

图5-13　CLL数据集的RNA 降解曲线

　　前面讲到的几种质量控制方法都是基于"平均值"思想的。其实，还可以从另外一个角度来对芯片质量进行检验。这就是利用芯片之间的相互关系，例如在对照实验中，理论上组内同种类型的芯片数据应该聚拢在一起，两个组之间应该明显地分离。这个思想是非常合理的，需要做的就是找到一种指标来刻画芯片数据之间的相似度或距离，Pearson 线性相关系数就是最常用的这类指标。基于"相互关系"的方法，其核心是相关系数矩阵，它包括了全部关系信息。计算相关系数矩阵，可以使用预处理之前的芯片数据，也可以使用标准化之后的数据（见例 5-8）。例 5-8 中，通过查看相关系数矩阵"pearson_cor"，可以看到组内（稳定组和恶化组）和组间相似度差异不大。在实际应用中，往往不是直接查看相关系数矩阵，而是根据由相关系数矩阵导出的距离矩阵，进行聚类分析或主成分分析以对样品归类并图形化显示（见例 5-8）。

例 5-8：

```
# 安装并加载所需 R 包。
source('http://Bioconductor.org/biocLite.R');
biocLite("gcrma");
biocLite("graph");
biocLite("affycoretools");
library (CLL);
library (gcrma);
library (graph);
library(affycoretools);
# 读入数据（CLL 包中附带的示例数据集）。
data (CLLbatch);
data (disease);
# 使用 gcrma 算法来预处理数据。
CLLgcrma <- gcrma(CLLbatch) ;
# 提取基因表达矩阵。
eset <- exprs(CLLgcrma) ;
# 计算样品两两之间的 Pearson 相关系数。
pearson_cor <- cor(eset) ;
# 得到 Pearson 距离的下三角矩阵。
dist.lower <- as.dist(1 - pearson_cor) ;
# 聚类分析。
hc <- hclust(dist.lower, "ave") ;
# 根据聚类结果画图。
plot(hc) ;
# PCA 分析。
samplenames <- sub(pattern="\\.CEL", replacement="",colnames(eset))
groups <- factor(disease[,2])
plotPCA(eset,addtext=samplenames,groups=groups,groupnames=levels(groups))
```

从聚类分析的整体结果来看（图 5-14），稳定组（图 5-14 中黑框标出）和恶化组根本就不能很好分开。这样还不能简单判定实验完全失败，所有样品数据都不能使用。理论上讲，如果总体上两组数据是分开的，那么说明我们关心的导致癌症从稳定到恶化的因素起到主导作用；如果不是，很可能其他因素起到主导因素，要具体问题具体分析。CLL 数据的实验样本来自不同的个体，而不是细胞，很可能个体差异起到了主导作用，因此导致聚类被整体打乱。所以只有当聚类图中有明显的类别差异时，才适合考虑去除个别不归类的样品；如果整体分类被打乱，则不能简单判定所有样品都出了问题。芯片分析往往采用两个主成分来构建分类图，从图 5-15 也可以看出稳定组（矩形）和恶化组（菱形）根本就不能很好分开。使用主成分分析时，还必须考虑前 2 个主成分是否具有代表性，这要看前 2 个主成分的累计贡献率，如果低于 60%，可以考虑采用另外一种类似的方法来构建分类图，即多维尺度分析（Metric multi-dimensional scaling method）[4]。

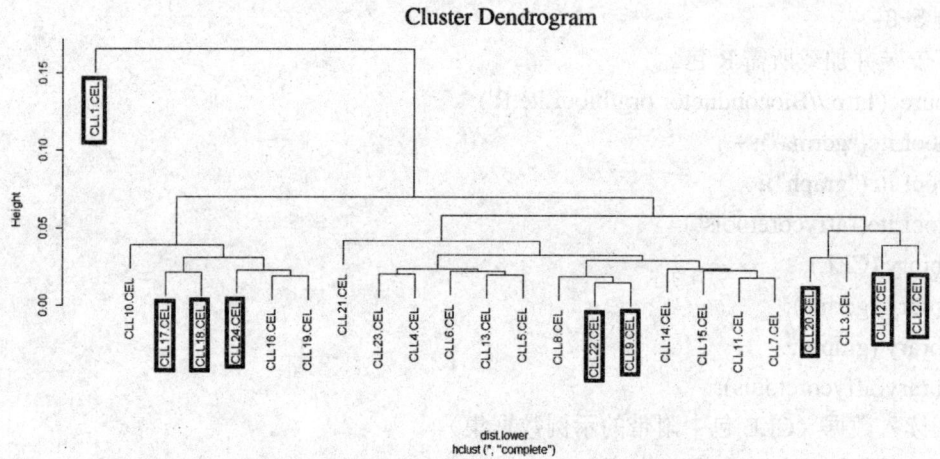

图5-14　gcRMA算法处理过的所有样品的聚类分析图

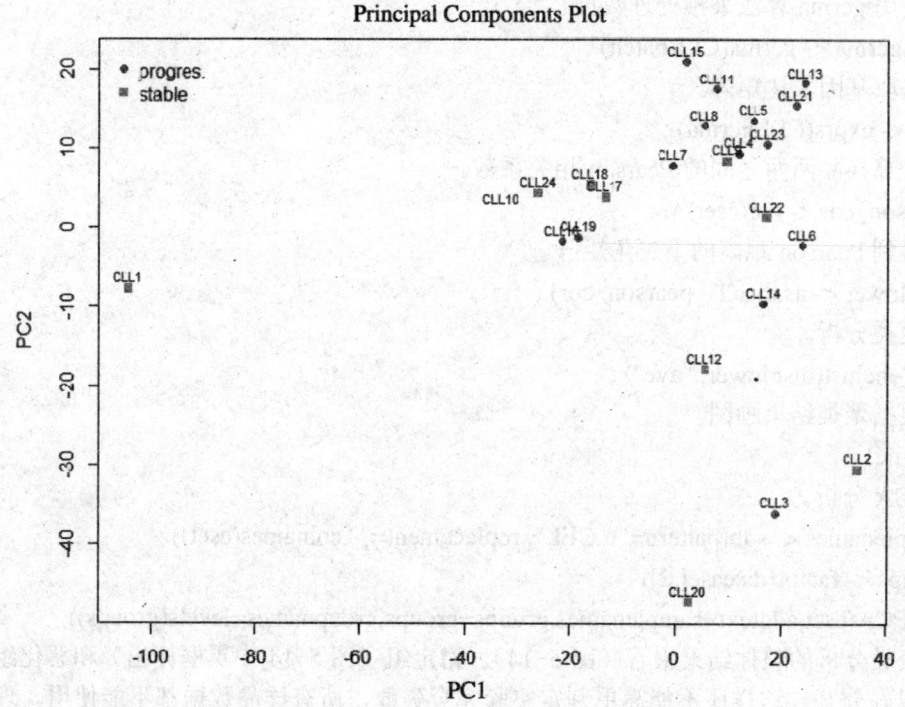

图5-15　gcRMA算法处理过的所有样品的PCA图

5.3.3　背景校正、标准化和汇总

芯片数据通过质量控制，剔除不合格的样品，留下的样品数据往往要通过三步处理（背景校正、标准化和汇总）才能得到下一步分析所需的基因表达矩阵。

首先，讲一下背景校正。前面提到的芯片中 MM 探针的作用是检测非特异杂交信号。理论上， MM 只有非特异性杂交，而不会有特异性杂交，MM 的信号值永远小于其对应的 PM 信号值，那么可以用简单的数学方法处理一下，做一个 PM-MM 或 PM/MM 即可去除背景噪声的影响。但实际中，经常发现大量的 MM 信号值比 PM 信号值还要高。因此，需要应用更为复杂的统计模型来去除背景噪声，这个过程叫做背景校正（Background correction）。

　　其次，介绍一下标准化。标准化的目的是使各次/组测量或各种实验条件下的测量可以相互比较，消除测量间的非实验差异，非实验差异可能来源于样品制备、杂交过程或杂交信号处理等。芯片数据标准化，根据其基本假设总体上分为两种："bulk normalization"和"control-based normalization"。前者假定仅有一小部分基因表达值在不同条件下有差异，而绝大部分基因表达值不变，因此使用所有的基因表达值作为参考进行标准化；而后者使用表达值被认为是恒定不变的参考基因（通常为芯片制造商提供的外源参考基因[5]）作为标准进行标准化。在实际应用中，芯片数据标准化只采用第一种方法，但最近 Cell 的一篇文章也对这种方法提出了质疑[6]。

　　最后，使用一定的统计方法将前面得到的荧光强度值从探针（Probe）水平汇总到探针组（Probeset）水平，这个过程被称为汇总（Summarization）。

　　上述三步处理过程可由一个函数实现，它就是 affy 软件包中的 expresso 函数（见例5-9），通过控制这个函数的参数，就可以分别指定三步处理具体应该采用的方法。

例 5-9：
```
# 加载所需 R 包
library(affy);
library (CLL);
data (CLLbatch) ;
eset.mas<-expresso(CLLbatch,bgcorrect.method="mas",normalize.method="constant",pmcorrect.
method="mas", summary.method="mas");
```

　　从例 5-9 中，可以看出 expresso 函数的调用非常简单，只不过参数过于复杂，用户可以通过 help(expresso)命令获得它的全部参数说明（表 5-1），也可以通过下面命令查看可选的参数：

```
bgcorrect.methods();
normalize.methods(CLLbatch);
pmcorrect.methods();
express.summary.stat.methods();
```

表 5-1　expresso 函数的参数

afbatch	输入数据必须是"AffyBatch"类型的对象
bgcorrect.method	背景校正的方法
bgcorrect.param	指定的背景校正方法所需要的参数
normalize.method	标准化方法
normalize.param	指定的标准化方法所需要的参数
pmcorrect.method	PM 调整方法
pmcorrect.param	指定的 PM 调整方法所需要的参数
summary.method	汇总方法
summary.param	指定的汇总方法所需要的参数

　　从运行结果中可以看到背景校正的方法有三种："bg.correct"、"mas"和"rma"；标准化的方法有八种："constant"、"contrasts"、"invariantset"、"loess"、"methods"、"qspline"、"quantiles"和"quantiles.robust"；PM 校正的方法有四种："mas"、"methods"、"pmonly"和"subtractmm"；汇总的方法有五种："avgdiff"、"liwong"、"mas"、"medianpolish"和"playerout"。在汇总的方法中，"liwong"是 dChip 一体化算法中使用的标准化方法（表 5-2），但是由于 dChip 并不开源，所以 Bioconductor 无法完全的复制"liwong"原始的程序代码，只能根据文献重写了这个方法。

　　八种标准化方法，又可以分为芯片间标准化方法和芯片内标准化方法。芯片间标准化方法针对单通道（见 2.3.1）芯片数据，常用的有三种：线性缩放（"constant"）、不变集（"invariantset"）和分位数方法（"quantiles"）。芯片间标准化方法的核心思想就是确定一个参考芯片（也可以是假想的），假定芯片之间的某种不变量，对其他芯片数据进行整体的拉伸或者压缩变换。最简单的情况是，假定每一张芯片上基因表达的均值应该是不变的（即线性缩放方法）其思路是依据每张芯片的总体信息进行变换；这种假设过于粗糙，后来便产生了基于看家基因的标准化方法，即以这些特殊基因作为参考对芯片间的表达值进行调整；进一步的研究又发现，有时不易得到看家基因，而且有些看家基因的表达在各个芯片中也不是恒定不变的，因此又发展了以那些在多个芯片内排序比较固定的基因为参考进行变换的方法。线性缩放方法，以其他芯片和参考芯片（默认为第一个）所有基因表达值均值的比值为因子，对其他芯片的表达值做等比例缩放（见例 5-10）。这个方法非常简单，是 MAS5 预处理算法（见 5.3.4）默认使用的标准化方法。例 5-10 中的缩放采用了第一个芯片（默认）作为参考，而 MAS5 预处理算法不指定任何芯片，而是设定了一个假想的芯片均值（默认为 500）作为参考，这样每个芯片可以单独计算，而不必依赖参考芯片，有新的数据加入时，可以不必重新计算已经标准化的数据。分位数方法是 RMA 预处理算法（见 5.3.4）默认使用的标准化方法，这里不做详细介绍。

例 5-10：
```
# 安装并加载所需 R 包。
library(affy);
library (CLL);
data(CLLbatch);
# 使用 mas 方法做背景校正。
CLLmas5 <- bg.correct(CLLbatch, method="mas");
# 使用 constant 方法标准化。
data_mas5 <- normalize(CLLmas5, method = "constant");
# 查看每个样品的缩放倍数。
head(pm(data_mas5)/pm(CLLmas5), 5);
# 查看第二个样品的缩放倍数是怎么计算来的。
mean(intensity(CLLmas5)[,1])/mean(intensity(CLLmas5)[,2]);
```

　　芯片内标准化方法针对双通道（见 2.3.1）芯片数据，又可分为全局化方法（Global

normalization）和荧光强度依赖的方法（Intensity-dependent normalization）。前一种方法假设红色染料的信号强度与绿色染料的信号强度是正比例关系的，即 R=kG (R：红色信号强度；G：绿色信号强度；k 假设为常数)。差异表达值（$\log_2(R/G)$）在标准化之后相当于平移了一个常量 $c=\log_2(k)$，数学上表示为 $\log_2(R/G)- c = \log_2(R/kG) = 0$。但实际上，c 并不是一个常数，而是另外一个变量的 A 的函数 c(A)，这里 $A=1/2*\log(R*G)$，这一点可以从 MA 图（图 5-16A）中看到 M 的总趋势不是平行于 x 轴的。

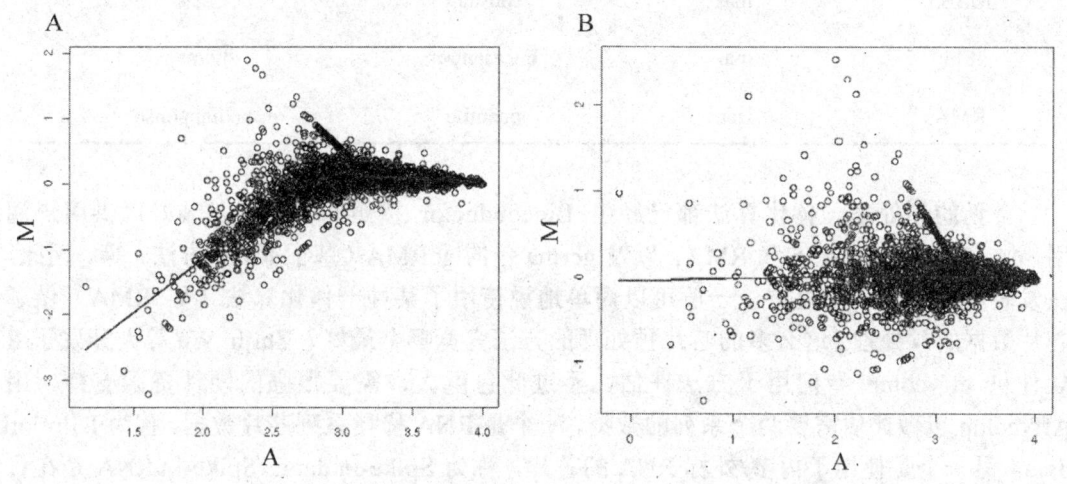

图5-16　芯片内标准化（"Loess" 方法）前后MA图

MA（M 代表 Minus，A 代表 Average）图的英文全称是：The distribution of the red/green intensity ratio plotted by the average intensity。MA 图中，定义 $M =\log_2(R/G)$，$A=1/2*\log_2(R*G)$，R 和 G 已经不再特指双通道 cDNA 芯片中红和绿标记的样品表达量，可以表示任何两个需要对比的数据。在单通道数据中，R 和 G 来自需要比较的两张芯片数据。MA 图反应的是基因在对比的样品中表达差异（对数化的）随基因信号强度变化（对数化的）的分布。

根据全局化方法的假设，数据标准化后的 MA 图上大多数基因的差异表达值（M 值）应该对称分布在水平的中心线（M=0）附近。但是在图 5-16A 中，该芯片数据的 M 值在低表达区有总体向下偏移的趋势，因此全局化方法的假设不成立。只能采用荧光强度依赖的方法，将 M 调整为以 0 为中心的分布，这类方法最常用的是 Loess 方法。Loess 方法，简单来说就是对不同 A 值的基因进行局部加权回归，得到一条蓝色的直线（图 5-16B）。由于双通道 cDNA 芯片现在已很少使用，这里不在具体举例如何编程实现芯片内标准化方法。

5.3.4　预处理的一体化算法

前面 5.3.3 中讲到了通过设定参数，expresso 函数可以自动化实现整个预处理过程（背景校正、标准化和汇总）。除了 expresso 函数，affyPLM 软件包提供了 threestep 函数可以更快地实现同样的功能。然而，在这类函数中，如果三步处理中的每一步都要用户自行指定参数的话，那会出现很多种参数的组合，而实际上有些组合是不能使用的。在实际工作中，应用较多的是使用预设参数的一体化算法（表 5-2），用户可在不知道细节的前提下调用相关函数，大大简化预处理过程。

表 5-2　预处理方法

方法	背景校正方法	标准化方法	汇总方法
MAS5	mas	constant	mas
dChip	mas	invariantset	liwong
RMA	rma	quantile	medianpolish

　　常见的预处理一体化算法都已经由 Bioconductor 按照同名函数包装好以供用户调用，如 affy 包的 MAS5 和 RMA，以及 gcrma 包的 gcRMA（基于 RMA 方法）等。因此，在发表文章或学术交流中，一般可以简单地说使用了某种一体化算法（如 RMA）做了芯片数据的预处理。这么多的芯片预处理的方法究竟哪个最好？Zhijin Wu 等人开发了 R 软件包 affycomp 专门用于方法评估，不过此包巨大，需要很强的硬件资源支持。用 Affycomp 包做评估需要两个系列的数据，一个是 RNA 稀释系列芯片数据，称为 Dilution data，另一个是使用了内参/外标 RNA 的芯片，称为 Spike-in data。Spike-in RNA 是在目标物种中不存在，但在芯片上含有相应检测探针的 RNA，比如 Affymetrix 的拟南芥芯片上有几个人或细菌的基因检测探针。由于稀释倍数已知，内参/外标的 RNA 量和杂交特异性也已知，所以结果可以预测，也就可以用于方法评估。对于严格的芯片分析来说，方法评估是必需的。

　　在实际工作中，使用得较多的是 MAS5 和 RMA 算法，RMA 算法及其衍生算法使用的最多；而 dChip 很少使用，而且由于非开源，没有被 Bioconductor 集成。这里不再介绍 MAS5 和 RMA 算法的细节，仅对其差异做一个简单对比。

　　• MAS5 每个芯片可以单独进行标准化；RMA 由于采用的是多芯片模型（Multi-chip model）需要所有芯片一起进行标准化。

　　• MAS5 利用 MM 探针的信息去除背景噪声，基本思路是 MP-MM；RMA 不使用 MM 信息，而是基于 PM 的信号分布采用随机模型来估计表达值。

　　• RMA 处理后的数据是经过以 2 为底的对数转换的，而 MAS5 不是，这一点非常重要，因为很多芯片分析软件或函数需要的输入数据必须是经过对数转换的（见例 5-13）。

　　通过绘制信号强度分布图（这里采用直方图）曲线以及箱线图，可以比较不同算法的处理效果（见例 5-11）。

例 5-11：
```
# 加载所需 R 包。
library(affy);
library (gcrma);
```

```
library(affyPLM) ;
library(RColorBrewer);
library (CLL);
data (CLLbatch) ;
colors <- brewer.pal(12, "Set3");
# 使用 MAS5 算法来预处理数据。
CLLmas5 <- mas5(CLLbatch) ;
## 使用 rma 算法来预处理数据。
CLLrma <- rma(CLLbatch) ;
# 使用 gcrma 算法来预处理数据。
CLLgcrma <- gcrma(CLLbatch) ;
# 直方图。
hist(CLLbatch, main = "original", col = colors) ;
legend("topright", rownames(pData(CLLbatch)), col = colors, lwd = 1, inset = 0.05, cex =
0.5, ncol = 3) ;
hist(CLLmas5, main = "MAS 5.0", xlim = c(-150, 2^10), col = colors) ;
hist(CLLrma, main = "RMA", col = colors) ;
hist(CLLgcrma, main = "gcRMA", col = colors) ;
# 箱线图。
boxplot(CLLbatch, col = colors, las = 3, main = "original") ;
boxplot(CLLmas5, col = colors, las = 3, ylim=c(0, 1000), main = "MAS 5.0") ;
boxplot(CLLrma, col = colors, las = 3, main = "RMA") ;
boxplot(CLLgcrma, col = colors, las = 3, main = "gcRMA");
```

从信号强度分布图来看（图 5-17），MAS5 算法处理后的数据出现了很多负数，读者可以进一步通过了解 MAS5 算法细节去理解这些负数是怎么来的。从图 5-17 中还可以看到，原本并不重合的多条分布曲线（图 5-17A）在经过了 RMA 算法处理后重合到了一起（图 5-17C），有利于下一步的差异表达分析。但是它却表现出两个峰值，这并不符合高斯正态分布。如果采用 gcRMA 算法处理，不但所有的曲线很好地重合到了一起，而且它们的分布也更加近似高斯分布（图 5-17D）。因此，gcRMA 算法对 RMA 算法的改进在这一组数据上表现得十分明显。然而，这并不意味着 gcRMA 算法总是优于 RMA 算法，对于不同的数据，需要进行算法比较，才能进一步确定哪种算法最合适。

通过箱线图（图 5-18），可以看到三种算法处理后的各样品的中值十分接近。MAS5 算法总体而言还是不错的，只是有一定的拖尾现象。而 gcRMA 的拖尾现象比 RMA 要明显得多。这说明针对低表达量的基因，RMA 算法比 gcRMA 算法表现更好一些。

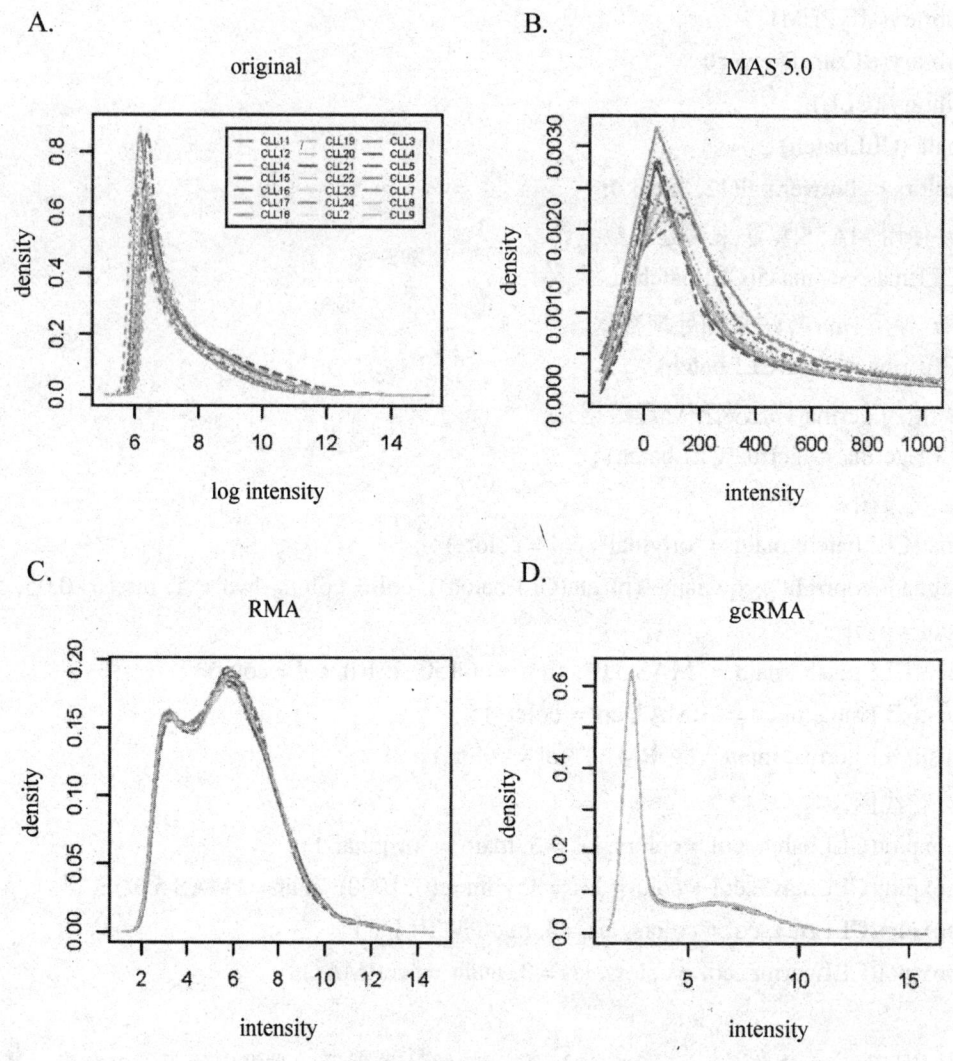

图5-17　信号强度分布图的直方图（见彩图）

还可以通过 MA 图（图 5-19）来查看标准化处理的效果。从例 5-12 中（只示例 CLL 中一部分数据）可以看出：在原始数据中，中值（红色曲线）偏离 0，经过 gcRMA 预处理之后，中值基本保持在零线上。注意，运行例 5-12 最后一行代码时，MAplot 函数不支持 ExpressionSet 类型的数据 CLLgcrma，读者可尝试将其转为 AffyBatch 类型后再运行。

例 5-12：

```
# 加载所需 R 包。
library (gcrma);
library(RColorBrewer);
library (CLL);
library (affy);
data (CLLbatch) ;
```

```
colors <- brewer.pal(12, "Set3");
# 使用 gcrma 算法来预处理数据。
CLLgcrma <- gcrma(CLLbatch);
MAplot(CLLbatch[, 1:4], pairs = TRUE, plot.method = "smoothScatter", cex = 0.8, main =
"original MA plot");
MAplot(CLLgcrma[, 1:4], pairs = TRUE, plot.method = "smoothScatter", cex = 0.8,main =
"gcRMA MA plot");
```

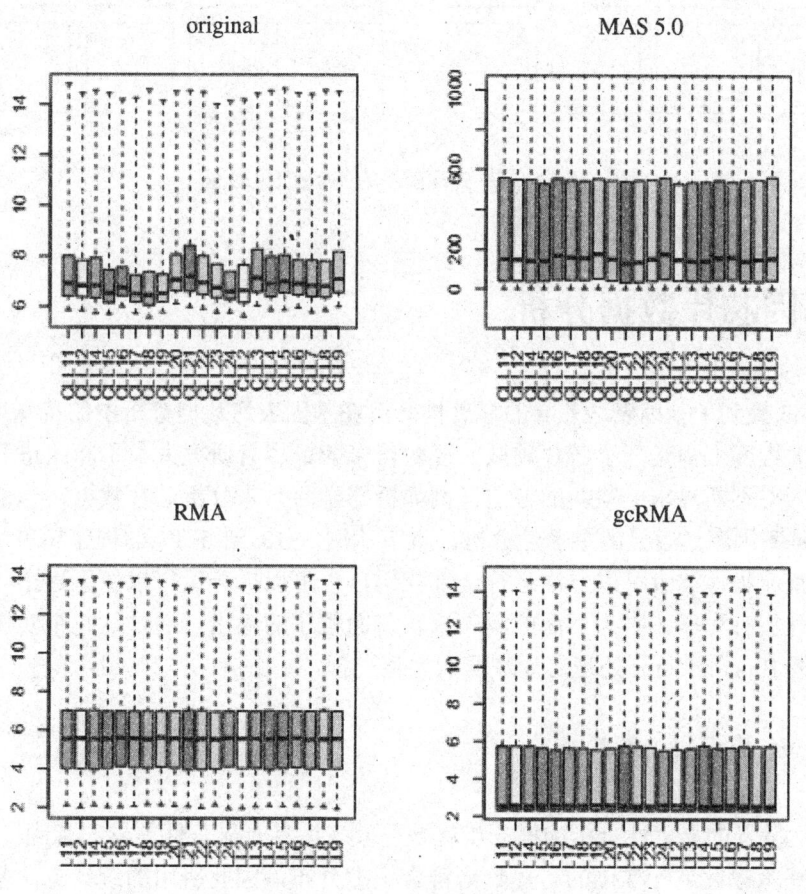

图5-18　三种算法处理前后的箱线图

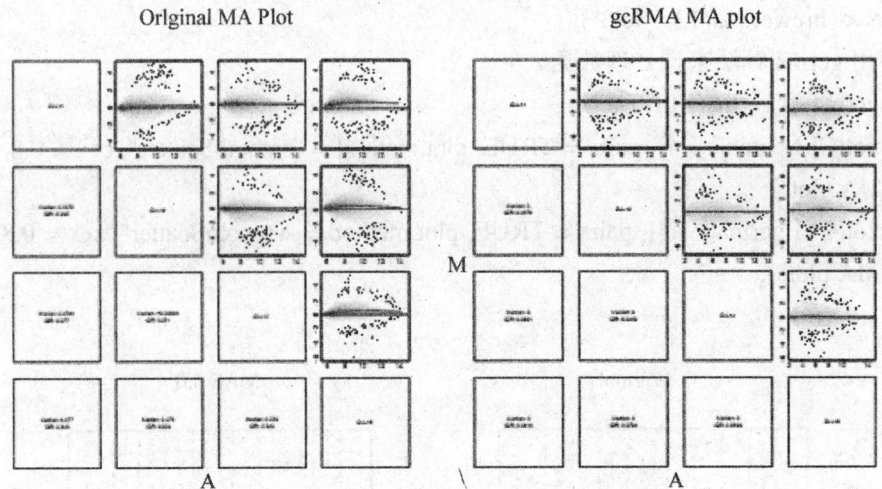

图5-19　gcRMA 处理前后的 MA 图（见彩图）

5.4　基因芯片数据分析

本书 2.3.3 提到了基因表达差异的显著性分析在基因表达数据分析中的特殊地位，而且这个地位很大程度上都是基于芯片领域的经验得来的。尽管研究人员不断改进芯片试验和统计学方法，并不断寻求一些新的方法（例如机器学习）来分析芯片数据，当前最主要的应用依然还是基因表达差异的显著性分析。本节从例 5-13 到 5-17 的程序涵盖了一个显著性分析的完整流程，读者可以一次运行全部代码，也可以拆分运行以便于逐个掌握，但是必须连续运行所有程序，因为后面的程序依赖前面程序的输出。通过这几个实例，读者可以清晰地把握 Bioconductor 处理芯片数据的完整过程。

5.4.1　选取差异表达基因

基因表达差异的显著性分析的第一步就是选取表达具有显著性差异的基因。总体来说，这类分析的基本假设是标准化的芯片数据符合正态分布，因此所用的统计方法基本上就是T/F 检验和方差分析或者改进的 T/F 检验和方差分析。当前，常用的分析方法主要有：T 检验、SAM（Significance analysis of microarrays）方法[7] 、CyberT 方法[8]、经验贝叶斯（Empirical Bayes）方法[9] 、方差分析（The Analysis Of Variance，ANOVA）[10]和 RP（Rank products）方法[11]。

RP 方法通过计算基因表达值的几何平均值及其排序的变化来比较两组间的差异。SAM、CyberT 和经验贝叶斯都是调整后的 T 检验，而且后两种方法都采用了贝叶斯方法进行调整。CyberT 将标准差及信号强度的关系使用线性模型进一步强化，提高了准确率，有研究指出，它的计算结果要好于 SAM 算法。经验贝叶斯又在 CyberT 基础上进行了改进：首先，经验贝叶斯在计算标准差时考虑的是全部的基因，而不是排序后相近的（人为设定的同一个窗口范围内）基因[12]；其次，经验贝叶斯不再局限于两组数据，可以通过设计实验对比矩阵，计算多种复杂条件下的差异表达。因此，经验贝叶斯是当前最为常用的分析方法，它已经完整地由 Bioconductor 中的 limma 包实现。但是，总体来说，现在没有任何理论或者经验能够证明哪种算法是最好的。

limma 是基于 R 和 Bioconductor 平台的分析芯片数据的综合软件包，该包功能齐全、教程完善、使用率极高，几乎成为了芯片数据处理流程的代名词[13]。例 5-13 是应用 limma 包计算 CLL 数据集中差异表达基因的整个流程。

例 5-13：
```
# 安装并加载所需 R 包。
source('http://Bioconductor.org/biocLite.R');
biocLite("limma") ;
library(limma) ;
library (gcrma);
library (CLL);
data (CLLbatch) ;
data(disease);
# 从 CLL 数据集中去除样品 CLL1、CLL10 和 CLL13。
CLLbatch <- CLLbatch[, -match(c("CLL10.CEL", "CLL1.CEL", "CLL13.CEL"),
sampleNames(CLLbatch))];
# 使用 gcrma 算法来预处理数据。
CLLgcrma <- gcrma(CLLbatch);
# 去除 CLLgcrma 样品名中的 ".CEL"。
sampleNames(CLLgcrma) <-  gsub(".CEL$", "", sampleNames(CLLgcrma));
# 去除 disease 中对应样品 CLL1, CLL10 和 CLL13 的记录。
disease <- disease[match(sampleNames(CLLgcrma), disease[,"SampleID"]),];
# 构建余下 21 个样品的基因表达矩阵。
eset <- exprs(CLLgcrma) ;
# 提取实验条件信息。
disease <- factor(disease[, "Disease"]);
# 构建实验设计矩阵。
design <- model.matrix(~-1+disease);
# 构建对比模型，比较两个实验条件下表达数据。
contrast.matrix <- makeContrasts (contrasts = "diseaseprogres. - diseasestable", levels = design);
# 线性模型拟合。
fit <- lmFit(eset, design) ;
# 根据对比模型进行差值计算。
fit1 <- contrasts.fit(fit, contrast.matrix) ;
```

```
# 贝叶斯检验。
fit2 <- eBayes(fit1) ;
# 生成所有基因的检验结果报表。
dif <- topTable(fit2, coef = "diseaseprogres. - diseasestable", n = nrow(fit2), lfc =
log2(1.5)) ;
# 根据 P.Value 对结果进行筛选，得到全部差异表达基因。
dif <- dif[dif[, "P.Value"] < 0.01, ] ;
# 显示结果的前六行。
head(dif) ;
```

##		ID	logFC	AveExpr	t	P.Value	adj.P.Val	B
##	9491	39400_at	-0.9997850	5.634004	-5.727329	1.482860e-05	0.1034544	2.4458354
##	327	1303_at	-1.3430306	4.540225	-5.596813	1.974284e-05	0.1034544	2.1546350
##	3827	33791_at	1.9647962	6.837903	5.400499	3.047498e-05	0.1034544	1.7135583
##	6191	36131_at	0.9574214	9.945334	5.367741	3.277762e-05	0.1034544	1.6396223
##	7710	37636_at	2.0534093	5.478683	5.120519	5.699454e-05	0.1439112	1.0788313
##	6182	36122_at	0.8008604	7.146293	4.776721	1.241402e-04	0.2612118	0.2922106

　　首先，可以从最终结果（即变量"dif"）中查看所有的两组数据（即恶化期与稳定期）之间差异表达基因的信息。每行数据对应一个探针组，包括 8 列信息：第 1 列是探针组在基因表达矩阵 eset 中的行号；第 2 列"ID"是探针组的 Affymatrix ID；第 3 列"logFC"是两组表达值间以 2 为底对数化的变化倍数（Fold change，FC），注意由于基因表达矩阵 eset 本身已经取了对数值，因此这里实际上只是两组基因表达值均值之差；第 4 列"AveExpr"是该探针组在所有样品中的平均表达值（Average expression value ）；第 5 列"t"是贝叶斯调整后的两组表达值间 T 检验中的 t 值；第 6 列"P.Value"是贝叶斯检验得到的 P 值；第 7 列"adj.P.Value"是调整后的 P 值（adjusted P Value）；第 8 列"B"是经验贝叶斯得到的标准差的对数化值，由于涉及较深的数学基础，这里不再涉及。为了加深理解 limma 的计算过程，读者可以用简单函数来得到探针组"39400_at"的行号、"AveExpr"和"logFC"。

　　然后，逐次介绍这个分析过程的六个关键步骤：构建基因表达矩阵、构建实验设计矩阵、构建对比模型（也叫对比矩阵）、线性模型拟合、贝叶斯检验和生成结果报表。

　　构建基因表达矩阵时，需要注意的是，limma 对输入数据的要求是必须是经过对数转换的表达值。例 5-13 调用了 gcRMA 算法来对数据进行预处理，得到标准化后的基因表达矩阵 eset，这个矩阵是经过对数转换的。但是，如果是从其他算法（例如 MAS5）得到的数据，还需自行编程进行对数转换。

　　实验设计矩阵需要调用 model.matrix 函数构建，该函数需要用户指定一个公式，构建好的实验设计矩阵 design 要提供给下一步的拟合函数 lmFit。通过查看 design 变量，可以看到下面内容：实验设计矩阵的每一行对应一个样品的编号，每一列对应样品的一个特征，每个特征实际上形成了一个包含若干样品的组，通过比较不同组间的基因表达值（一般是平均值），就可以得到差异表达基因。比如， 在例 5-13 中，一共有 21 个样品，它只考虑了一个因素，即疾病状态（disease），这个因素有两个水平，即恶化（progressive）和稳定

（stable），最后实验矩阵中出现了 diseaseprogres. 和 diseasestable 两个特征。多因素和多水平的实验设计，会产生更多的特征，这里不做讨论。

design	diseaseprogres.	diseasestable
1	1	0
2	0	1
3	1	0
4	1	0
5	1	0
6	0	1
7	0	1
8	1	0
9	0	1
10	1	0
11	0	1
12	1	0
13	0	1
14	0	1
15	1	0
16	1	0
17	1	0
18	1	0
19	1	0
20	1	0
21	0	1

比较模型需要调用 makeContrasts 函数构建，该函数需要用户指定一个公式，这个公式表明用户要求对实验矩阵 design 中的哪一列特征和哪一列特征进行比较，以得到差异。例 5-13 指定的是在恶化和稳定两个水平之间进行比较，以寻找这两个水平之间的差异表达基因，因此，公式表示为 contrasts = "diseaseprogres. − diseasestable"，注意 "diseaseprogres." 中的 "." 是 CLL 数据集中对 "progressive" 简写带来的，不是运算符号。

接下来是根据实验设计矩阵调用函数对基因表达矩阵做线性拟合 lmFit(eset，design)，根据对比模型进行差值计算，最后是贝叶斯检验（见 5.4.1）。由于这些涉及较深的统计学背景，这里不再讨论。

最后，重点讲一下 topTable 函数，它的主要功能有三项：①对贝叶斯检验得到的 "P.Value" 进行调整得到 "adj.P.Value"，调整的算法默认是 BH（Benjamini-hochberg）算法；②生成全部基因的检验结果报表；③还可以通过某个参数来筛选具有显著性差异表达的基因，通常使用 "adj.P.Value"，常用的阈值一般是 0.05 或者 0.01，也可以使用 "P.Value"（见例 5-13）。这里有三点需要注意：①topTable 提供了多种方法可以做基因筛选，例 5-13 就通过对数化

的变化倍数 "lfc" 去掉了一些在两组条件下变化不大的基因，但是这样做的理由并不是很充分，因为变化倍数不大的不一定就是没有显著变化；②topTable 还提供了参数可以对基因进行排序，比如使用 "adj.P.Value" 从小到大排序，可以很清楚地看到变化最显著的基因；③显著性基因的选取具有一定的主观性，阈值设定是 0.01 还是 0.05 并没有严格的标准。

5.4.2　注释

　　找到了差异表达基因，接下来是使用注释包对差异表达基因进行注释。在 4.2.3 中的注释一部分讲解中提到过 Bioconductor 的几种注释方式，对 Affymetrix 芯片产生的差异表达基因的注释就采用第一类注释方式，即下载对应具体平台的注释包，进行本地注释。例 5-14 使用 Bioconductor 提供的 hgu95av2 注释包为例 5-13 中选取的差异表达基因进行注释（这部分代码需要在例 5-13 后执行）。例 5-14 只用两种基因 ID 来对探针组进行注释，有关用基因本体论（GO）[14-15]和通路（Pathway）注释 [16-19]的内容与 5.4.3 的 GO 和通路富集分析一起讲解。

　　例 5-14：
　　# 加载注释工具包。
　　library(annotate) ;
　　# 获得基因芯片注释包名称。
　　affydb <- annPkgName(CLLbatch@annotation, type = "db");
　　# 查看基因芯片注释包名称。
　　affydb
　　## [1] "hgu95av2.db"
　　# 加载注释包 hgu95av2.db，必须设定 character.only。
　　library(affydb, character.only = TRUE) ;
　　# 根据每个探针组的 ID 获取对应的基因 Gene Symbol，并作为一个新的列，加到数据框 dif 最后。
　　dif$symbols <- getSYMBOL(rownames(dif), affydb) ;
　　# 根据每个探针组的 ID 获取对应的基因 Entrez ID，同样加到数据框 dif 最后
　　dif$EntrezID <- getEG(rownames(dif), affydb) ;
　　# 显示结果的前六行。
　　head(dif) ;

##	ID	logFC	AveExpr	t	P.Value	adj.P.Val	B	symbols	EntrezID
##	39400_at	-0.9997850	5.634004	-5.727329	1.482860e-05	0.1034544	2.4458354	TBC1D2B	23102
##	1303_at	-1.3430306	4.540225	-5.596813	1.974284e-05	0.1034544	2.1546350	SH3BP2	6452
##	33791_at	1.9647962	6.837903	5.400499	3.047498e-05	0.1034544	1.7135583	DLEU1	10301
##	36131_at	0.9574214	9.945334	5.367741	3.277762e-05	0.1034544	1.6396223	CLIC1	1192
##	37636_at	2.0534093	5.478683	5.120519	5.699454e-05	0.1439112	1.0788313	PHF16	9767
##	36122_at	0.8008604	7.146293	4.776721	1.241402e-04	0.2612118	0.2922106	<NA>	<NA>

例 5-14 注释实质上就是一个 ID 映射的过程（见 2.3.1），也就是把芯片探针组的 ID 映射到基因国际标准名称（Gene symbol）和 Entrez ID 两种 ID 上。Gene symbol 是由人类基因命名委员会（The HUGO Gene Nomenclature Committee，HGNC）为每个人类基因提供的唯一命名，一般是大写拉丁字母缩写形式，后面可加数字，非常便于人工阅读。Gene symbol 的最主要特点就是唯一性和普遍性。大多数科研工作者看到这个名字就能直接联系到这个基因的简单功能等信息。最后一列的所谓 Entrez ID 实际上是 NCBI 数据库中的 GI（GenInfo Identifier）。NCBI 对于每一条提交的序列，根据其存入 NCBI 数据库时的先后顺序赋给一个整数，这就是 GI。这里增加一列 GI 的目的，就是为了下一步通过 GI 映射到基因本体论(GO)，然后做 GO 的富集分析。

5.4.3 统计分析及可视化

差异基因注释后的下一步工作就是统计分析和可视化（见 2.3）。对于差异表达分析，最主要的两种统计分析就是 GO 的富集分析（见 2.4.4）和 KEGG 通路的富集分析[17]（见 2.4.5）。这两种分析分别由 Bioconductor 的 GOstats 包（见例 5-15）和 GeneAnswers 包（见例 5-16）实现。

例 5-15：

```
# 加载所需 R 包。
library(GOstats);
# 提取 HG_U95Av2 芯片中所有探针组对应的 EntrezID，注意保证 uniq。
entrezUniverse <- unique(unlist(mget(rownames(eset), hgu95av2ENTREZID)));
# 提取所有差异表达基因及其对应的 EntrezID，注意保证 uniq。
entrezSelected <- unique(dif[!is.na(dif$EntrezID), "EntrezID"]);
# 设置 GO 富集分析的所有参数。
params <- new("GOHyperGParams", geneIds = entrezSelected, universeGeneIds = entrezUniverse,
annotation = affydb, ontology = "BP", pvalueCutoff = 0.001, conditional = FALSE,
testDirection = "over");
# 对所有的 GOterm 根据 params 参数做超几何检验。
hgOver <- hyperGTest(params);
# 生成所有 GOterm 的检验结果报表。
bp <- summary(hgOver);
# 同时生成所有 GOterm 的检验结果文件，每个 GOterm 都有指向官方网站的链接，可
以获得其详细信息。
htmlReport (hgOver, file='ALL_go.html');
# 显示结果的前六行。
head (bp);
```

##		GOBPID	Pvalue	OddsRatio	ExpCount	Count	Size
##	1	GO:0022904	1.506871e-10	16.342857	0.9699506	12	75
##	2	GO:0022900	2.159531e-10	13.554352	1.2415367	13	96
##	3	GO:0045333	6.012575e-10	12.349920	1.3449981	13	104
##	4	GO:0055114	3.436386e-08	4.996817	5.2377330	21	405
##	5	GO:0015980	6.778482e-08	6.222680	3.1297071	16	242
##	6	GO:0006091	1.486143e-07	5.201994	4.2160517	18	326

```
##                                                    Term
## 1                respiratory electron transport chain
## 2                          electron transport chain
## 3                              cellular respiration
## 4                         oxidation-reduction   process
## 5      energy derivation by oxidation of organic compounds
## 6        generation of precursor metabolites and energy
```

从例 5-15 最终结果（即变量"bp"）可以看到每个显著性富集的 GO term 含有六列信息（不包括行号）：第 1 列是 GO term 的 ID，该 ID 对应的内容在后面列出，如"GO:0022900"对应后面的 "respiratory electron transport chain"；第 2 列 "P value" 是超几何检验的 P 值；第 3 列 "OddsRatio" 是超几何分布中的比值比；第 4 列 "ExpCount" 是根据超几何分布，差异表达基因中期望属于这个 GO term 的基因数量；第 5 列 "Count" 是差异表达基因中实际属于这个 GO term 的基因数量；第 6 列 "Size" 是总基因中属于这个 GO term 的基因数量。以"GO:0022904"为例，此次分析的总基因数量为 8804，差异表达基因数量为 113 8804 个基因中有 75 个基因（即"Size"）属于"GO:0022904"，如果从 8804 个基因中随机抽取 113 个基因，那么 113 个基因中期望属于"GO:0022904"的基因数量应该是 2.25（即"ExpCount"），而实际上是 12 个（即"Count"），根据这个情况，计算出来的 P 值应该是 1.506871e-10（远远小于 0.01），因此可以说差异显著基因在"GO:0022904"上是显著富集的。为了加深理解 GO 富集分析的计算过程，读者可以用简单函数来计算 P 值。另外，例 5-15 还通过函数 htmlReport 输出了一个 HTML 的报告文件，它在前面六列信息的基础上，多加了一列 GO term 的描述，并且链接到 GO 的官方网站，便于读者进一步查看相关信息。

值得注意的是，对比例 5-15 和例 5-14 的结果报表，可以看到例 5-15 的报表 bp 没有根据 P 值来筛选统计上显著富集的 GO term，因此包括了全部的 GO term。

例 5-16：
```
# 安装并加载所需 R 包。
source("http://Bioconductor.org/biocLite.R");
biocLite("GeneAnswers");
library(GeneAnswers) ;
# 选取 dif 中的三列信息构成新的矩阵，第一列必须是 EntrezID。
```

```
humanGeneInput <- dif[, c("EntrezID", "logFC", "P.Value")];
## 获得 humanGeneInput 中基因的表达值。
humanExpr <- eset[match(rownames(dif), rownames(eset)), ] ;
# 前两个数据做列合并，第一列必须是 EntrezID。
humanExpr <- cbind(humanGeneInput[, "EntrezID"], humanExpr) ;
# 去除 NA 数据。
humanGeneInput <- humanGeneInput[!is.na(humanGeneInput[, 1]), ] ;
humanExpr <- humanExpr[!is.na(humanExpr[, 1]), ] ;
# KEGG 通路的超几何检验
y <- geneAnswersBuilder(humanGeneInput, "org.Hs.eg.db", categoryType = "KEGG",
testType = "hyperG", pvalueT = 0.1, geneExpressionProfile = humanExpr, verbose = FALSE) ;
getEnrichmentInfo(y)[1:6,];
```

	genes in Category	percent in the observed List	percent in the genome	fold of overrepresents	odds ratio	p value
05012	12	0.2222222	0.02214651	10.034188	13.796610	1.299916e-09
05010	13	0.2407407	0.02844974	8.461965	11.657586	2.018105e-09
00190	11	0.2037037	0.02248722	9.058642	12.040169	2.057705e-08
05016	12	0.2222222	0.03117547	7.128112	9.431913	6.424705e-08
04260	7	0.1296296	0.01311755	9.882155	12.225532	5. 477311e-06
01100	22	0.4074074	0.19250426	2.116355	2.921255	2.067770e-04

例 5-16 调用 GeneAnswers 包实现了 KEGG 通路的注释、统计和可视化的功能。而且 GeneAnswers 功能强大，除了 KEGG，还可以支持 GO、REACTOME 和 CABIO 等多个数据库，可以通过设定参数 categoryType 分别指定注释类型。从例 5-16 最终结果可以看到每个显著性富集的通路含有 6 列信息（不包括行号）：第 1 列 "genes in Category" 表示有多少个基因属于这个通路；第 2 列 "percent in the observed List" 表示在观察到的基因列表中的比例；第 3 列 "percent in the genome" 是在基因组中的比例；第 4 列 "fold of overrepresents" 是基因过表达的倍数；第 5 列 "OddsRatio" 是超几何分布中的比值比；第 6 列 "P.value" 是超几何检验的 P 值。

可视化可以直观显示统计结果，帮助研究人员进一步理解实验结果并找到下一步工作的思路，因此可视化和统计分析密不可分。Bioconductor 的所有统计分析包几乎都提供了相应的函数来显示数据分析结果。这里根据前面的分析结果，调用 pheatmap 包来绘制差异表达谱热图（图 5-20）；调用 Rgraphviz 包来绘制显著富集的 GO term 的关系图；最后绘制显著富集的 KEGG 通路的关系图和热图。

例 5-17：
```
# 安装并加载所需 R 包。
source("http://Bioconductor.org/biocLite.R");
biocLite("pheatmap");
library(pheatmap);
# 从基因表达矩阵中，选取差异表达基因对应的数据。
```

selected <- eset[rownames(dif),] ;

\# 将 selected 矩阵每行的名称由探针组 ID 转换为对应的基因 symbol。

rownames(selected) <- dif$symbols;

\# 考虑到显示比例，我们只画前 20 个基因的热图。

pheatmap(selected[1:20,], color = colorRampPalette(c("green", "black", "red"))(100), fontsize_row = 4, scale = "row", border_color = NA);

\# 安装并加载所需 R 包。

source("http://Bioconductor.org/biocLite.R");

biocLite("Rgraphviz");

library(Rgraphviz);

\# 显著富集的 GO term 的 DAG 关系图，见图 5-21。

ghandle <- goDag(hgOver) ;

\# 该图巨大，只能取一部分数据构建局部图。

subGHandle <- subGraph (snodes=as.character(summary(hgOver)[,1]), graph=ghandle) ;

plot(subGHandle) ;

\# 显著富集的 KEGG 通路的关系图，见图 5-22。

yy <- geneAnswersReadable (y,verbose = FALSE);

geneAnswersConceptNet (yy, colorValueColumn= "logFC", centroidSize ="pvalue", output = "interactive");

\# 显著富集的 KEGG 通路的热图，见图 5-23。

yyy <- geneAnswersSort (yy, sortBy="pvalue");

geneAnswersHeatmap(yyy)

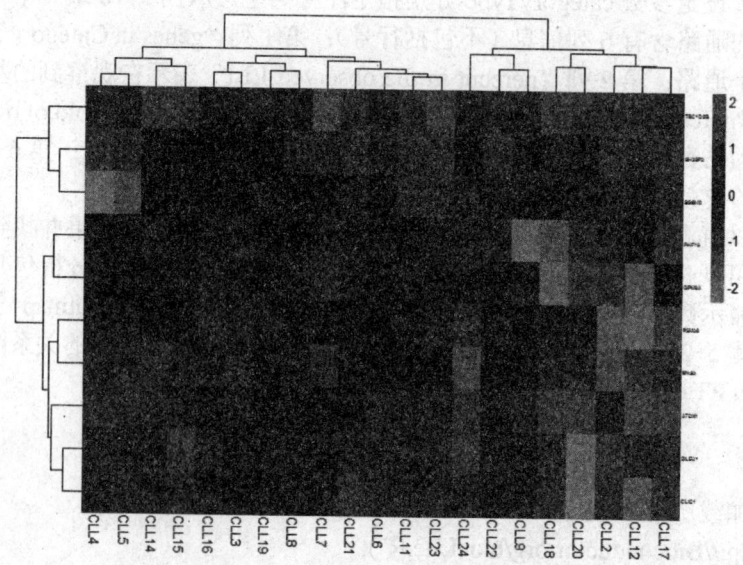

图 5-20　差异表达谱热图（见彩图）

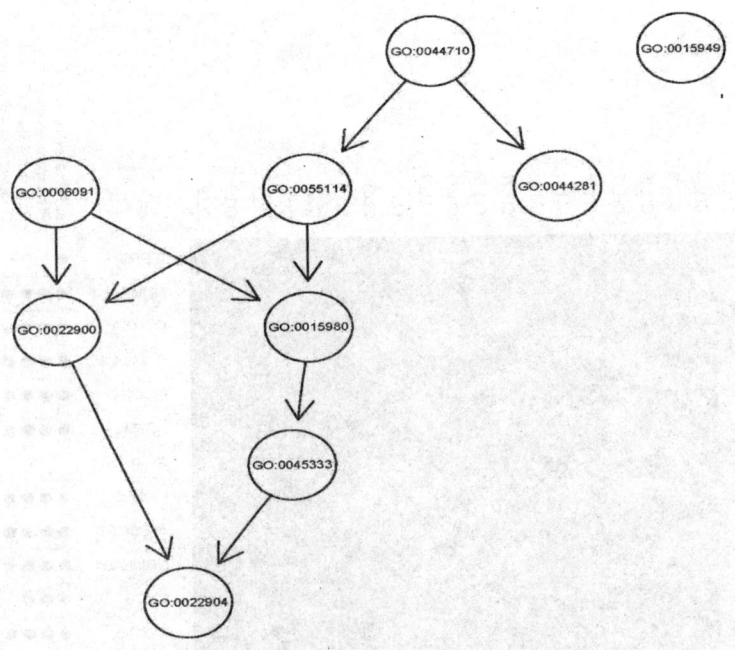

图 5-21　显著富集的 GO term 的关系图

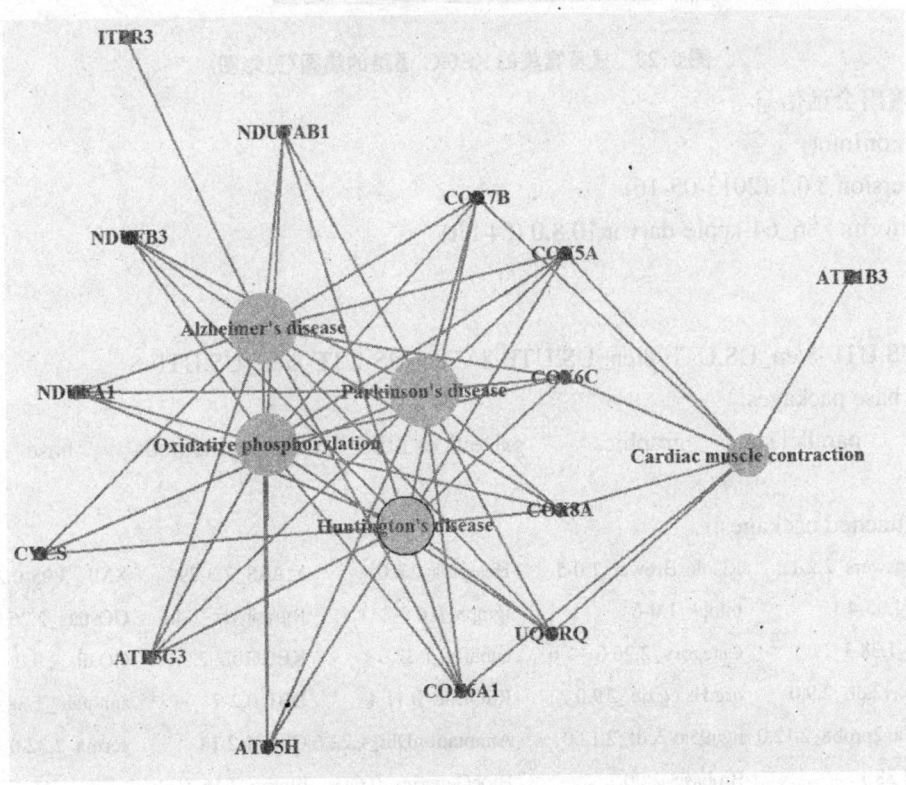

图 5-22　显著富集的 KEGG 通路的关系图（见彩图）

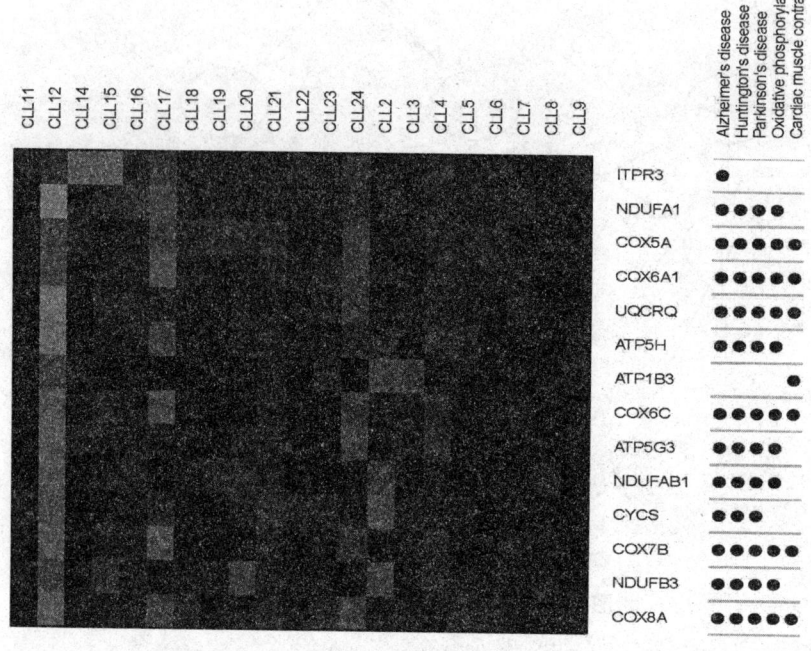

图 5-23 显著富集的 KEGG 通路的热图（见彩图）

输出会话信息。

sessionInfo()

R version 3.0.1 (2013-05-16)

Platform: x86_64-apple-darwin10.8.0 (64-bit)

locale:

[1] en_US.UTF-8/en_US.UTF-8/en_US.UTF-8/C/en_US.UTF-8/en_US.UTF-8

attached base packages:

[1] grid   parallel stats   graphics   grDevices utils   datasets methods   base

other   attached packages:

[1] GeneAnswers_2.2.1	RColorBrewer_1.0-5	Heatplus_2.6.0	MASS_7.3-29	XML_3.95-0.2
[6] RCurl_1.95-4.1	bitops_1.0-6	igraph_0.6.5-2	Rgraphviz_2.4.1	GOstats_2.26.0
[11] graph_1.38.3	Category_2.26.0	annaffy_1.32.0	KEGG.db_2.9.1	GO.db_2.9.0
[16] hgu95av2.db_2.9.0	org.Hs.eg.db_2.9.0	RSQLite_0.11.4	DBI_0.2-7	annotate_1.38.0
[21] hgu95av2probe_2.12.0	hgu95av2cdf_2.12.0	AnnotationDbi_1.22.6	CLL_1.2.14	gcrma_2.32.0
[26] affy_1.38.1	Biobase_2.20.1	BiocGenerics_0.6.0	limma_3.16.7	

loaded via a namespace (and not attached):

[1] affyio_1.28.0   AnnotationForge_1.2.2 BiocInstaller_1.10.3 Biostrings_2.28.0 genefilter_1.42.0

[6] GSEABase_1.22.0　　IRanges_1.18.3　　preprocessCore_1.22.0RBGL_1.36.2　　splines_3.0.1

[11] stats4_3.0.1　　survival_2.37-4　　tools_3.0.1　　xtable_1.7-1　　zlibbioc_1.6.0

5.5　芯片处理实际课题一

5.5.1　课题背景

　　机器学习是一门多领域交叉学科，通过研究一类特殊算法，使计算机程序可以从以往的经验中不断学习，从而提升其在处理特定任务（如分类和回归）时的性能。用机器学习方法分析芯片数据是较高层次的统计应用，其最常见的形式就是两类样本的分类，如癌症与正常。传统的机器学习主要是单任务学习，例如某种癌症和正常样本之间的分类。在真实世界中，人类在学习某项任务时，如果把这项任务和多个相关任务一起学习，往往会取得融会贯通的效果。从这个现象得到的启发是多个相关任务之间蕴含着一类问题的共性。为了利用这一规律，挖掘同类任务间的共有信息，提高数据集的代表性，增强学习的泛化能力，研究人员提出了多任务学习的概念。

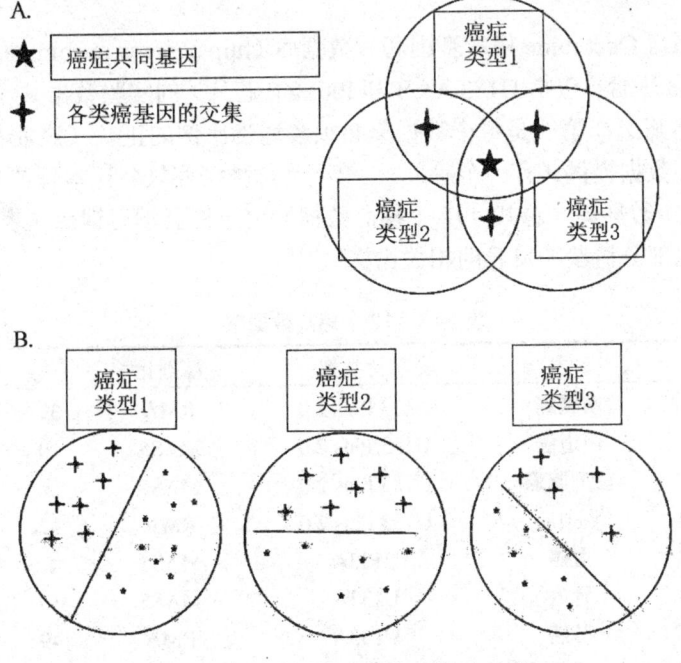

图5-24　多任务学习实现同时分类

　　1997 年，R. Caruana 等对多任务学习研究的成果发表于 *Machine Learning*，标志着多任务学习这一概念的正式提出[20]。Caruana 解决多任务学习问题的方法基于神经网络。作为一种新的机器学习范式，多任务学习引起了机器学习领域研究者的关注，J. Baxter 等的研究初步解释了多任务学习为何有效[21-22]。除了理论分析外，研究者们还对多任务学习进行了大量的应用方法研究，出现了基于正则化[23]、层次贝叶斯[24]、Logistic 回归[25]、径向基函数网络[26]、支持向量机[27]以及独立成分分析[28]等技术的多任务学习方法。

　　虽然癌症具有高度异质性，细胞类型和组织来源各异，但所有癌症的发病机制具有共同的关键特征，因此生物学界普遍认同不同癌症有共同的发病机制。多年来，出现了很多基于芯片数据寻找癌症共有基因（Common cancer genes）的研究。但是，由于以前的方法都采用了先将癌症分类处理，然后寻找各癌症基因数据集结果的交集的方法，这种先分解局部寻优再综合的思想，不能有效利用各数据集之间的关联信息（图 5-24A）。为了克服这些缺点，高山等[29]首次采用多任务学习方法来寻找癌症共有基因，试图通过全局优化的方法，确定那些能够将正常样本和各种癌症样本同时区分开的最为显著的特征（图 5-24B），有助于阐明癌症发生的共同机制。在上述研究过程中，高山等构建了两种基于支持向量机的分类器 MTLS-SVMs 和 MT-Feat3，用 MT-Feat3 分类器从 22215 个基因（实际上是探针组）中选取了 72 个基因（对应 73 个探针组）作为 12 种癌症的共有基因，并采用 MTLS-SVMs 分类器在另一组测试数据上验证了基因选择的有效性。此项目从数据获取、预处理、算法实现，一直到所有图表生成都采用了 R 和 Bioconductor 编程，是一个非常典型的实例，由于多任务学习算法涉及较多的机器学习背景知识，这里只介绍数据获取和预处理等实现过程。

5.5.2　数据集与预处理

　　本研究数据来自 Oncomine 癌症基因芯片数据库（https://www.oncomine.org），下载了全部 Affymetrix U133 平台（包括 U133 A&B 和 Plus 2.0 芯片）的实验数据共 53 个数据集。经过三个条件的严格筛选：第一是每个数据集必须含适当比例的正负（癌症和正常）样本；第二是必须有原始数据提供（有一个除外）；第三是每种癌症只要样本总数最多的一个数据集。最后得到 12 个数据集（总共 497 个样品数据）用于机器学习训练（表 5-3），11 个数据集用于检测（这部分请参考发表的相关论文）[29]。

表 5-3　12 个癌症数据集

ID	种类	芯片类型	标准化	(－)	(+)
GSE15471	胰腺癌	U133 Plus 2.0	RMA	39	39
GSE5563	阴道癌	U133 Plus 2.0	MAS5	10	9
GSE3325	前列腺癌	U133 Plus 2.0	MAS5	6	13
GSE9844	头颈癌	U133 Plus 2.0	RMA	12	26
GSE5788	血癌	U133A	MAS5	8	6
GSE6344	肾癌	U133A	MAS5	10	10
GSE10072	肺癌	U133A	RMA	49	58
GSE13911	胃癌	U133 Plus 2.0	MAS5	31	38
GSE1420	食道癌	U133A	MAS5	8	16
GSE2503#	皮肤癌	U133A	ak_03	6	9
GSE8671	结肠癌	U133 Plus 2.0	MAS5	32	32
GSE5764	乳腺癌	U133 Plus 2.0	GCOS	20	10

　　注："ID" 使用 NCBI GEO 数据库 ID，"(+)" 表示正样本（癌症）个数，"(－)"，表示负样本（正常）个数，"#" 没有提供原始数据。

从 12 个数据集中可以看到，它们的标准化方法共有四种。多任务学习并不要求所有的数据集都是用同一种方法来进行标准化的，因此可以直接使用标准化后的数据集来进行多任务学习。但是考虑到他人数据处理可能产生的错误或者未说明详细的步骤，更严谨的方法是从原始数据（CEL 文件）开始，用同一种算法对全部数据进行标准化。根据结果对比，这样做的结果确实提高了多任务学习的性能，这里不再细究提高的原因。本课题中的数据预处理至少要完成以下任务：

（1）提取 U133 Plus 2.0 和 U133A 两类芯片共有的探针组 ID。

（2）下载 11 个数据集的 CEL 文件，统一用 RMA 算法预处理。

（3）对于没有原始数据的"GSE2503"数据集，表达值要转换到与其他 11 个数据集可比的范围。

5.5.3　R 程序与代码讲解

例 5-18：

```
# 安装并加载所需 R 包。
source('http://Bioconductor.org/biocLite.R');
biocLite ("GEOquery") ;
library (GEOquery);
library (CLL);
# 设置当前目录。
setwd("C:\\workingdirectory");
# 读入 U133A 中 22215 个共有探针组列表。
U133Acols<-read.table("U133Acols");
# 得到 11 个数据集的 ID 中的数字。
numbers=c(15471,5563,3325,9844,5788,6344,10072,13911,1420,8671,5764);
# 得到 11 个数据集在 GEO 数据库中的 ID。
GEO_IDs=paste("GSE",numbers,sep = "");
# 得到 11 个数据集下载文件的后缀名。
tars=paste(GEO_IDs,"_RAW.tar",sep = "");
# 生成一个空变量，用了保存数据标准化后的结果。
trainX=c();
# 11 次循环处理 11 个数据集。
for(i in 1:length(GEO_IDs))
{
# 得到下载数据的目标路径＋名称。
```

```
GEO_tar <- paste(GEO_IDs[i],tars[i],sep = "/");
# 下载数据集。
getGEOSuppFiles(GEO=GEO_IDs[i],baseDir = getwd());
# 将当前数据集中的所有样品数据解压到 data 子目录。
untar(GEO_tar, exdir="data");
# 得到当前数据集中的所有样品对应的数据文件名称。
cels <- list.files("data/", pattern = "[gz]");
# 解压当前数据集中的所有样品对应的数据文件。
sapply(paste("data", cels, sep="/"), gunzip);
# 得到 data 子目录的全路径。
celpath <- paste(getwd(),"data",sep = "/");
# 转到 data 子目录，同时保留当前目录到 oldWD。
oldWD <- setwd(celpath);
# 读取当前目录中的所有样品对应的 CEL 文件。
raw_data <- ReadAffy();
# 回到工作目录。
setwd(oldWD);
# 删除 data 子目录中全部文件，否则下次循环会追加写。
unlink("data", recursive=TRUE) ;
# 用 RMA 算法标准化数据。
rma_data <- rma(raw_data);
# 得到基因表达矩阵 eset。
eset <- exprs(rma_data);
# 基因表达矩阵转置后，选择需要的列。
x<-t(eset)[,as.vector(t(U133Acols))];
# 提取的数据集不断按行向后追加。
trainX=rbind(trainX,x);
}
# 11 个数据集处理完毕，保存到文件 trainX 中。
write.table (trainX, file = "trainX", sep = "\t",row.names = F,col.names = F) ;
```

U133 Plus 2.0 含有 54613 个探针组，U133A 含有 22283 个探针组，它们共有 22215 个公共探针组，因此需要编程提取这个 22215 个探针组的 ID，存入文件"U133Acols"，以后的所有数据集都根据这个公共探针组列表提取数据，读者可尝试自行编程生成这个文件，并在程序运行前，放入工作目录"C:\workingdirectory"。 对于 11 个数据集的 CEL 文件，可以登录到 NCBI 基因表达数据库（Gene expression omnibus，GEO）网站下载。但是如果这么做，那说明读者还没有真正掌握 Bioconductor 的方法和思路，Bioconductor 强调从数据获取到处理完毕的一气呵成（见例 5-18）。例 5-18 运行完毕可以得到一个数据文件"trainX"，它的列对应 22215 个探针组，行对应 497 个样品，符合接下来多任务学习需要的输入格式。

例 5-18 中，函数 ReadAffy 可以一次性读入当前目录下的所有样品对应的 CEL 文件，因此需要消耗大量内存，如果遇到样品数量较大的数据集（如 GSE15471），还需使用大内存服务器运行。

例 5-19：
```
# 加载所需 R 包。
library (GEOquery);
# 设置当前目录。
setwd("C:\\workingdirectory");
# 读入 U133A 中 22215 个共有探针组列表。
U133Acols<-read.table("U133Acols");
# 数据集 GSE2503 的基因表达数据。
gds<-getGEO(GEO = "GSE2503", destdir = getwd());
# 得到基因表达矩阵 eset。
eset <- exprs(gds[[1]]);
# 基因表达矩阵转置后，选择需要的列。
x<-t(eset)[,as.vector(t(U133Acols))];
# 全部数据转化为以 2 为底的对数。
trainX2<-log2(x) ;
# 结果保存到文件 trainX2 中。
write.table (trainX2, file = "trainX2",sep = "\t",row.names = F,col.names = F) ;
```

GSE2503 数据集由于无法获得其原始的 CEL 文件，只能转而获取预处理过的基因表达矩阵。前面 11 个数据集经过 RMA 预处理后数据普遍分布在（2,15）之间，而 GSE2503 数据集的数据分布范围却是（0.6000, 7.1819e+005），很明显，该数据是没有经过对数化的，因此必须通过对数转换，才能与其他 11 个数据具有可比性。例 5-18 完成了从数据下载到预处理的全部过程，处理后的数据分布在 (-0.7370, 19.4540) 之间，最后存入文件"trainX2"，用户合并文件"trainX"和"trainX2"就可以得到全部训练集的数据，文章[29]中用到的训练集数据就是这么得来的。

5.6　芯片处理实际课题二

5.6.1　课题背景

本书 2.1.4 讲到过 miRNA 对 mRNA 的调控作用，更进一步来讲，miRNA 是通过结合到 mRNA 的 3' UTR 区域来降解 mRNA 的（图 5-25）。由于 miRNA 与 mRNA 的结合有很强的规律性，可以根据 miRNA 与 mRNA 的序列信息来计算它们之间的结合关系，从而判定哪个 mRNA 是 miRNA 的靶点。miRNA 与 mRNA 的联合研究，会分别从 miRNA 芯片和 mRNA 中找到差异表达基因，通过预测找到 miRNA 的靶点（靶 mRNA），然后根据"如果 miRNA 上调，其对应靶 mRNA 应该下调"的假设，从另一个角度确认 miRNA 与 mRNA 的关系。由于联合分析涉及较多的生物学背景，因此本节不涉及。

　　本节举例只涉及预测一组已知的 miRNA（来自芯片数据的差异表达分析）在猪转录组上的靶点。整个过程分为两部分：数据预处理和 miRNA 靶点预测。由于 miRNA 靶点预测使用的是程序 miRanda，R/bioconductor 编程只用于数据预处理。

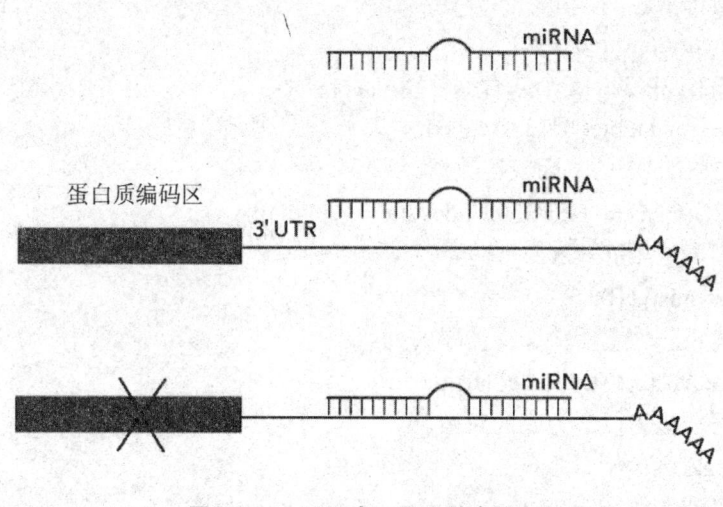

图5-25　miRNA与mRNA结合原理

5.6.2　数据集与处理过程

　　靶点预测程序 miRanda 需要输入两种数据，除了已知的 miRNA 序列（见例 5-20），还需要输入猪转录组上的全部 3'UTR 数据，这可以使用 Bioconductor 的 biomaRt 包从公开数据库中获取。本书 4.3.2 的例 4-9 介绍了如何使用 biomaRt 包编程从 ensemble 数据库获得猪转录组全部 3'UTR 数据（存于文件"UTR3seqs-1.fa"）的过程。这里例 5-21 通过另外一种方式获得这些序列（存于文件"UTR3seqs-2.fa"），读者可以细心对比两者之间的异同。对生物信息有兴趣的读者，可以到网站 http://www.microrna.org/microrna/getDownloads.do 下载 miRNA 靶点预测软件 miranda，根据 miRNA 序列和猪转录组上 3'UTR 序列，运行"./miranda miRNA.fa UTR3seqs-1.fa -out result1 -quiet"和"./miranda miRNA.fa UTR3seqs-2.fa -out result2 -quiet"得到本项目的最终结果。

5.6.3　R 程序与代码讲解

　　例 5-20：
```
# 加载所需 R 包。
library (Biostrings);
```

```
# 设置当前目录。
setwd("C:\\workingdirectory");
# 从文件 miRNA.tab 读入 miRNA 序列，第一列是序列 ID，第二列是序列内容。
data1<-read.table("miRNA.tab");
# 提取序列内容。
seqs=as.character(data1[,2]);
# 提取序列 ID。
names(seqs)=data1[,1];
# 用生成 RNAStringSet 对象，保存为 fasta 格式文件。
Biostrings:writeXStringSet(RNAStringSet(seqs, use.names=TRUE),"miRNA.fa");
```

例 5-21：
```
# 加载所需 R 包。
library(biomaRt);
library (Biostrings);
# 选中"ensembl"数据库。
ensembl_mart <- useMart(biomart="ensembl");
# 选中"sscrofa"数据集。
dataset_pig <-useDataset(dataset="sscrofa_gene_ensembl",mart= ensembl_mart);
# 从 dataset_pig 数据集中根据 affy_porcine ID 和 description 信息。
idlist <- getBM(attributes=c("affy_porcine","description"), mart=dataset_pig);
# 从 dataset_pig 数据集中根据 affy_porcine ID 提取序列。
seqs = getSequence(id=idlist["affy_porcine"], type="affy_porcine", seqType="3utr", mart =
dataset_pig);
# 去除没有序列内容的数据记录。
seqs = seqs[!seqs[,1]=="Sequence unavailable",];
# 去除没有 UTR 注释的数据记录。
seqs = seqs[!seqs[,1]=="No UTR is annotated for this transcript",];
# 提取序列的内容。
x=seqs[,1];
# 提取序列的 ID。
names(x)=seqs[,2];
# 结果存入文件"UTR3seqs-2.fa"，格式为 fasta。
write.XStringSet(DNAStringSet(x, use.names=TRUE),"UTR3seqs-2.fa");
```

对比例 5-21 与前面 4.3.2 的例 4-9，可以看到前者根据 affy_porcine 芯片的探针组 ID，而后者根据 ensembl_transcript_id 下载同样的数据。读者对比后，可以发现其结果确实是不同的，不同的原因我在这里就不详细介绍了。affy_porcine 芯片的所有探针组 ID 可以到网站 http://www.affymetrix.com/support/technical/byproduct.affx?product=porcine 下载，根据芯片的所有 ID 文件 "pig_affy_IDs"，读者可以运行例 5-22 程序建立 ensembl 与 affy 的两种 ID 之间的映射文件，然后再结合两个数据文件"UTR3seqs-1.fa"和 "UTR3seqs-2.fa"，编程寻找它们之间不同的原因。

例 5-22：

```
# 加载所需 R 包。
library(biomaRt);
library (Biostrings);
pig_affy_IDs<- read.table("pig_affy_IDs");
pig_affy_IDs<- as.character (unlist(pig_affy_IDs));
# 列出"sscrofa"数据集的所有特征，才知道包括"ensembl_transcript_id"和"affy_porcine"。
id_mapping  <-  getBM(attributes=c("ensembl_transcript_id","affy_porcine"),  filters  =
"affy_porcine", values = pig_affy_IDs, mart=dataset_pig);
write.table (id_mapping,"emsembl-affy",sep="\t")
```

5.7 芯片处理实际课题三

5.7.1 课题背景

从前面差异表达分析的几个例子中，可以看出差异表达往往需要在两组样本中进行比较，而每组的样品个数一般都大于 3，这样比较的结果才能估计出一个统计性的指标（如 P 值）。但是有些芯片研究，或者考虑成本因素，或者对结果要求不严格，采用每组一个样品做差异表达分析，对于这样的数据，往往采用简单的倍数变化的策略选取差异表达基因。

5.7.2 数据集与处理过程

本节来自六个样品（表 5-4），前四个样品来自 HEK293 细胞系，考虑两个因素对基因表达的影响：一个是敲入（knock in）CD147 基因及其阴性（没敲入）对照；另外一个就是单层（sphere）和悬浮（monolayer）两种不同的细胞培养方式。后两个样品只考虑一个因素对基因表达的影响，即一个是敲低（knock down）CD147 基因及其阴性（没敲低）对照。

表 5-4　六个样品数据的介绍

文件	样品	注释
1.CEL	HEK293_EGFP_monolayer	阴性对照，悬浮培养
2.CEL	HEK293_EGFP_sphere	阴性对照，单层培养
3.CEL	HEK293_CD147_monolayer	敲入 CD147 基因，悬浮培养
4.CEL	HEK293_CD147 _sphere	敲入 CD147 基因，单层培养
5.CEL	MIAPaCa_2_NC	阴性对照
6.CEL	MIAPaCa_2_A6	敲低 CD147 基因

首先，进行质量控制；然后，找到六个样品间五种对比之间的差异表达基因（表 5-5），

进行注释、GO 和 Pathway 分析；最后，在前四个样品的四种对比的基础上，考虑两种因素的影响，找到对比 1 和 4 之间、对比 2 和 3 之间共同的差异表达基因，并对两组共同表达基因做注释、GO 和 Pathway 分析。

表 5-5 五种对比的介绍

编号	差异表达	目的
1	HEK293_EGFP_monolayer vs HEK293_EGFP_sphere	细胞培养方式的影响
2	HEK293_EGFP_monolayer vs HEK293_CD147_monolayer	基因敲入的影响
3	HEK293_EGFP_sphere vs HEK293_CD147_sphere	基因敲入的影响
4	HEK293_CD147_monolayer vs HEK293_CD147_sphere	细胞培养方式的影响
5	MIAPaCa_2_NC vs MIAPaCa_2_A6	基因敲低的影响

质量分析部分包括：根据原始数据（CEL 文件）中 PM 探针数据产生的信号强度分布图（图 5-26A）和 NUSE 箱线图（图片未提供）；根据原始数据（CEL 文件）中全部探针数据产生了 RNA 降解曲线（图 5-26B）；根据 RMA 预处理后的数据又产生了 PCA 图（图 5-27）。如何编程绘制这几张图在前面内容中都有详细描述，读者可尝试自行编程产生这些图片，这里不再提供 R 代码。从图 5-26A 中可以看出，六个样品的数据保持了同样形状的分布，因此总体上是好的；图 5-26B 总体上没有过于平直的曲线，因此基本上降解不大，可以接受。但是样品 1 和 3 与其他样品间有一定差异，会引入一些与对比目的无关的差异表达基因，例如样品 1 与 2 对比中，我们希望只考虑敲入 CD147 基因带来的影响，而尽量排除其他因素的影响，而样品 2 比样品 1 降解严重这个因素会对结果产生影响。特别是在只有一个样本的情况下，这个因素的影响无法通过统计方法排除。结合 NUSE 箱线图进一步分析时，发现所有样品的中心值都非常接近 1，没有任何特别不一样的样品出现，因此认为降解差异在可以容许的范围内。上述问题可以通过 PCA 图进一步解释：从图 5-27 中，可以看出主成分一（PC1）可以把样品 5 和 6 与其他样品远远分开，可以解释为它们来自不同细胞系；从主成分二（PC2）来看样品 1 和 3 与样品 2 和 4 差异很大，这里有两种可能，或者是细胞培养方式带来的差异远远大于敲入 CD147 基因带来的差异，或者是样品 2 和 4 降解带来的差异成为主要因素（图 5-26B）。

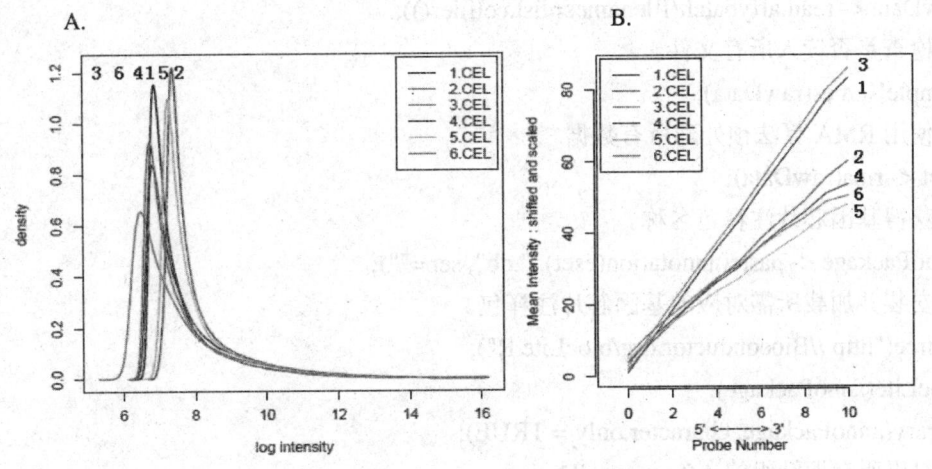

图 5-26 六个样品的质量控制图

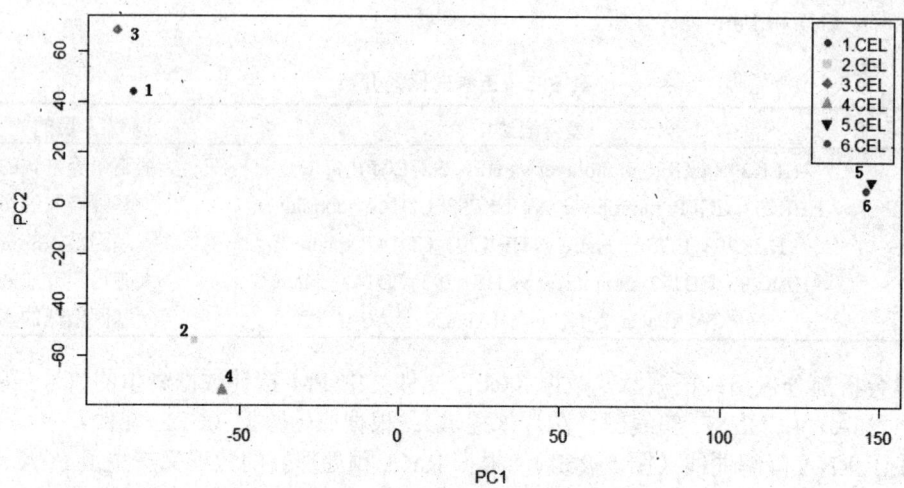

图5-27　六个样品的PCA图

5.7.3　R 程序与代码讲解

例 5-23：

```
# 加载所需 R 包。
library(affycoretools);
library(genefilter);
library(annotate);
library(GOstats);
# 读入所有 CEL 文件。
rawData <- read.affybatch(filenames=list.celfiles());
# 检查是否读入所有文件。
sampleNames(rawData);
# 使用 RMA 算法预处理所有数据。
eset <- rma(rawData);
# 获得基因芯片注释包名称。
annoPackage <- paste(annotation(eset), ".db", sep="");
# 安装并加载所需对应的基因芯片注释包。
source("http://Bioconductor.org/biocLite.R");
biocLite(annoPackage);
library(annoPackage, character.only = TRUE);
# 取出所有探针组的 Affymetrix ID。
affy_IDs <- featureNames(eset);
```

```
# 取出数据集的注释信息。
an <- annotation(eset);
# 根据每个探针组的 ID 获取对应的 Gene Symbol。
symbols <- as.character(unlist(mget(affy_IDs,get(paste(an, "SYMBOL", sep="")))));
# 所有"NA",转换成""。
symbols[is.na(symbols)] <- "";
# 根据每个探针组的 ID 获取对应的 Gene Name。
gene_names <- as.character(unlist(mget(affy_IDs,get(paste(an,"GENENAME", sep="")))));
# 所有"NA",转换成""。
gene_names[is.na(gene_names)] <- "";
# 根据每个探针组的 ID 获取对应的 Entrez ID。
entrez <- unlist(mget(affy_IDs, get(paste(an, "ENTREZID", sep=""))));
# 根据每个探针组的 ID 获取对应的 UNIGENE ID。
unigenes<-as.character(unlist(lapply(mget(affy_IDs,get(paste(an,"UNIGENE",sep=""))),paste,
collapse="//")));
# 根据每个探针组的 ID 获取对应的 RefseqID。
refseqs<-as.character(unlist(lapply(mget(affy_IDs, get(paste(an, "REFSEQ", sep=""))),paste,
collapse="//")));
# 数据基因表达矩阵，同时把注释的其他数据库 ID，按注释顺序对应到探针组中。
out<-data.frame(ProbeID=affy_IDs,Symbol=symbols,Name=gene_names,EntrezGene=entrez,
UniGene=unigenes,RefSeq=refseqs, exprs(eset), stringsAsFactors=FALSE);
row.names(out) <- 1:length(affy_IDs);
# 将带注释的数据基因表达矩阵输出。
write.table(out, "Expression_table.xls", sep='\t',row.names=F);
# 六个样品的名称。
samples<-c('HEK293_EGFP_monolayer','HEK293_EGFP_sphere','HEK293_CD147_monolayer',
'HEK293_CD147_sphere','MIAPaCa_2_NC','MIAPaCa_2_A6');
# 五组对比的名称。
compNames = paste(samples[c(1,1,2,3,5)],samples[c(2,3,4,4,6)],sep=' vs ');
# 设计一个过滤准则，要求每个基因在六个样品中至少表达一次。
flt1 <- kOverA(1,6);
# 五组对比中 log2Fold 超过 1 倍的基因算作差异表达基因，输出到五个不同的文件。
out<-foldFilt(eset,fold=1,groups=1:6,comps=list(c(1,2),c(1,3),c(2,4),c(3,4),c(5,6)),compNames,
text=T,html=F,save=T,filterfun=flt1);
```

例 5-23 主要完成从六个 CEL 文件中提取六个样品的基因（实际上是探针组）表达矩阵，注释所有的基因，并选取五组对比中的差异表达基因（见表 5-3）。整个程序包括两次输出：第一次输出输出的是基因表达矩阵（包括其他数据库的注释），存于文件 Expression_table.xls；第二次根据五次对比，输出五个独立的文件，存放每次对比的差异表达基因。差异表达基因的输出文件的名称来自表 5-3 中第 2 列，它还包括了每个差异表达基因（实际上是探针组）的 GO 和 Pathway 注释信息，值得注意的是，其中有一列倍数变化（Fold Change）实际上应该是以 2 为底对数化后的倍数，由于 RMA 算法得到的是已经对数化的数值，因此整个倍数变化，实际上就是两个对比样品表达值之差。

例 5-24：

```
# GO 的三个领域，这里三个领域分开注释。
go_domains <- c('BP','CC','MF');
# 提取所有探针组对应的 GO 信息，没有 GO 注释的记录为 FALSE。
no_go <- sapply(mget(affy_IDs, hgu133plus2GO), function(x) if(length(x) == 1 &&
is.na(x))TRUE else FALSE);
# 提取所有有 GO 注释的探针组。
affy_IDs <- affy_IDs[!no_go];
# 提取所有探针组对应的"EntrezGene"，并去除重复记录。
all_probes <- unique(getEG(affy_IDs, "hgu133plus2"));
# 提取对比 1 和对比 4 之间，对比 2 和对比 3 之间的差异表达探针组，以及对比 5 的
差异表达探针组。
sig_probes.temp <- list(names(which(abs(out[[2]][,1])==1 & abs(out[[2]][,4])==1)),
                        names(which(abs(out[[2]][,2])==1 & abs(out[[2]][,3])==1)),
                        names(which(abs(out[[2]][,5])==1)));
# 定义结果文件的名称。
fnames <- c('common probesets for monolayer vs sphere','common probesets for EGFP vs
CD147','MIAPaCa_2_NC vs MIAPaCa_2_A6');
# 每次循环处理一次超几何检验，来根据差异表达基因做 GO 的富集。
for(i in 1:3){
sig_probes=unique(getEG(sig_probes.temp[[i]][sig_probes.temp[[i]]%in%affy_IDs],
"hgu133plus2"));
for(j in 1:3){
# 设定超几何检验参数。
params=new("GOHyperGParams",geneIds=sig_probes,universeGeneIds=all_probes,conditional
= TRUE,annotation = annotation(eset), ontology = go_domains[j],pvalueCutoff=.01);
# 超几何检验。
hypt = hyperGTest(params);
# 输出 html 格式的报告文件。
htmlReport(hypt, digits=8, file=paste(fnames[i],'_',go_domains[j],'.html',sep=""));
    }
}
```

例 5-24 主要完成找到对比 1 和 4 之间、对比 2 和 3 之间共同的差异表达基因，对比 5 的差异表达基因，并对三组差异表达基因做注释和 GO 富集分析。每组数据输出三个 HTML

格式的报告文件，分别对应 GO 三个领域的富集分析的结果，该文件内容请看例 5-15 有详细介绍。由于 Pathway 分析，特别是 Pathway 的显示要占用较大内存资源，必须在 Linux 服务器上运行，考虑到很多初学者使用的是 Windows 系统，这里不再提供这部分程序代码。另外，对于对比得到的差异表达基因，本研究也使用了一个医学领域最常用的 IPA（Ingenuity pathways analysis system）软件进行了下游分析（功能注释、通路和网络），对生物信息有兴趣的读者可以尝试一下。

参考文献

[1] Expression Console™ Software Software 1.3 User Manual [M].

[2] GeneChip©Expression Analysis Data Analysis Fundamentals [M].

[3] Quality Assessment of Exon and Gene Arrays [M].

[4] Gao S, Xu S, Fang YP, Fang JW. Using multitask classification methods to investigate the kinase-specific phosphorylation sites[J]. Proteome Science, 2012,10.

[5] Bilban M, Buehler LK, Head S, Desoye G, Quaranta V. Normalizing DNA microarray data[J]. Curr Issues Mol Biol, 2002,4(2): 57-64.

[6] Loven J, Orlando DA, Sigova AA, Lin CY, Rahl PB, Burge CB, Levens DL, Lee TI, Young RA. Revisiting global gene expression analysis[J]. Cell, 2012,151(3): 476-482.

[7] Tusher VG, Tibshirani R, Chu G. Significance analysis of microarrays applied to the ionizing radiation response[J]. Proc Natl Acad Sci U S A, 2001,98(9): 5116-5121.

[8] Baldi P, Long AD. A Bayesian framework for the analysis of microarray expression data: regularized t-test and statistical inferences of gene changes[J]. Bioinformatics, 2001,17(6): 509-519.

[9] Smyth GK. Linear models and empirical bayes methods for assessing differential expression in microarray experiments[J]. Stat Appl Genet Mol Biol, 2004,3: Article3.

[10] Churchill GA. Using ANOVA to analyze microarray data[J]. Biotechniques, 2004,37(2): 173-177.

[11] Breitling R, Armengaud P, Amtmann A, Herzyk P. Rank products: a simple, yet powerful, new method to detect differentially regulated genes in replicated microarray experiments[J]. FEBS Lett, 2004,573(1-3): 83-92.

[12] Kooperberg C, Aragaki A, Strand AD, Olson JM. Significance testing for small microarray experiments[J]. Stat Med, 2005,24(15): 2281-2298.

[13] Smyth GK. limma: Linear Models for Microarray Data[M]//GENTLEMAN R, CAREY V, HUBER W, IRIZARRY R, DUDOIT S. Bioinformatics and Computational Biology Solutions Using R and Bioconductor; Springer New York. 2005: 397-420.

[14] Ashburner M, Ball CA, Blake JA, Botstein D, Butler H, Cherry JM, Davis AP, Dolinski K, Dwight SS, Eppig JT, Harris MA, Hill DP, Issel-Tarver L, Kasarskis A, Lewis S, Matese JC, Richardson JE, Ringwald M, Rubin GM, Sherlock G. Gene ontology: tool for the unification of biology. The Gene Ontology Consortium[J]. Nat Genet, 2000,25(1): 25-29.

[15] The Gene Ontology [M].

[16] Croft D, O'Kelly G, Wu G, Haw R, Gillespie M, Matthews L, Caudy M, Garapati P, Gopinath G, Jassal

B, Jupe S, Kalatskaya I, Mahajan S, May B, Ndegwa N, Schmidt E, Shamovsky V, Yung C, Birney E, Hermjakob H, D'Eustachio P, Stein L. Reactome: a database of reactions, pathways and biological processes[J]. Nucleic Acids Res, 2011,39(Database issue): D691-697.

[17] Kanehisa M. A database for post-genome analysis[J]. Trends Genet, 1997,13(9): 375-376.

[18] Reactome [M].

[19] KEGG [M].

[20] Caruana R. Multitask Learning[J]. Machine Learning, 1997,28(1): 41-75.

[21] Baxter J. A model of inductive bias learning[J]. J Artif Int Res, 2000,12(1): 149-198.

[22] Ben-David S, Schuller R. Exploiting Task Relatedness for Multiple Task Learning[M]//SCH LKOPF B, WARMUTH M. Learning Theory and Kernel Machines; Springer Berlin Heidelberg. 2003: 567-580.

[23] Evgeniou T, Micchelli CA, Pontil M. Learning multiple tasks with kernel methods: proceedings of the Journal of Machine Learning Research, 2005[C].

[24] Bakker B, Heskes T. Task clustering and gating for bayesian multitask learning[J]. The Journal of Machine Learning Research, 2003,4: 83-99.

[25] Lapedriza À, Masip D, Vitrià J. A hierarchical approach for multi-task logistic regression[M]. Pattern Recognition and Image Analysis; Springer. 2007: 258-265.

[26] Liao X, Carin L. Radial basis function network for multi-task learning: proceedings of the NIPS, 2005[C]. Citeseer.

[27] Kato T, Kashima H, Sugiyama M, Asai K. Multi-task learning via conic programming: proceedings of the Advances in Neural Information Processing Systems, 2007[C].

[28] Zhang J, Ghahramani Z, Yang Y. Learning multiple related tasks using latent independent component analysis: proceedings of the Advances in neural information processing systems, 2005[C].

[29] Gao S, Xu S, Fang Y, Fang J. Prediction of core cancer genes using multi-task classification framework[J]. J Theor Biol, 2013,317: 62-70.

第六章　Bioconductor 分析 RNA-seq 数据

本书 2.3 讲到了基因表达数据主要来自基因芯片和 RNA-seq，前者可以说是 Bioconductor 的起源，因此在第五章详细讲解；而 RNA-seq 是当前基因表达分析的热点技术，其发展迅速，大有取代基因芯片之势，因此在第六章详细讲解。由于 RNA-seq 涉及新的知识点较多，为了避免讲解空洞，本章用一个已发表的实际课题来贯穿整个章节，使读者更准确地掌握 RNA-seq 数据处理方面的知识。

本章学习之前，读者需要仔细阅读本书 2.2 和 2.3，并详细了解高通量测序和基因表达分析两部分内容。本章内容安排：6.1 首先介绍示例课题；6.2 介绍高通量测序基础知识；6.3 分析了 RNA-seq 技术的特点；6.4 是 RNA-seq 数据预处理，重点在质量控制；6.5 是 RNA-seq 数据分析，重点在基因表达差异的显著性分析。由于 Illumina 测序仪在第二代测序技术中的压倒性优势，本章乃至本书所有举例将集中于 Illumina 测序仪。

6.1　示例课题介绍

6.1.1　课题背景

菊花（学名 *Chrysanthemum morifolium*），多年生菊属菊科草本植物，是经长期人工选择培育的名贵观赏花卉，其品种达 3000 余种。菊花是一种多来源的，通过长期的定向人工选择（主要是取其观赏价值）的杂种混合体，其染色体是 4 倍体（2n=4×=36）或 6 倍体（2n=6×=54），菊花基因组估计有 9.6 Gb，但是目前还没有测序。研究表明，干旱是导致菊花减产的主要原因。徐彦杰和高山等[1]利用高通量转录组测序（RNA-seq），鉴定了一组菊花脱水胁迫下差异表达的基因，并结合基因本体论和代谢通路等分析，为进一步研究菊花的抗旱机制提供了线索。

6.1.2　数据集和处理过程

处理组和对照组两组样品各有三次生物学重复，一组样品经过脱水处理 3 小时，另外一组样品作为对照不经过任何处理。每个样品分别进行 100 bp 和 51 bp 单端链特异性（Strand-specific）测序。最后，处理组得到 100 bp 数据 3 个（T1、T2 和 T3）和 51 bp 数据 3 个（T1-1、T2-1 和 T3-1）；对照组得到 100 bp 数据 3 个（CK1、CK2 和 CK3）和 51 bp 数据 3 个（CK1-1、CK2-1 和 CK3-1）。51 bp 的数据与 100 bp 数据一一对应，可以看作同一个样品的两次技术重复。所有原始数据（Raw data）以 Fastq 格式文件提交到 NCBI SRA

（Sequence Read Archive）数据库，数据集编号 SRA091277，每个数据都有自己的 RUN 编号（表 6-1）。还可以登录网站（http://www.icugi.org/chrysanthemum）下载转录组数据和相关的分析结果。原始数据获取、数据清理、质量控制、转录组拼接、转录本定量、标准化和表达差异分析等过程将在下文分别详细介绍。

表 6-1 菊花转录组样品

样品名称	样品描述	RUN 编号	测序长度
T1	处理组（脱水处理 3 小时）	SRR921340	100 bp
T2	处理组（脱水处理 3 小时）	SRR921341	100 bp
T3	处理组（脱水处理 3 小时）	SRR921342	100 bp
T1-1	处理组（脱水处理 3 小时）	SRR921346	51 bp
T2-1	处理组（脱水处理 3 小时）	SRR921344	51 bp
T3-1	处理组（脱水处理 3 小时）	SRR921345	51 bp
CK1	对照组（不做任何处理）	SRR921321	100 bp
CK2	对照组（不做任何处理）	SRR921322	100 bp
CK3	对照组（不做任何处理）	SRR921324	100 bp
CK1-1	对照组（不做任何处理）	SRR921336	51 bp
CK2-1	对照组（不做任何处理）	SRR921337	51 bp
CK3-1	对照组（不做任何处理）	SRR921338	51 bp

6.2 高通量测序基础知识

6.2.1 高通量测序原理

本书 2.2 简单介绍了测序和第二代（高通量）测序，以及基于第二代测序而建立起来的基因组测序、RNA-seq 和 small RNA-seq 等应用。这些应用都由样品收集、文库制备和测序三个过程组成，不同之处在于样品收集和文库制备。图 6-1 是制备一个链特异性 RNA-seq 文库的基本步骤[2]。链特异性建库后再测序，简称链特异性测序，可以确定转录本来自 DNA 的哪条链，以便更加准确地获得基因的结构以及基因表达信息。而且还可以发现诸如重叠基因（Overlap gene）和反义基因（Antisense gene）等重要的生命现象。Levin 等[3]在比较分析当前主要的几类链特异性测序方法后，推荐了 dUTP 链特异性测序方法。图 6-1 中即是费章军等[2]提出的一种 dUTP 链特异性测序方法，它的特点是廉价高效，且经过了几百次以上试验的测试。

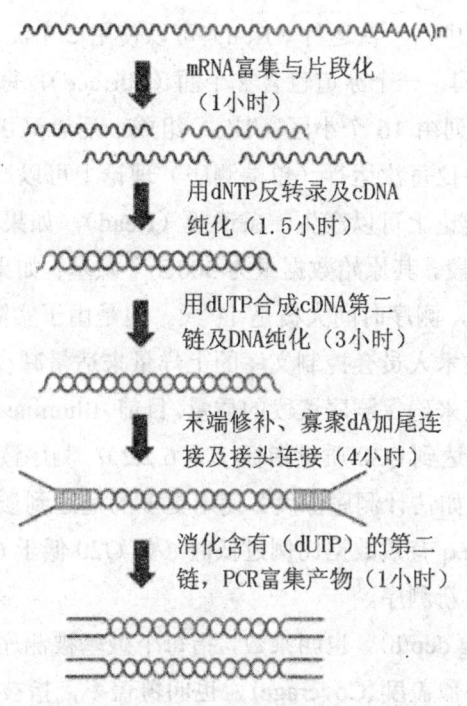

图6-1　RNA-seq文库制备过程（见彩图）

第二代测序仪（Illumina）要测的序列，无论是来自 DNA-seq 文库还是 RNA-seq 文库，自左向右依次分为 3 个区：5'接头（Adapter）区、目标序列区（见图 6-2 黄色区域）和 3' 接头（Adapter）区。对于多个样品在一个泳道（Lane）中同时测序的情况，可以使用多样品（Multiplex）技术，具体来说就是每个样品分配给一个不重复的条形码（Barcode），实际上是一个 6 到 8 位的 DNA 序列，测序后，用这个条形码可将不同样品分开。图 6-2 中，"S1" 序列是正向测序的引物，下一个残基对应正向测序得到的序列的第一个位置；"S2" 序列是反向测序的引物，下一个残基对应反向测序得到的序列的第一个位置。单端（Single end）测序指的是仅从 "S1" 开始测；双端（Paired end）测序指的是先从 "S1" 开始测，再从 "S2" 开始测；Barcode 是根据引物 "Sb" 独立测序得到的。理论上，由于制备的 RNA-seq 文库插入长度（Insert length）的峰值常常是 200 bp 或 300 bp，测序应该只得到文库中目标序列从 5'端开始的部分片段。但是文库中会有少量目标序列不到测序长度（如 100 bp），对于这些序列，测序可能会测到 3' 端接头序列，这就是所谓的接头污染。数据预处理时，如果发现接头序列过多，一般是 RNA-seq 文库插入长度没有控制好；如果出现大量全长的 3'接头，一般是接头过量，导致了大量接头自连（Self ligation）。

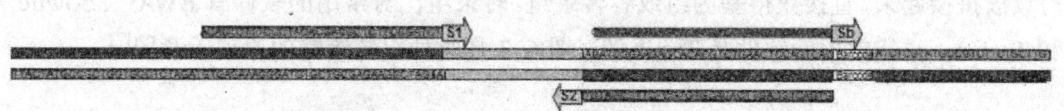

S1：正向测序引物；S2：反向测序引物；Sb：Barcode测序引物

图6-2　待测序列的结构（见彩图）

　　Illumine 2000 测序仪中，一次运行（Run）可以使用 2 个流动槽（Flow cell），每个流动槽包括 8 个泳道（Lane），一个泳道包含 2 个面（Surface），每个面还有 3 个条（Swath）也叫列（Column），每一列由 16 个小区（Tile）组成，后者又由大量 DNA 簇（Cluster）组成。Illumine 2000 测序仪每次运行（单端测序）理论上可以产生大约 3 000 000 000 个 DNA 簇，每个 DNA 簇理论上可以产生一条读段（Read），如果测序长度是 100 bp，一次运行就可以得到 3G 个读段，其原始数据量为 300G 个碱基；如果是双端测序，可以得到 2 倍的原始数据量（600G），测序时间大概是 11 天。但是由于实际测序过程中产生的 DNA 簇的分布不是均匀的，技术人员会控制文库的上样量来适量减少反应生成的 DNA 簇，以便得到清晰可辨的荧光点来确保测序读段的质量。目前，Illumine 2000 测序读长达到 100 bp 时，80% 以上的碱基可以达到 Q30 质量指标（见 6.2.2）；测序读长 50 bp 时，Q30 可以达到 85%。实际应用中（例如估计测序深度）使用更多的是达到质量标准的有效数据量，而不是原始数据量。RNA-seq 有效数据比例过低时（如 Q20 低于 60% 时），无法检测一些低丰度的转录本，要考虑重新测序。

　　测序深度（Sequencing depth），也叫乘数，指每个碱基被测序的平均次数，是用来衡量测序量的首要参数。测序覆盖度（Coverage），也叫覆盖率，指被测序到的碱基占全基因组大小的比率。假如用 Illumine 2000 测序仪完成一次人类基因组（3G 大小）单端测序，即可得到 300G 数据（假设全部是有效数据），估计的测序深度即为 100 倍(300G/3G)，常见表示为 100X。将所有读段比对到人类基因组，如果发现只有 2.7G 的碱基至少有 1 个读段覆盖到，其实际测序深度即为 111X(300G/2.7G)，测序覆盖度（Coverage）为 90%（2.7G/3G）。测序深度在某些文章中也称作 Coverage 或 Coverage depth，而覆盖度也可以称作 Coverage ratio，测序深度和覆盖度不是一个概念。

　　不同的测序目的要使用不同的测序策略。如 DNA 组装使用较多的是 2×100 bp 或更长的双端测序；RNA-seq 使用较多的是 100 bp 或更长的单端链特异性测序；small RNA-seq 多用 50 bp 单端测序。small RNA-seq 理论上可以和 RNA-seq 一起测，但是 Small RNA 比较短，PCR 扩增倍数多，占用了很多本该属于 mRNA 测序的资源，而它们本身又用不完 50 bp 以上的读长，会造成很大浪费。

　　从测序得到的读段组装成目标基因组或者转录组的基本策略是比对和拼接，前者是把读段定位到参考基因组或者转录组上，然后再拼接成连续序列；后者也叫做从头组装（De novo assembly），是在没有参考基因组或者转录组前提下，根据读段之间的重叠区，把所有读段拼接起来，直接获得基因组或者转录组。转录组比对常用的软件有 BWA[4]、Bowtie[5] 和 Tophat；拼接常用的软件是 Trinity[6]。图 6-3 是两种组装策略的原理示意图[7]。

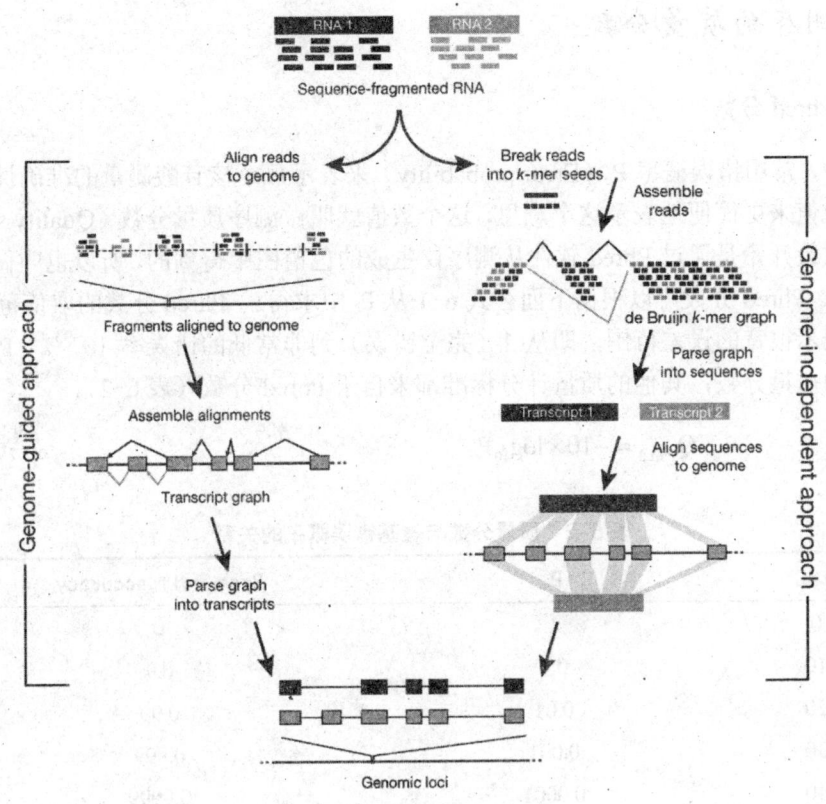

图6-3 转录组的比对和拼接

基因组和转录组从头组装的不同点在于：基因组组装希望尽量获得唯一或者较少的组装结果，即一致性序列（Consensus sequence）。一致性序列上并不是每个位点都只有一种碱基，它实际上只代表该位点出现频率最高的碱基，有两种以上碱基的位点叫做杂合位点。转录组组装要在获取一致性序列的同时尽量保持序列的多样性信息，过分地追求一致性会导致过拼接，即来自不同基因的相似序列（如同源基因）被误拼接到一起。基因组和转录组组装可以用一个非常重要的指标 N50 来评价，即将所有组装后的序列按照长度从大到小排列，累加值接近所有序列长度总和一半时的那个位置对应的序列长度。N50 越大，组装的结果越好，类似的指标还有 N90。

外显子组测序（Exome-seq）和转录组测序都可以对基因组上的蛋白质编码区域进行测序，但是两者还是有很多不同。①目标区域不同。外显子组测序只能检测基因组上的已知编码区（有注释的）而不能检测未知编码区或者非编码区；而转录组测序不仅能检测所有编码区，还能检测非编码 RNA 等其他信息。②样本处理手段不同。外显子组测序需要用 DNA 捕获技术来富集目标区域的序列；而转录组测序需要提取总 RNA 后富集 mRNA。③分析手段不同。外显子组测序只需将测序数据比对到基因组上；而转录组测序既可以进行比对，也可以进行从头拼接。④获得的信息不同。外显子组测序一般侧重获取序列的点突变或小片段变异信息；而转录组测序可以获取更大区域的变异信息，如 mRNA 的可变剪切等。

6.2.2　测序的质量分数

（1）Phred分数

测序中，常用错误概率 P_e（Error probability）来表示每个核苷酸测量的准确性，还可以赋予一个数值来更简便地表示这个意思，这个数值就叫做测序质量分数（Quality score）。由于这个分数最开始是通过 Phred 软件从测序仪生成的色谱图中得到的，所以也叫做 Phred 分数（Q_{Phred}）。Phred 分数可以根据下面公式 6-1 从 P_e 中求得。Phred 分数的取值范围是 0 到 93，可以表示很宽的误差范围，即从 1（完全错误）到非常低的错误率 10^{-93}。Phred 分数是最基本的质量分数，其他的质量计分标准都来自于 Phred 分数（表 6-2）。

$$Q_{Phred} = -10 \times \log_{10} P_e \qquad\qquad 公式 6-1$$

表 6-2　质量分数与碱基错误概率的关系

Q_{Phred}	P_e	Base call accuracy
0	1	0
10	0.1	0.9
20	0.01	0.99
30	0.001	0.999
40	0.0001	0.9999
50	0.00001	0.99999

（2）Sanger分数　(Phred+33)

由于 Phred 分数包括 2 位数字，还需要用空格分隔，既不方便阅读，又要占用大量存储空间，因此在实际文件中不采用 Phred 分数来表示数据的质量。为了在文件中方便地表示质量，常常将 Phred 分数加上 33，并用其 ASCII 码值对应的字符表示，这就是 Sanger 分数（Sanger score）。Sanger 分数从 33 到 126 对应 Phred 分数从 0 到 93，其 ASCII 码值对应的字符正好覆盖了可打印区，并跳过了空格（ASCII 码 32）。Sanger 分数常用于 FASTQ 格式的文件（见6.2.3）。

（3）Illumina/Solexa分数(Phred+64)

2004 年，Solexa 测序仪定义了自己的质量分数，并成为了另外一种 FASTQ 文件常用分数，它与 Phred 分数之间的转换关系见下面几个公式：

$$Q_{Solexa} = -10 \times \log_{10}(\frac{P_e}{1-P_e}) \qquad\qquad 公式 6-2$$

$$Q_{Solexa} = 10 \times \log_{10}(10^{Q_{Phred}/10} - 1) \qquad\qquad 公式 6-3$$

$$Q_{Phred} = 10 \times \log_{10}(10^{Q_{Solexa}/10} + 1) \qquad\qquad 公式 6-4$$

　　Solexa 分数的取值范围是-5 到 62，它在 FASTQ 文件中，需要加上 64，并转换为相应 ASCII 码值（59 到 126）对应的字符来表示质量 (表 6-3 中第 2 行)。2006 年，Illumina 公司收购 Solexa 公司后，继续沿用 Solexa 的标准。从 Genome Analyzer Pipeline version 1.3 之后，Illumina 采用新的标准(Illumina1.3+)，这个标准采用了 Phred 分数（取值范围是 0 到 62）加上 64 的质量分数，并转换为相应 ASCII 码值对应的字符来表示(表 6-3 中第 3 行)。Illumina1.5+标准将 Illumina 分数 2 以下，统一表示为字母 B，含义不再是具体分数，而是一个读段的末端，即这段区域质量很差，以至于不能用于任何分析。虽然各种质量分数系统都提供了非常大的取值范围，但是当前的技术水平决定了 Phred 分数的实际取值范围仍旧是 0 到 40，仅有 Illumina1.8+例外，它的分数范围是 0 到 41。

表 6-3　各种分数类型的取值范围

OBF name	Offset	取值范围	ASCII*	实际范围	ASCII#
Sanger	33	0~93	33–126	0~40	33–73
Solexa	64	−5~62	59–126	-5~40	59–104
Illumina1.3+	64	0~62	64–126	0~40	64–104
Illumina1.5+	64	0~62	64–126	3~40	67–104
Illumina1.8+	64	0~62	64–126	0~41	67–105

　　注：OBF name 表示 OBF 项目的命名；"取值范围"是指该系统可以表示的 Phred 分数的取值范围；"实际范围"表示实际的"取值范围"；"*"表示"取值范围"对应的 ASCII 码的值；"#"表示"实际范围"对应的 ASCII 码的值

　　Sanger 分数（Phred+33）和 Illumina 分数（Phred+64）是当前应用最为普遍的质量分数系统。这里介绍一个简单的方法从 FASTQ 文件中直接看出质量分数的种类：由于 Phred 分数范围是 0 到 40，对应 Sanger 分数（Phred+33）33 到 73，其 ASCII 码对应标点符号、数字和部分大写字母（图 6-4 中红色部分和紫色部分），因此 Sanger 分数中看不到小写字母，而且几乎不出现 H 以后的大写字母。同理，Illumina 分数（Phred+64）对应大写字母和部分小写字母（见图 6-4 中紫色部分和蓝色部分），因此 Illumina 分数中经常出现小写字母而且几乎不出现 h 以后的小写字母。图 6-4 紫色部分代表 Sanger 分数和 Illumina 分数都包含的字符。

　　以 Phred ＝20（即常见的 Q20 标准）情况为例，其 Sanger 分数（Phred+33）为 53，对应图 6-4 中数字 5；其 Illumina 分数（Phred+64）为 84，对应图 6-4 中字母 T。Bioconductor 中的 ShortRead 包提供了 SolexaQuality 和 PhredQuality 函数分别生成 Illumina 分数和 Sanger 分数（见例 6-1）。

例 6-1：

```
# 安装并加载所需 R 包
source('http://Bioconductor.org/biocLite.R');
biocLite("ShortRead") ;
library(ShortRead);
Q=20;
```

\# 计算 Q 的 Sanger 分数 (Phred+33)。

PhredQuality (as.integer(Q));

\# 计算 Q 的 Illumina 分数 (Phred+64)。

SolexaQuality(as.integer(Q));

ASCII值	控制字符	ASCII值	控制字符	ASCII值	控制字符	ASCII值	控制字符
0	NUT	32	(space)	64	@	96	`
1	SOH	33	!	65	A	97	a
2	STX	34	"	66	B	98	b
3	ETX	35	#	67	C	99	c
4	EOT	36	$	68	D	100	d
5	ENQ	37	%	69	E	101	e
6	ACK	38	&	70	F	102	f
7	BEL	39	'	71	G	103	g
8	BS	40	(	72	H	104	h
9	HT	41	)	73	I	105	i
10	LF	42	*	74	J	106	j
11	VT	43	+	75	K	107	k
12	FF	44	,	76	L	108	l
13	CR	45	-	77	M	109	m
14	SO	46	.	78	N	110	n
15	SI	47	/	79	O	111	o
16	DLE	48	0	80	P	112	p
17	DC1	49	1	81	Q	113	q
18	DC2	50	2	82	R	114	r
19	DC3	51	3	83	S	115	s
20	DC4	52	4	84	T	116	t
21	NAK	53	5	85	U	117	u
22	SYN	54	6	86	V	118	v
23	TB	55	7	87	W	119	w
24	CAN	56	8	88	X	120	x
25	EM	57	9	89	Y	121	y
26	SUB	58	:	90	Z	122	z
27	ESC	59	;	·91	[	123	{
28	FS	60	<	92	\	124		
29	GS	61	=	93	]	125	}
30	RS	62	>	94	^	126	~
31	US	63	?	95		127	DEL

图6-4　质量分数ASCII码取值范围（见彩图）

6.2.3　高通量测序文件格式

（1）FASTQ 格式

FASTQ 格式是序列文件中常见的一种。由于 FASTQ 格式最早应用于 Sanger 测序, 因此也称为 FASTQ-Sanger 文件格式[8], 它最早采用的是 Sanger 分数（Phred+33）。下面是一个标准的 FASTQ 格式文件（只有一个读段）的实例。

例 6-2:

@HWUSI-EAS100R:123:C0EPYACXX:6:73:941:1973#0/1
GATTTGGGGTTCAAAGCAGTATCGATCAAATAGTAAATCCATTTGTTCAACTCACA
GTTT
+ HWUSI-EAS100R:123:C0EPYACXX:6:73:941:1973#0/1
!"*((((***+))%%%++)(%%%%).1***-+*"))**55CCF>>>>>>CCCCCCC65

FASTQ 格式的文件一般都包括四部分：第一部分是由 "@" 开始, 后面跟着序列的描述信息（对于高通量数据, 这里是读段的名称）, 这点跟 FASTA 格式是一样的；第二部分是 DNA 序列；第三部分是由 "+" 开始, 后面或者是读段的名称, 或者为空；第四部分是 DNA 序列上每个碱基的质量分数, 每个质量分数对应一个 DNA 碱基（表 6-4）。

表 6-4　FASTQ 文件中读段的名称含义一

代码	代表意义
HWUSI-EAS100R	Illumina 测序仪编号
123	流动槽编号
C0EPYACXX	流动槽名称
6	代表流动槽中的第 6 个泳道
73	第 6 个流动槽中的第 73 个小区
941	对应的 DNA 簇在这个小区内的 x 轴坐标信息
1973	对应的 DNA 簇在这个小区内的 y 轴坐标信息
#0	混样测序时的样品编号, 0 表示没有混样
/1	如果是双端测序或者配对测序（Mate-Pair）, 表示哪一端

自 Illumina pipeline 1.4 后, 读段的名称中用条形码（barcode, 也称 index）序列 #NNNNNN 替换了#0, 以用户更方便使用这个信息。当 Casava 1.8（Illumina 提供的数据处理软件）出现后, 读段的名称发生了较大的格式变动, 并提供了更为丰富的信息。请看下面的一个例子：@EAS139:136:FC706VJ:2:2104:15343:197393 1:Y:18:ATCACG。

表 6-5 新增加的信息中, 过滤标志位（Filter flag）和内参标志位（Control bit）对数据的质量控制和处理提供了非常有价值的信息。通过用户指定数据过滤规则, 由数据处理软件（例如 CASAVA 1.8）对这个读段设定过滤标志位, 如果该数据需要过滤掉就是 Y, 否则是 N（表示需要保留这个读段）。如果该读段是内参（通常是 phiX 基因组）, 需要设定内参

标志位，它实际上是一个 16 位二进制数字，但是通常表示为十进制数，各二进制位的含义见表 6-6。

表 6-5　FASTQ 文件中读段的名称含义二

代码	代表意义
EAS139	Illumina 测序仪编号
136	运行的编号
FC706VJ	流动槽编号
2	泳道编号
2104	小区编号
15343	所在 DNA 簇在这个小区内的 x 轴坐标信息
197393	所在 DNA 簇在这个小区内的 y 轴坐标信息
1	如果是双端测序或者配对测序（Mate-Pair），表示哪一端
Y	过滤标志位
18	内参标志位
ATCACG	混样测序时的条形码序列

表 6-6　内参标志位的各字段含义

二进制位	代表意义
0	不用，置 0
1	是否是 phiX
2	是否匹配不确定碱基
3	是否匹配 phiX 标签
4	是否比对了 phiX 标签
5	是否匹配 phiX 的条形码序列
6	不用
7	不用
8~15	内参文件中匹配记录对应的键

Bioconductor 中的 ShortRead 包提供了 quality 函数可以自动识别 FASTQ 文件中的质量分数的种类。例 6-3 就是把例 6-2 中的质量分数一行字符全部转换为 Phred 分数，读者可以尝试分别用 SolexaQuality 和 PhredQuality 函数将其反转回 Illumina 分数和 Sanger 分数。

例 6-3：

```
# 加载所需 R 包（前面已经安装）。
library(ShortRead);
# 更换工作目录。
.setwd("C:\\workingdirectory");
```

```
# 读入 FASTQ 文件。
reads <- readFastq("6-2.fastq");
# 得到质量分数的类型。
score_sys = data.class(quality(reads));
# 得到质量分数。
qual <- quality(quality(reads));
# 质量分数转为 16 进制表示。
myqual_mat <- charToRaw(as.character(unlist(qual)));
# 如果是 Phred+64 分数表示系统。
if(score_sys=="SFastqQuality"){
# 显示分数系统类型。
cat("The quality score system is Phred+64" ,"\n");
# 输出原始分数值。
strtoi(myqual_mat, 16L)-64;
}
# 如果是 Phred+33 分数表示系统。
if(score_sys=="FastqQuality"){
# 显示分数系统类型。
cat("The quality score system is Phred+33" ,"\n");
# 输出原始分数值。
strtoi(myqual_mat, 16L)-33;
}
```

```
The quality score system is Phred+33
 [1]  0  6  6  9  7  7  7  7  9  9  9 10  8  8  4  4  4 10
[19] 10  8  7  4  4  4  4  8 13 16  9  9  9 12 10  9  6  6
[37]  8  8  9  9 20 20 34 34 37 29 29 29 29 29 29 34 34 34
[55] 34 34 34 34 21 20
```

（2）NCBI 中的 FASTQ 与 SRA 格式

　　NCBI 的 Sequence Read Archive（SRA）数据库，接受 FASTQ 格式的高通量数据上传，并将分数标准从开始的 Illumina 分数转化成了 Sanger 分数。而且，NCBI 的 FASTQ 格式与 FASTQ-Sanger 格式相比（例 6-4），在读段名称前面增加了数据在 SRA 库的编号和版本（如 SRR001666.1，1 是版本信息），后面增加了读段的长度（"length"）。SRA 数据库为了节省存储空间，将 FASTQ 文件压缩为二进制的 SRA 格式进行保存。用户如果下载 SRA 格式的数据，可以使用工具软件 fastq-dump 将数据从 SRA 格式转回 FASTQ 格式（见例 6-7）。

例 6-4：

@SRR001666.1 071112_SLXA-EAS1_s_7:5:1:817:345 length=36
GGGTGATGGCCGCTGCCGATGGCGTCAAATCCCACC
+SRR001666.1 071112_SLXA-EAS1_s_7:5:1:817:345 length=36
IIIIIIIIIIIIIIIIIIIIIIIIIIIIII9IG9IC

（3）QUAL 格式文件

Solid 测序仪产生分离的序列文件（CSFASTA 格式）和质量文件（QUAL 格式），两者必须成对出现。QUAL 文件采用 Phred 分数，而且行必须与 FASTA 文件中的行一一对应。CSFASTA 文件与 FASTA 格式看似相同，但实际上不同，Solid 不是用核苷酸残基（ATCG）表示序列数据，而是采用了颜色空间（Color space）的表示方法。Solid 的序列文件如果和质量文件合并，可以产生 CSFASTQ 格式的文件，也可以根据颜色编码（图 6-5A）转为真正的 FASTQ 格式的文件（图 6-5B）。

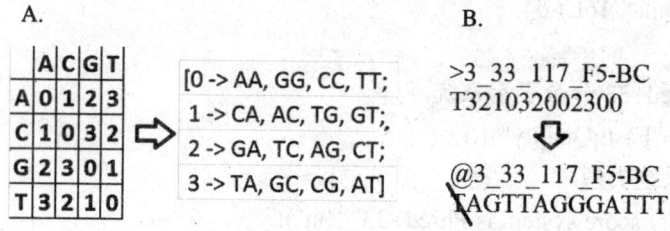

图6-5　Solid测序仪的测序编码方式

Solid 的结果文件转为标准 FASTQ 格式的文件需要注意两个问题：第一是第 1 个碱基由于来自测序引物，必须删除（图 6-5B）；第二就是由于 Solid 颜色空间的编码是前后依赖的，一旦错一个，会导致后面连续错误，一般都将参考基因组反转为颜色空间编码再进行比对等分析，而不主张将 Solid 的结果文件直接转换为 FASTQ 文件。

6.3　RNA-seq 技术的特点

6.3.1　RNA-seq 对芯片的优势

RNA-seq 检测基因表达主要在 7 个方面比基因芯片有优势（表 6-7）。首先，RNA-seq 不同于基因芯片，检测转录本不需要依赖已知基因组或转录组的参考序列（见 5.2.1）。RNA-seq 可以通过比对或者拼接的方法（见 6.5），分别检测有参考序列和无参考序列的转录组。基因芯片的最主要缺点，就在于它是一个"封闭系统"，只能检测已知的序列或有限的变异；而 RNA-Seq 的最大优势，就在于它是一个"开放系统"，能发现和寻找新的信息。

表 6-7　RNA-seq 的技术优势

	基因芯片	RNA-seq
参考序列	需要	不需要
动态范围	小	大
背景噪声	大	小
受降解影响	大	小
序列变异	无法检测	可以检测
转录组方向	不能确定	能确定
可重复性	一般	高

动态范围大，是 RNA-seq 技术的第二大优势，它最低可以检测（即灵敏度）到总 RNA 中千万分之一的表达量，只要足够的测序深度，最高表达量不受限制；而芯片由于非特异性杂交带来的噪声，不能检测低丰度表达的转录本，而且，超过一定丰度，检测会产生饱和现象。如 Affymetrix 芯片上最多检测 50 000 个拷贝，超过这个数值，检测信号也不会增大（图 6-6）。另外，芯片的非特异性杂交还带来的背景噪声还影响了检测准确度。

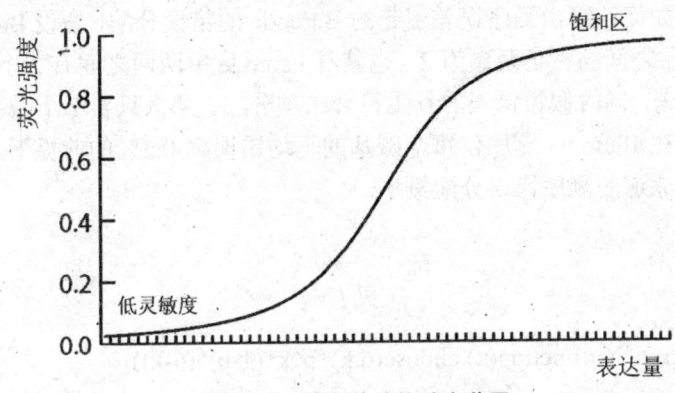

图 6-6　基因芯片的动态范围

RNA-seq 提供了更为丰富的序列信息，包括可变剪切、融合基因或 SNP 等大量序列变异信息，而且链特异性技术可以测定转录本来自于 DNA 哪条链。

从第五章 CLL 数据集可以看到，由于多种因素降低了芯片实验的可重复性，造成了同一类芯片样本之间的相似度大幅降低；而 RNA-seq 实验可重复性非常高，同类样本间的相关系数往往能够达到 0.9 以上（见 6.4.4）。

6.3.2　RNA-seq 存在的问题

RNA-seq 检测基因表达比基因芯片有如此多的优势，大有取代基因芯片之势，那么它是否就是一个完美的技术呢？回答是否定的。尽管 RNA-seq 相对于基因芯片技术的提高是显著的，甚至是革命性的，即使不考虑当前相对高的成本（这个随着应用范围增大会慢慢降低），而且 RNA-seq 依然存在着很多其他问题。

第一，RNA-seq 测序之前需要一个比较复杂的文库构建过程，这个过程中的每个步骤都会带来误差，甚至导致实验失败。如 cDNA 片段化、PCR 扩增等都会带来偏倚（Bias），最终导致有的片段被反复测了多次，有的没有测到。rRNA 去除不干净等因素也会带来大量污染（即非目标序列）。还有很多其他由实验带来的问题，如链特异性转录组建库中很容易导致第二链中的 dUTP 消化不全。

第二，RNA-seq 检测灵敏度和最大值是随测序深度变化的，深度不够，不能发现超低表达的转录本，需要在测序前预估转录组的大小。由于复杂的 RNA 编辑等原因，高等生物的转录组数量与其编码的基因数量没有固定的比例关系，因此预估可能会有较大误差。

第三，参考基因组或转录组不准确、测序误差、错误拼接或者比对带来的错误会大大影响各种变异或者可变剪切事件的识别。例如，使用 Trinity 拼接转录组时，有可能把同源基因或者同一家族的相似基因误拼在一起；当使用 Bowtie＋Tophat 软件比对高等生物的转录组时，其外显子一内含子边界的确定也是一个难题。因此，RNA-seq 发现多样性的能力就大打折扣。

第四，各种其他问题。如整个实验流程中有可能引进各种污染（见 6.4.1）；多样品混用同一个泳道时，Barcode 会出现错误分配，其原因很多[9]；原始数据的预处理，表达差异分析的数学模型等各方面都还不是很完善。

下面讨论一下如何计算由测序误差引起的 Barcode 的错误分配，假设 Barcode 的长度为 6 个碱基，每个样品之间的标记距离为 2（也就是 barcode 中两两之间有 2 个碱基不同），所有的 Barcode 都用满，同时假设错误的发生符合二项分布，那么只要 2 个碱基错误，就会发生一次错误分配，在 Illumina 测序仪每个碱基的平均错误率 0.5％ 的前提下，通过例 6-5，就可以计算出一个泳道的测序错误分配概率。

例 6-5：
```
p=0.0005
sum (sapply(2:6,FUN=function(k) choose(6,k)*p^k*(1-p)^(6-k)))
[1] 0.0003700281
```
也就是说，在一个泳道中，每百万读段就会有 370 个读段分配错误。例 6-5 还只是考虑了测序误差引起的 Barcode 错误分配，如果考虑其他的因素，例如 DNA 簇混合（Mixed clusters）和跳跃 PCR(Jumping PCR)引起的 Barcode 错误分配，这个数值还要高很多。Barcode 的错误分配对于大部分的转录组分析没有影响，但是对于一些高灵敏度的检测项目（例如癌症中常见的稀有突变检测），影响还是很大的。

6.4 RNA-seq 数据预处理

RNA-seq 数据预处理与基因芯片数据预处理一样（见 5.3），目的都是得到基因表达数据，这里的基因确切来说是转录本。但是，RNA-seq 数据预处理与芯片预处理也有很多不同，下面根据 RNA-seq 的处理流程逐一介绍。

6.4.1 质量控制

更详细的数据质量分析报告可以调用 ShortRead 包中的 qa 函数得到。另外一个常用的工具是 FastQC（http://www.bioinformatics.bbsrc.ac.uk/projects/fastqc/），读者可以尝试对比两种方法的结果。例 6-6 就是用 qa 函数生成质量分析报告的实例，示例数据来自 SRA 数据库的 RNA-seq 数据 SRR921344（表 6-1）。由于 RNA-seq 数据普遍较大，本例建议运行在 Linux 服务器（操作系统 Fedora）和 4G 内存的 Windows 系统上。运行 qa 函数之前，需要通过 SRAdb 包的 getFASTQfile 函数下载示例数据。

例 6-6：
```
# 安装并加载所需 R 包。
source('http://Bioconductor.org/biocLite.R');
biocLite("ShortRead") ;
biocLite("SRAdb");
biocLite("R.utils");
library(ShortRead);
library(SRAdb);
library(R.utils);
# 下载需要的数据文件。
getFASTQfile("SRR921344");
# 解压后，改名为"T2-1.fastq"。
gunzip ("SRR921344.fastq.gz", destname="T2-1.fastq");
# 需要分析的数据文件名称。
fastqfile="T2-1.fastq";
# 得到质量分析的结果。
qa <- qa(dirPath=".", pattern=fastqfile, type="fastq");
# 输出 html 格式的分析报告。
report(qa, dest="qcReport", type="html");
```

例 6-6 执行完毕，得到一个结果目录，名称是"qcReport"，主要包括质量分析的报告文件"index.html"和文件夹"image"，文件夹"image"包括所有的统计信息图示。报告文件"index.html"主要分为以下几个部分。

第一部分是报告汇总信息，告诉你此次质量分析都处理了哪些数据文件，每个文件原始读段有多少，过滤掉多少和比对上多少。例 6-6 中，只需要分析一个数据"T2-1.fastq"，这个数据共有 6 711 429 个读段，没有经过任何过滤或者比对（图 6-7A）。接下来就是读段质量分数分布图（图 6-7B），它横坐标是质量分数值，纵坐标是数据"T2-1.fastq"内总读段中的各种质量分数的比例含量。从图 6-7B 中可以看出，读段质量分数的峰值中心接近 40，而且总体上比较集中，说明测序质量还是非常高的。

下一个比较重要的信息是前 20 个高频出现的读段统计信息（图 6-8A），这些序列对于确定接头或者其他污染很重要，一般需要将这前 20 条序列对比到 NCBI NT 数据库查看是否来自某种污染（如大肠杆菌污染）。FastQC 软件带有一个文件包括了常用的 Illumina 接头序列，会把高频出现的序列比对到这些接头序列，并给予提示；Bioconductor 需要编程比对到 NCBI UniVec 数据库（http://www.ncbi.nlm.nih.gov/tools/vecscreen/univec/）来确定接头序列，读者可以自己尝试。再接下来就是四种碱基（ATCG）的逐点质量图（图 6-8B），该图横坐标是测序的循环数（Cycle），对应测序时 5'端开始的每个位点，纵坐标是所有该位点测量的碱基的质量分数平均值。另外，质量分析的报告文件"index.html"对所有的结果报告和图形都给出了对应的函数和参数注释（图 6-8A 中黑色框内部分），读者可以根据这些信息，自行改变参数，输出自己需要的信息。

A.

ShortRead Quality Assessment

Overview

This document provides a quality assessment of Genome Analyzer results. The assessment is meant to complement, rather than replace, quality assessment available from the Genome Analyzer and its documentation. The narrative interpretation is based on experience of the package maintainer. It is applicable to results from the 'Genome Analyzer' hardware single-end module, configured to scan 300 tiles per lane. The 'control' results refered to below are from analysis of PhiX-174 sequence provided by Illumina.

Run Summary

Subsequent sections of the report use the following to identify figures and other information.

```
          Key
T2-1.fastq   1
```

Read counts. Filtered and aligned read counts are reported relative to the total number of reads (clusters; if only filtered or aligned reads are available, total read count is reported). Consult Genome Analyzer documentation for official guidelines. From experience, very good runs of the Genome Analyzer 'control' lane result in 25-30 million reads, with up to 95% passing pre-defined filters.

```
ShortRead:::.ppnCount(qa[["readCounts"]])

    read    filter   aligned
1  6711429
```

B.

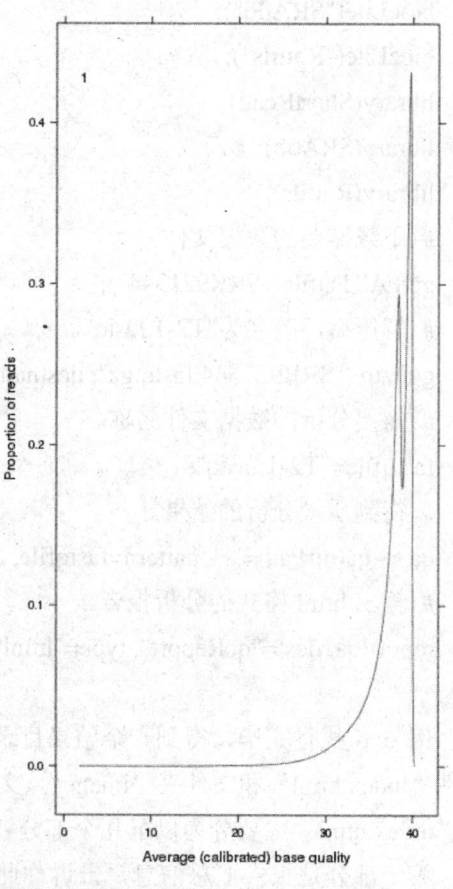

图 6-7　汇总信息和读段质量分数分布图

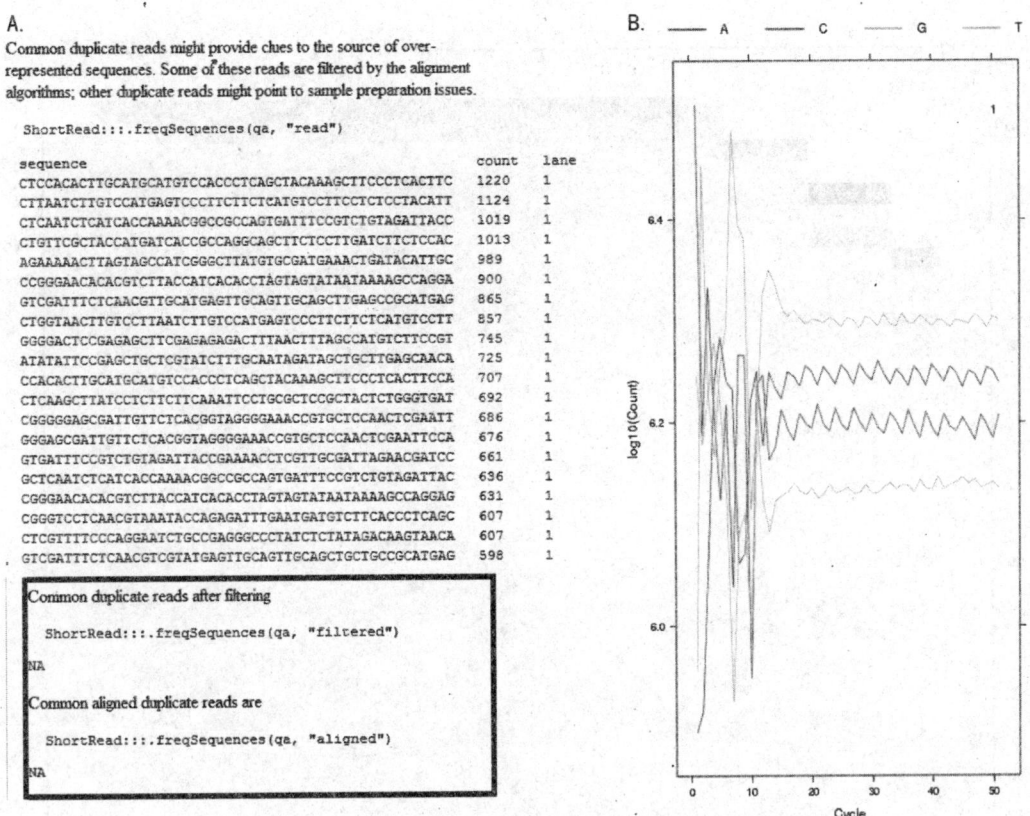

A.

Common duplicate reads might provide clues to the source of over-represented sequences. Some of these reads are filtered by the alignment algorithms; other duplicate reads might point to sample preparation issues.

```
ShortRead:::.freqSequences(qa, "read")
```

sequence	count	lane
CTCCACACTTGCATGCATGTCCACCCTCAGCTACAAAGCTTCCCTCACTTC	1220	1
CTTAATCTTGTCCATGAGTCCCTTCTTCTCATGTCCTTCCTCTCCTACATT	1124	1
CTCAATCTCATCACCAAAACGGCCGCCAGTGATTTCCGTCTGTAGATTACC	1019	1
CTGTTCGCTACCATGATCACCGCCAGGCAGCTTCTCCTTGATCGTTCTCCAC	1013	1
AGAAAAACTTAGTAGCCATCGGGCTTATGTGCGATGAAACTGATACATTGC	989	1
CCGGGAACACACGTCTTACCATCACACCTAGTAGTATAATAAAAGCCAGGA	900	1
GTCGATTTCTCAACGTTGCATGAGTTGCAGTTGCAGCTTGAGCCGCATGAG	865	1
CTGGTAACTTGTCCTTAATCTTGTCCATGAGTCCCTTCTTCTCATGTCCTT	857	1
GGGGACTCCGAGAGCTTCGAGAGAGACTTTAACTTTAGCCATGTCTTCCGT	745	1
ATATATTCCGAGCTGCTCGTATCTTTGCAATAGATAGCTGCTTGAGCAACA	725	1
CCACACTTGCATGCATGTCCACCCTCAGCTACAAAGCTTCCCTCACTTCCA	707	1
CTCAAGCTTATCCTCTTCTTCAAATTCCTGCGCTCCGCTACTCTGGGTGAT	692	1
CGGGGGAGCGATTGTTCTCACGGTAGGGGAAACCGTGCTCCAACTCGAATT	686	1
GGGAGCGATTGTTCTCACGGTAGGGGAAACCGTGCTCCAACTCGAATTCCA	676	1
GTGATTTCCGTCTGTAGATTACCGAAAACCTCGTTGCGATTAGAACGATCC	661	1
GCTCAATCTCATCACCAAAACGGCCGCCAGTGATTTCCGTCTGTAGATTAC	636	1
CGGGAACACACGTCTTACCATCACACCTAGTAGTATAATAAAAGCCAGGAG	631	1
CGGGTCCTCAACGTAAATACCAGAGATTTGAATGATGTCTTCACCCTCAGC	607	1
CTCGTTTTCCCAGGAATCTGCCGAGGGCCCTATCTCTATAGACAAGTAACA	607	1
GTCGATTTCTCAACGTCGTATGAGTTGCAGTTGCAGCTGCTGCCGCATGAG	598	1

Common duplicate reads after filtering

```
ShortRead:::.freqSequences(qa, "filtered")
```
NA

Common aligned duplicate reads are

```
ShortRead:::.freqSequences(qa, "aligned")
```
NA

图 6-8　高频读段信息和四种碱基逐点质量图（见彩图）

　　质量控制中最重要的一个图就是逐点质量图，它与四种碱基逐点质量图的区别在于不区分碱基种类，给出每个位点的测序质量分数的平均数（见图 6-9 绿色实线）、中位数（见图 6-9 橙色实线）和上下四分位线（见图 6-9 橙色虚线）。从图 6-9 中可以看出，Illumina 测序仪产生的读段的 5'端前几个位置和 3'端的后几个位置测序质量比较低，根据这个规律可以开发读段清理程序，去除两端的低质量区域（见 6.4.2）。

　　质量分析是下一代测序数据分析的第一步，其作用至关重要，通过质量控制，可以确定当前样品的数据是否应该保留进入下一步分析或者丢弃。对于通过质量控制的数据，还要进行读段清理，清理后的数据才是实际分析中使用的数据。这里需要注意的是，发表高通量测序方面的文章，要求向 SRA 数据库提交的应该是原始数据（Raw data），即未经清理的测序仪下机数据，经过测序仪随机软件（如 CASAVA）简单处理的，应该记录下软件版本和处理时设定的参数。

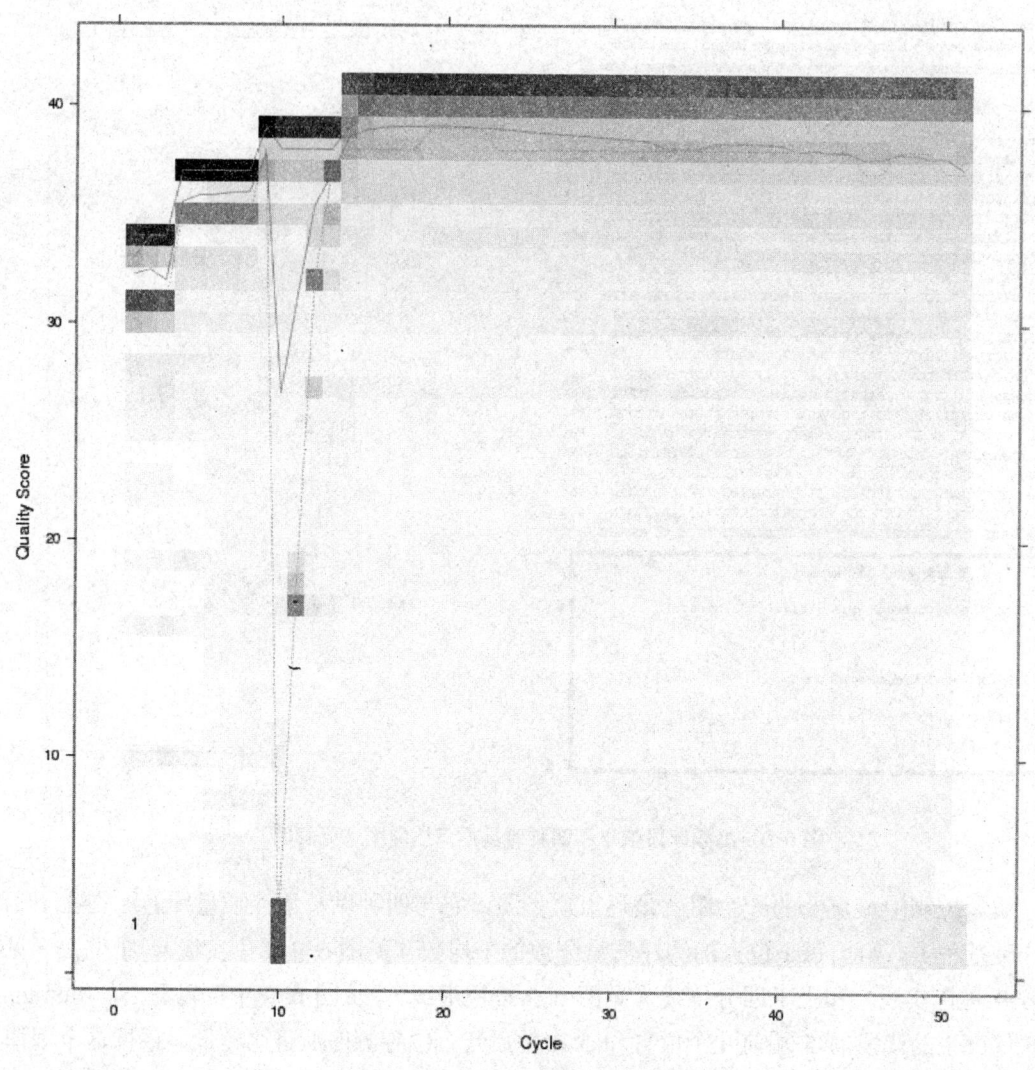

图 6-9   读段逐点质量图（见彩图）

6.4.2   读段清理

由于 RNA-seq 得到的是 Fastq 格式的序列文件（见 6.2.2），首先要对其中的所有读段进行数据清理，也称读段清理（Read cleaning），主要包括去掉读段中的多个 "N" 碱基（表示未知核苷酸），读段两端的低质量区域（质量分数小于 Q20），读段 3'端可能混入的接头序列，还有可能污染进来的 rRNA 和病毒序列。高山等开发了一个基于 Bioconductor 的一体化程序（未发表），可以通过简单操作实现上述全部功能。该软件应用在菊花转录组中[1]，得到如下读段清理结果（图 6-10）。

Sample	Raw_reads	Raw_len	Clean_reads	Clean_len	Removed_reads	Removed_nt	rRNA	Virus
T1	10,023,119	100	8891363	90.34	11.29%	19.86%	8,860,544	8,860,445
T2	5,961,530	100	5287312	90.31	11.31%	19.90%	5,270,081	5,270,009
T3	11,565,999	100	10260697	90.20	11.29%	19.98%	10,218,377	10,218,122
T1-1	11,241,208	51	9277082	47.25	17.47%	23.54%	9,236,585	9,235,860
T2-1	6,711,429	51	5539140	47.25	17.47%	23.54%	5,516,813	5,516,378
T3-1	13,347,995	51	11024879	47.25	17.40%	23.47%	10,968,524	10,967,536
CK1	9,895,473	100	8738818	89.97	11.69%	20.54%	8,705,012	8,704,849
CK2	10,764,969	100	9545885	90.12	11.32%	20.09%	9,516,028	9,515,764
CK3	11,003,841	100	9711817	89.84	11.74%	20.71%	9,685,917	9,685,618
CK1-1	11,447,384	51	9401219	47.24	17.87%	23.92%	9,357,095	9,356,448
CK2-1	12,367,882	51	10203604	47.25	17.50%	23.57%	10,164,356	10,163,595
CK3-1	12,851,113	51	10543333	47.25	17.96%	24.00%	10,509,066	10,508,238

图6-10　读段清理结果

以 100 bp 读段为例，读段清理的基本原理是，首先将所有低于 Q20 的核苷酸残基替换为 "N"；然后切除 5'端前 10 bp 中的和 3'端后 50 bp 中的 "N"；剩下的部分如果还有 2 个以上的 "N"，扔掉整条读段；去除 3'端可能混入的接头序列；再扔掉与 rRNA 和病毒相似的序列。从图 6-10 中，可以看到样品 "T1" 含有 10 023 119 条长度为 100 bp 的原始读段，读段清理后得到 8 891 363 条读段，平均长度为 90.34 bp，去除 rRNA 后得到 8 860 544 条读段，再去除病毒后得到 8 860 445 条读段。整个数据处理过程共去掉 11.29% 的读段，共去掉 19.86% 的核苷酸残基。

根据读段清理的结果中的简单质量信息，即可完成部分质量控制。例如 "Removed_reads" 表示有多少比例的读段被整体去除，"Removed_nt" 表示有多少比例核苷酸残基被去除，"rRNA" 表示去除 rRNA 后剩下的读段数量，"Virus" 表示去除病毒后剩下的读段数量。根据这些质量信息，可以简单判定实验的数据质量，如果某项污染去除的比例高于一定阈值，该样品建议作废，例如 "Removed_reads" 超过一定比例（40% 或更高）。因为，大量低质量数据去除不是均一的，会影响基因表达的分布，特别是在该样品测序深度不足够高的情况下，一些低表达基因的读段可能被完全去除。从图 6-10 中可以看到，几个重复样品的主要去除指标都远远低于 40%，而且数值非常接近，表明该实验数据集的质量是很高的。

读段清理的难点在于，需要去除的低质量和接头等残基在不同的读段上是不等长的，有的长有的短，需要通过模式匹配来准确删除，而模式匹配还需要考虑测序误差带来的错配等因素。如果用 fastx_toolkit（http://hannonlab.cshl.edu/fastx_toolkit/）等工具简单删除 3'端几个固定残基，就会残留部分接头，Bioconductor 没有提供查看 3'端接头序列的方法，只能调用 FastQC 软件完成（见例 6-7）。这个读段清理程序的最大优点是，充分利用了 Illumina 的序列特征，例如 5'端前几个残基和 3'端一定数量残基质量低于阈值。它非常精确地去除低质量残基、接头、rRNA 和病毒等污染，最大限度保留了高质量数据。现有的其他程序对读段的处理都很粗糙，存在很多问题，例如有的程序根据固定长度切掉 3'端的几个残基当作接头，还有的程序通过平均数方法去掉质量比较低的整条读段。读段清理对于后续的拼接和比对非常重要，我们的研究表明，好的读段清理可以大大提高读段比对到基因组的百分比。由于这个读段清理程序需要较多编程技巧和更多二代测序的相关知识，这里不做详细讨论。另外，实际中遇到的各种污染情况非常复杂，除了这个读段清理程序考虑的接头、rRNA 和病毒等污染，还有可能有细菌、真菌等其他类型的污染。如果样本不是来自实验室的细胞系，例如野外的植物或动物，情况则更复杂。

例 6-7：
进入 linux 系统，下载高通量数据 SRR987316.sra。
wgetftp-trace.ncbi.nlm.nih.gov/sra/sra-instant/reads/ByRun/sra/SRR/SRR987/SRR987316/SRR987316.sra
将 SRA 格式的高通量数据转换为 FASTQ 格式。
./fastq-dump SRR987316.sra
调用 fastqc 软件（版本 0.10.1）输出质量控制报告。
fastqc SRR987316.fastq

例 6-7 中，SRR987316.sra（测序长度 36bp）是 small RNA-seq 数据，下载后用 fastq-dump 工具（版本 2.1.7）进行格式转换，再用 FastQC 输出质量控制报告，从子串图中可以明显地看到尾部高频率的 5bp 长的子串来自接头序列，再结合高频读段表即可确定 3'端接头序列（图 6-11）。从高频读段表的前 10 个读段中，还可以发现频率最高的第一个序列出现次数 1 449 872，占了这个样品读段总数的 16.79%，是很严重的 mRNA 污染，读者可以将此读段比对到 NCBI NT 数据库查看结果。这个结果还说明了由于 mRNA、rRNA 等多种污染，再结合测序错误，精确地拿到 3'端接头序列还是需要经验的。接下来的一个例子最高频率的读段出现了 2 996 052 次（16.88%），就是很严重的 rRNA 污染，

例 6-7 之所以用 small RNA-seq 数据来举例说明如何根据质量控制信息来确定接头序列，是因为 small RNA-seq 测序待测序序列普遍小于 25bp，几乎一半的序列是来自 3'端接头，如果不能精确地判定出 3'端接头，会严重影响后续分析，甚至导致错误的结论出现。特别是当前的很多公开数据，甚至测序公司提供的数据都不提供详细的 3'端接头信息，通过质量分析判断接头在实际工作中非常重要。例 6-7 的接头序列恰好在 26bp 位置有一个很明显的峰值，再结高频读段表，很快就可以加以确定。但是并不是说所有的 3'端接头都会在一个固定位置且有一个如此明显的峰值，读者可以用 FastQC 分析另外一个数据 SRR345550.sra（测序长度 49bp）并输出质量控制报告，它的第一个高频序列 "GCGCGGGACATGTGGCGTACGGAAGTCGTATGCCGTCTTCTGCTTG" 即由 rRNA 序列 "GCGCGGGACATGTGGCGTACGGAAG" 和 3'端接头 "TCGTATGCCGTCTTCTGCTTG" 两部分组成。读者可以自己尝试比对这段 rRNA 序列到 NCBI NT 数据库查看结果，并自行总结确定 3'端接头的出现规律。

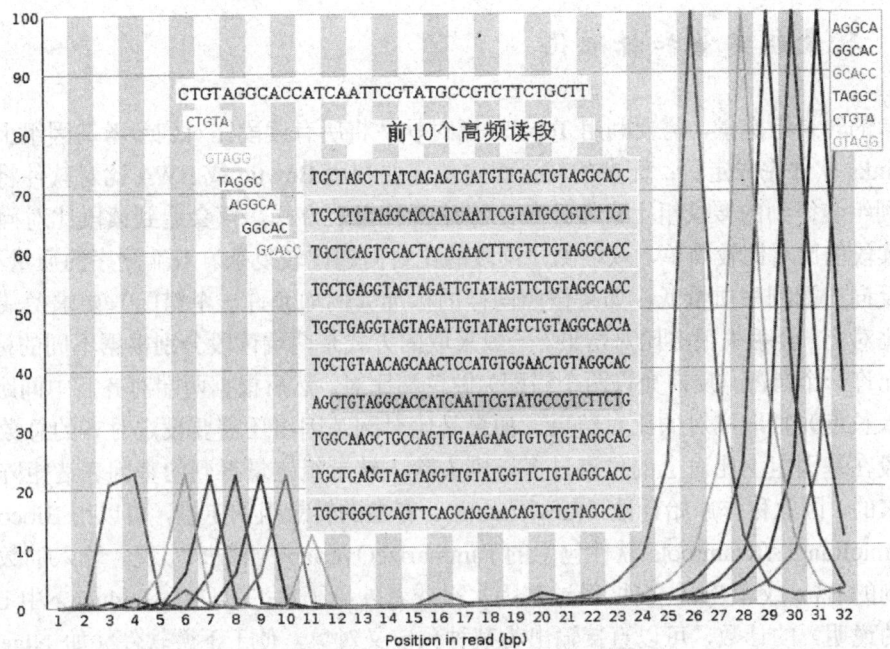

图 6-11　查看 3'端接头（见彩图）

6.4.3　转录组组装

转录组组装包括从头组装（如菊花转录组）和基于参考序列的组装（如人的转录组），其基本原理前面已经介绍。对于两种策略联合使用的先比对再组装和先组装再比对方法，由于缺少相应的软件及相关研究，这里不做进一步讨论。转录组组装一般使用 C 或 Java 等程序语言开发的软件实现，R 和 Bioconductor 没有对应的包。

从头组装最常用的软件是 Trinity，其优点是：不依赖于参考序列；能较好地重建变异的、可变剪切的或者来自染色体重组的转录本。从头组装的缺点有：需要较大内存资源；需要较高深度的测序（至少 60X 以上）；对测序错误敏感，如果用 K 子串（Kmer）法去除错误（如 Trinity），会去除低丰度的转录本；高相似度的转录本（如同源基因）可能会被误拼到一起。基于参考序列的组装常使用 TopHat（实际上是通过两次调用 Bowtie 来完成比对）和 Cufflinks（主要用于转录本识别、定量、标准化及差异分析）两种软件的组合来完成。其优点是：内存需求小；污染影响小，因为污染读段不能比对到参考序列；灵敏度高，所需测序深度低（最低可以到 10X，建议使用 20X），能检测低丰度的转录本；组装的转录本序列更完整；可以增加参考基因组中的转录本注释。基于参考序列的组装的缺点：严重依赖参考序列及其注释信息；比对带来的错误的影响；不容易组装 Trans-spliced genes，而这些基因对于某些癌症研究十分关键。

本章中的菊花基因组使用 Trinity 软件从头组装得到 111 641 个 Contig，为了去除拼接软件存在的欠拼接问题，使用本实验开发的 iassembler 软件（bioinfo.bti.cornell.edu/tool/iAssembler）进行二次拼接，最终得到 98 180 个 Unigenes。

6.4.4　转录组定量和标准化

有参的转录组定量，需要利用 TopHat 比对软件将所有读段比对到参考基因组上，然后由 Cufflinks 软件完成定量；无参的转录组定量需要利用 Bowtie 或 BWA 比对软件将所有读段比对到组装得到的转录组上直接计数。无论哪种组装方式，都会遇到读段比对问题，单端测序读段的比对比较简单，双端测序读段的比对问题比较复杂。双端测序的质量不一致，往往是反向一端测序质量低，如果按照同样的标准（例如允许一个错配）要求两端测序的读段都比对上，会丢失很多比对结果。一般采取的方式是两端读段分别根据不同的标准（例如正向允许一个错配，反向允许两个错配）做单端比对，然后根据两端对齐后中间距离（即文库插入长度）抽取成对的比对结果。如果是比对到基因组还需要设定对齐的总数，即同一对读段在基因组上比对上的位点过多，则去除。转录组定量得到的基因表达矩阵是简单计数得来的，因此称作原始计数（Raw counts）。有参的转录组的定量，可以用 Bioconductor 的 GenomicRanges/Rsamtools 软件包中的 summarizeOverlaps 函数来实现。输入的数据为比对后得到的 Bam 或者 Sam 文件，经过基因水平或者外显子水平（见 Bioconductor 中 DEXSeq 软件包的说明）的计数，可以直接输出为某种预定义对象，便于下游软件（如 edgeR 包和 DESeq 包）继续处理。例 6-8 调用了 summarizeOverlaps 函数从 Bam 文件中获取原始计数，并输出为 edgeR 包和 DESeq 包中的数据对象。

例 6-8：

```
# 安装并加载所需 R 包。
source('http://Bioconductor.org/biocLite.R');
biocLite("Rsamtools ");
biocLite("DESeq");
biocLite("edgeR");
library(Rsamtools);
library(DESeq);
library(edgeR);
# 示例数据来自 GenomicRanges 包中的文件 extdata。
fls <- list.files(system.file("extdata",package="GenomicRanges"),
    recursive=TRUE, pattern="*bam$", full=TRUE);
bfl <- BamFileList(fls, index=character());
features <- GRanges(
    seqnames = c(rep("chr2L", 4), rep("chr2R", 5), rep("chr3L", 2)),
    ranges = IRanges(c(1000, 3000, 4000, 7000, 2000, 3000, 3600, 4000,
        7500, 5000, 5400), width=c(rep(500, 3), 600, 900, 500, 300, 900,
        300, 500, 500)), "-",
    group_id=c(rep("A", 4), rep("B", 5), rep("C", 2)));
```

```
olap <- summarizeOverlaps(features, bfl) ;
deseq <- newCountDataSet(assays(olap)$counts, rownames(colData(olap))) ;
edger <- DGEList(assays(olap)$counts, group=rownames(colData(olap))) ;
```

　　类似基因芯片，RNA-seq 定量后的数据需要标准化，使所有样品具有可比性。最常见的一个指标是 RPKM(Reads Per Kilo bases per Million reads)，即每百万读段中来自某一基因每千碱基长度的读段数目。具体计算时使用比对到某个基因的读段个数除以比对到基因组或者转录组的所有读段的个数（以百万为单位），再除以基因或者转录本的长度(以 KB 为单位)。实际应用中，基因表达差异分析的常用软件 edgeR 和 DESeq 都自带了数据标准化功能，可以直接处理用原始计数表示的基因表达矩阵，RPKM 表示的基因表达矩阵的使用主要是为了方便用户直接观察数据（见例 6-9）。

　　例 6-9：

```
setwd("C:/workingdirectory");
# 导入数据，第 1 列是基因名称用作 row.name，最后一列是基因长度，第 1 行是 sample 名称。
raw.data <- read.table("raw_counts.table",row.names=1);
# 去除第 1 列长度信息，只保留样本的基因表达值。
counts <- raw.data[, 2:dim(raw.data)[2]];
# 取出第 1 列长度信息。
length<-raw.data[, 1];
# 读取 lib_size，即每个样品可以对齐到转录组的读段总数。
lib_size <- read.table("lib_size.txt");
lib_size <- unlist(lib_size);
# 计算 RPKM 值。
rpkm <- t(t(counts/length)*10^9/lib_size);
# 输出为表的格式。
write.table(rpkm,file = "rpkm.table",sep = "\t");
# 计算相关系数。
cor_table = cor(rpkm);
# 输出为表的格式。
write.table(cor_table,file = "correlations.table",sep = "\t");
```

6.4.5　线性相关系数

　　在基因芯片研究中，一类很重要的质量控制指标就是利用芯片之间的相互关系来简单判别实验结果的好坏，这类指标包括聚类分析、主成分分析和相关系数矩阵（见 5.3.2）。本章 6.3.1 提到了 RNA-seq 实验可重复性非常高，同类样本间的相关系数往往能够达到 0.9 以上。因此用相关系数来对全部样品进行分析，是质量控制中非常关键的一步。计算相关系数矩阵，可以使用标准化之前的 Raw count 数据，也可以使用标准化之后的数据（例如 RPKM）。菊花转录组使用了 RPKM 数据计算相关系数（见例 6-9），从图 6-12 中，可以看到处理组（T）6 个样品之间相关系数都在 0.96 之上（图 6-12 左侧大黑框内），对照组（CK）6 个样品之间相关系数都在 0.99 之上（图 6-12 右侧大黑框内），而组间相关系数普遍小于 0.6，说明了实验结果非常可靠。

	T1	T2	T3	T1-1	T2-1	T3-1	CK1	CK2	CK3	CK1-1	CK2-1	CK3-1
T1	1	0.98	0.97	0.98	0.96	0.96	0.54	0.58	0.57	0.55	0.58	0.58
T2	0.98	1	0.99	0.98	0.99	0.98	0.57	0.59	0.59	0.58	0.6	0.6
T3	0.97	0.99	1	0.97	0.98	0.99	0.58	0.61	0.61	0.59	0.62	0.62
T1-1	0.98	0.98	0.97	1	0.99	0.98	0.5	0.53	0.52	0.51	0.54	0.54
T2-1	0.96	0.99	0.98	0.99	1	0.99	0.53	0.55	0.55	0.54	0.56	0.56
T3-1	0.96	0.98	0.99	0.98	0.99	1	0.55	0.57	0.57	0.56	0.58	0.59
CK1	0.54	0.57	0.58	0.5	0.53	0.55	1	1	1	1	0.99	0.99
CK2	0.58	0.59	0.61	0.53	0.55	0.57	1	1	1	0.99	1	1
CK3	0.57	0.59	0.61	0.52	0.55	0.57	1	1	1	0.99	0.99	1
CK1-1	0.55	0.58	0.59	0.51	0.54	0.56	1	0.99	0.99	1	1	0.99
CK2-1	0.58	0.6	0.62	0.54	0.56	0.58	0.99	1	0.99	1	1	1
CK3-1	0.58	0.6	0.62	0.54	0.56	0.59	0.99	1	1	0.99	1	1

图6-12　菊花转录组相关系数矩阵

6.5　RNA-seq 数据分析

总体上，RNA-seq 数据分析和基于表达谱芯片的数据分析非常相似，特别是在基因表达差异的显著性分析这方面，流程基本相同，不同的地方只在确定差异表达基因方面。因此，RNA-seq 表达差异分析这部分只需要讲解如何利用 Bioconductor 软件包来确定差异表达基因，后续的 GO 或者通路分析完全可以参考第五章的基因芯片部分内容。

6.5.1　基因表达差异的显著性分析

数据标准化属于 RNA-seq 预处理范围，但是由于很多数据处理软件都自带了标准化的算法和函数，这里需要再介绍一下。RPKM 使用了每个样本中可以比对到转录组的总读段数和转录本长度来标准化每个转录本的读段计数。由于表达差异分析只对比不同样本之间的同一个转录本，这就不需要考虑转录本长度，而只考虑总读段数。一个最简单的思想就是，样本测序得到的总读段数（实际上是可以比对到转录组的总读段数）越多，则每个基因分配到的读段越多。因此最简单的标准化因子就是总读段数，用总读段数作标准化的前提是大部分基因的表达是非显著变化的，这与基因芯片中的基本假设相同。但是实际工作中发现很多情况下总读段数主要是一小部分大量表达的基因贡献的，如果这小部分基因是差异表达的，而不是稳定不变的，就会极大地影响整体结果。Bullard 等（2010）在比较了几种标准化方法的基础上发现在每个泳道内使用非零计数分布的上四分位数（Q75%）作为标准化因子是一种更稳健的选择，总体表现是所研究方法中最优的。Bioconductor 的 edgeR 包和 DESeq 包分别提供了上四分位数和中位数来作为标准化因子，就是出自这个思想。edgeR 提供了三种标准化算法分别是 M 值加权截断均值法（Weighted trimmed mean of M-values，TMM），相对对数表达值法（Relative log expression，RLE）和上四分位法（Upperquartile），其中 TMM 是默认设定。这些标准化方法大同小异，其基本思想就是去除表达值较大的少数基因的影响，而保留大部分没有显著变化的基因。

　　由于基因芯片检测杂交的荧光强度信号是连续值，往往假设它符合正态分布（见 5.4.1）；而对于 RNA-seq 测量的离散值，最简单的假设就是二项分布。由于 RNA-seq 读段数量非常大，而且一条读段映射到一个给定基因的概率足够小，在实际计算中，二项分布常用它的极限形式泊松（Poisson）分布来代替。泊松分布的一个性质是其方差等于均值，但是当有生物学重复时，RNA-seq 数据会表现出比泊松分布期望的更高的变异性，对相当多的基因来说方差可能超过均值，这种现象叫做过离散。对过离散数据，基于泊松分布假设的分析容易因低估不同生物学重复带来的取样误差而得到过多的假阳性的差异表达基因。为了允许额外的变异，一个自然的想法就是给均值加上一个散度参数，以使方差可以大于均值。于是作为泊松分布的推广，又引入了负二项分布（negative binomial　distribution，NB）来作为基本假设，负二项分布是当前基因表达差异的显著性分析中的最常用假设。基于负二项分布假设，Bioconductor 提供了两个软件包 edgeR、DESeq 来进行基因表达差异的显著性分析，它们是当前此领域最主要的分析程序。在 edgeR 中，对于任一样品 i 中的任一个基因 g，假设它的分布符合负二项式分布（见公式 6-5）。

$$Y_{gi} = NB\left(M_i p_{gj}, \phi_g\right) \qquad\qquad 公式 6-5$$

　　其中 M_i 是样品 i 中的读段总数（实际中是可以比对上的读段总数）；ϕ_g 就是基因 g 的散度；p_{gi} 是基因 g 在某个实验条件 j 下或分组 j 中的相对丰度。第 g 个基因在某个实验条件 j 下或分组 j 中，NB 分布的均值为 $\mu_{gi}=p_{gj}M_i$，方差为 $\mu_{gj}(1+\mu_{gj}\phi_g)$，对于表达差异分析，需要估计的是散度 ϕ_g。当 ϕ_g 趋近于 0 的时，负二项式分布退化为泊松分布，这时方差退化为第 1 项 μ_{gj}，一般认为来自技术重复，方差的第 2 项 $\mu^2_{gi}\phi_g$ 来自生物学重复。

　　由于 RNA-seq 数据分析往往只有很小的样本量（例如 3 个处理加 3 个对照），为每个基因估计一个散度非常困难。如果假定所有的基因散度相同，就可以估计一个公共散度。这个公共散度就可以使用所有基因表达的数据来估计，能够大大提高估计的精度。更好的策略是允许不同的基因有不同的个体散度，而这些个体散度的估计可以用一些合适的统计方法借助基因间的信息来改进。软件包 edgeR、DESeq 都有各自的散度估计方法，相对于 edgeR，DESeq 默认设置采取了最保守的估计策略，即选取每个基因的经验散度和拟合得到的散度趋势线取值中最大的作为最终的散度估计值，因此 DESeq 往往选出更少的差异表达基因（转录本）。DESeq 由于可以利用同一个样本基因间的数据估计散度，而不一定需要重复样本来计算，因此可以直接用于无重复实验（例如 1 个处理加 1 个对照）的表达差异分析。前期研究表明，软件包 edgeR、DESeq 总体上表现差不多，没有哪个更优越。在菊花转录组研究中，考虑到 DESeq 包代码更简洁，因而使用该包来确定差异表达基因（见例 6-10，注意需要与例 6-9 一起运行）。

例 6-10:

```
# 安装并加载所需 R 包。
source('http://Bioconductor.org/biocLite.R');
biocLite("DESeq");
library(DESeq);
# 只用 100bp 的样品进行计算,51bp 的样品不选。
counts <- cbind(counts[, 1:3],counts[, 7:9]);
# 设置每个样品的实验条件,3 个处理,3 个对照。
conditions=c(rep("T", 3),rep("CK", 3));
# 创建 CountDataSet 对象(DESeq 包的核心数据结构)。
cds <- newCountDataSet(counts, conditions);
# 估计每个样本的 Size Factor,标准化,标准化后数据存于对象 cds。
cds <- estimateSizeFactors(cds);
# 显示每个样本的 Size Factor,这一步可以跳过去。
sizeFactors(cds);
# 散度估计。
cds <- estimateDispersions(cds, method = "per-condition", sharingMode="maximum");
# 显示散度,这一步可以跳过去。
dispTable(cds);
# 检验"T-CK"差异,结果存入对象 et。
et <- nbinomTest(cds, "T", "CK");
# 输出表达差异分析的结果。
write.table(et,file = "T-CK.table",sep = "\t");
# 查看对象 cds 的内容。
cds
CountDataSet (storageMode: environment)
assayData: 98180 features, 6 samples
  element names: counts
protocolData: none
phenoData
  sampleNames: T1 T2 ... CK3 (6 total)
  varLabels: sizeFactor condition
  varMetadata: labelDescription
featureData
  featureNames: UN00001 UN00002 ... UN98180 (98180 total)
  fvarLabels: disp_CK disp_T
  fvarMetadata: labelDescription
experimentData: use 'experimentData(object)'
Annotation:
```

例 6-10，是使用 DESeq 包分析 2 个条件下 3 次生物学重复的基因差异表达的完整程序代码。其中有三点需要特别注意：①CountDataSet 是 DESeq 的核心数据结构，它包括了从样本信息到所有基因表达值等各类重要信息；②散度估计函数 estimateDispersions 有 2 个重要参数需要设定；③如何读懂最后输出的结果文件。

散度估计函数是整个分析的核心，它有 2 个重要参数即 "method" 和 "sharingMode"，其设定对结果影响较大。"method" 提供了 4 种方式从基因表达数据中来估计每个基因（转录本）各自的经验散度："blind" 表示不区分条件，从所有条件下的所有的样品数据中估计一个统一的经验散度用于各个实验条件，这个方法特别适合无生物学重复的情况，一个极端的情况就是一个处理和一个对照（俗称 1 对 1）；"pooled" 只用有生物学重复条件下的样品数据来估计一个统一经验的散度用于各个实验条件，假如处理组和对照组是 3 对 1，就用 3 个处理组的数据来估计散度；"pooled-CR" 使用了瑞德考克斯调整的轮廓似然（Cox-Reid adjusted profile likelihood，CR-APL）最大化方法来估计经验散度；"per-condition" 是真正有生物学重复的散度估计方法，它为每一个实验条件用其全部样品数据估计一个经验散度。"blind" 和 "per-condition" 是最常用的方法，前者处理无生物学重复的情况，后者处理有生物学重复（最低为 3 次）的情况。由于实验重复严重不足，散度估计的变异性要大于真实情况，一个简单的办法就是利用基因间的关系信息来拟合一条散度-均值平滑曲线，以尽量减少散度估计的变异性（图 6-13）。这样，每个基因就得到了 2 个散度估计值，一个是来自实际数据的经验散度（图 6-13 黑色圆点），另外一个是拟合曲线上的散度值（图 6-13 红色曲线）。因此，"sharingMode" 提供了 3 种方法来确定究竟最后用哪个散度："gene-est-only" 表示使用各自的经验散度；"fit-only" 表示使用拟合曲线上的值；"maximum" 表示取前 2 种散度之间的最大值，这是最保守的估计（默认设置），这就是为什么 DESeq 找到的差异表达基因相对较少的原因。菊花转录组在两个实验条件下各有 3 次生物学重复（简称 3 对 3），因此采用了 "per-condition" 来估计经验散度，而且最后选取了 "maximum" 方式来使用两种散度，即选取图 6-13 红色曲线以上部分。

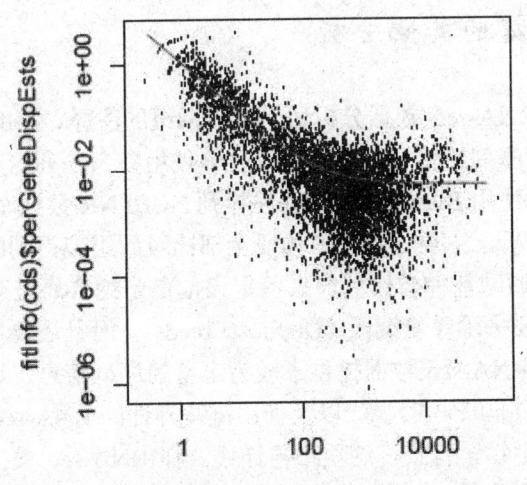

图6-13　拟合的散度-均值曲线

负二项分布检验函数 nbinomTest 检验两个条件下基因表达变化是否显著，最终的结果输出是一个包括 9 列数据的表格，列名比内容向左一位（图 6-14）。第 1 列是序列编号；第 2 列 "id" 是转录本名称；第 3 列 "baseMean" 是归一化后该转录本在所有样品中的表达均值；第 4 列 "baseMeanA" 是归一化后该转录本在第 1 个条件下的表达均值；第 5 列 "baseMeanB" 是归一化后该转录本在第 2 个条件下的表达均值；第 6 列 "foldChange" 是倍数变化，即 2 个条件下均值之比，来自第 5 列除以第 4 列；第 7 列 "log2FoldChange" 是以 2 为底的对数化的倍数变化；第 8 列 "pval" 是负二项分布检验得到的 P 值；第 9 列 "padj" 是调整后的 P 值。选取差异表达基因时，一般设定 "padj" 阈值为 0.05 或 0.01，阈值以上的转录本都可以看作差异表达基因。

id	baseMean	baseMeanA	baseMeanB	foldChange	log2FoldChange	pval	padj
1	UN00001	180.43947	201.234264	159.6446807	0.793327527	-0.33401	0.052238	0.160899
2	UN00002	32.723843	29.7532629	35.69442334	1.199680971	0.262651	0.484324	0.748378
3	UN00003	13.085351	10.1300592	16.04064331	1.583469841	0.663089	0.250736	0.503569
4	UN00004	7.0610443	4.42191556	9.70017297	2.193658573	1.133339	0.186554	0.413111
5	UN00005	18.897695	22.6230211	15.17236893	0.670660602	-0.57635	0.148967	0.353033
6	UN00006	245.55267	272.537664	218.567672	0.801972354	-0.31838	0.047285	0.148448
7	UN00007	225.69763	249.702075	201.6931756	0.807735279	-0.30805	0.057926	0.174511
8	UN00008	528.89322	476.367196	581.419248	1.22052747	0.287505	0.05309	0.163047
9	UN00009	223.94955	232.080139	215.8189603	0.929932916	-0.1048	0.470189	0.73545
10	UN00010	90.107168	82.7033048	97.51103029	1.179046358	0.23762	0.29273	0.557116
11	UN00011	17.352459	21.0500855	13.654833	0.648683019	-0.62441	0.142212	0.341776
12	UN00012	84.236801	78.5540999	89.91950131	1.144682473	0.194947	0.387058	0.659425
13	UN00013	84.214157	81.1373676	87.29094595	1.075841484	0.105466	0.673434	0.88505
14	UN00014	12.33301	14.6848309	9.981188627	0.679693805	-0.55704	0.269647	0.528122
15	UN00015	369.2085	449.410006	289.0069947	0.643080908	-0.63693	3.22E-05	0.000247

图6-14 菊花转录组差异表达分析结果

6.5.2 RNA-seq 数据的其他分析

除了差异表达分析，RNA-seq 数据分析还包括转录组的注释、SNP 或杂合位点分析和 RNA 编辑分析等。有参考序列的转录组注释可以直接使用参考序列的注释，没有参考序列（从头组装的）转录组一般使用 Blast2go 等软件注释到 NCBI NR 数据库上，这里不再详述。无参的 SNP 或杂合位点分析，主要是将所有读段全部比对到组装得到的转录组上，然后根据所有转录本每个位点上的碱基种类比例，来鉴定该位点是纯合还是杂合。这部分要注意的是计算碱基种类比例前要去除重复读段（Duplicate reads），而且还要考虑测序及比对错误等因素带来的影响。由于 RNA-seq 数据提供了较为丰富的序列信息，还可以进行多种其他分析，例如鉴定转录因子和非编码 RNA，以及使用链特异性的 RNA-seq 数据鉴定反义基因等。由于这些涉及更多的生物学背景，这里不再详述。在 RNA-seq 数据分析过程中，还有大量的统计和画图工作，这些都可以利用 R 和 Bioconductor 各类包编程解决。最后用一个统计转录组长度分布的小程序（例 6-11）结束本章内容。

例 6-11:

```
# 指定工作目录，该目录包括所有的数据文件。
setwd("C:/workingdirectory");
# 安装并加载所需 R 包。
library(ShortRead);
library(ggplot2);
# 指定转录组数据文件名称。
file="Trinity.fasta";
# 读入 fasta 文件。
seqs <- readFasta(file);
# 从网上下载程序源代码文件 contigStats.R。
source("http://faculty.ucr.edu/~tgirke/Documents/R_BioCond/My_R_Scripts/contigStats.R");
# 统计长度分布等信息。
N <- list(seqs=width(seqs)) ;
reflength <- sapply(N, sum) ;
contigStats(N=N, reflength=reflength, style="ggplot2");
stats <- contigStats(N=N, reflength=reflength, style="data");
# 显示统计结果。
stats[["Contig_Stats"]];
# 输出统计结果。
write.table(t(stats[["Contig_Stats"]]),file="unigenes.dis");
```

参考文献

[1] Xu Y, Gao S, Yang Y, Huang M, Cheng L, Wei Q, Fei Z, Gao J, Hong B. Transcriptome sequencing and whole genome expression profiling of chrysanthemum under dehydration stress[J]. BMC Genomics, 2013,14(1): 662.

[2] Zhong S, Joung JG, Zheng Y, Chen YR, Liu B, Shao Y, Xiang JZ, Fei Z, Giovannoni JJ. High-throughput illumina strand-specific RNA sequencing library preparation[J]. Cold Spring Harbor protocols, 2011,(8): 940-949.

[3] Levin JZ, Yassour M, Adiconis X, Nusbaum C, Thompson DA, Friedman N, Gnirke A, Regev A. Comprehensive comparative analysis of strand-specific RNA sequencing methods[J]. Nature Methods, 2010,7(9): 709-715.

[4] Li H, Durbin R. Fast and accurate short read alignment with Burrows-Wheeler transform[J]. Bioinformatics, 2009,25(14): 1754-1760.

[5] Langmead B, Trapnell C, Pop M, Salzberg SL. Ultrafast and memory-efficient alignment of short DNA sequences to the human genome[J]. Genome Biology, 2009,10(3).

[6] Friedman N, Grabherr MG, Haas BJ, Yassour M, Levin JZ, Thompson DA, Amit I, Adiconis X, Fan L,

Raychowdhury R, Zeng QD, Chen ZH, Mauceli E, Hacohen N, Gnirke A, Rhind N, di Palma F, Birren BW, Nusbaum C, Lindblad-Toh K, Regev A. Full-length transcriptome assembly from RNA-Seq data without a reference genome[J]. Nature Biotechnology, 2011,29(7): 644-U130.

[7] Garber M, Grabherr MG, Guttman M, Trapnell C. Computational methods for transcriptome annotation and quantification using RNA-seq[J]. Nature Methods, 2011,8(6): 469-477.

[8] Cock PJ, Fields CJ, Goto N, Heuer ML, Rice PM. The Sanger FASTQ file format for sequences with quality scores, and the Solexa/Illumina FASTQ variants[J]. Nucleic Acids Res, 2010,38(6): 1767-1771.

[9] Kircher M, Sawyer S, Meyer M. Double indexing overcomes inaccuracies in multiplex sequencing on the Illumina platform[J]. Nucleic Acids Res, 2012,40(1).

第七章 R 的高级语法与如何创建 R 包

7.1 R 的高级语法

7.1.1 数据类型及相互转换

R 语言数据类型有两种：基本数据类型和复合数据类型（图 7-1）

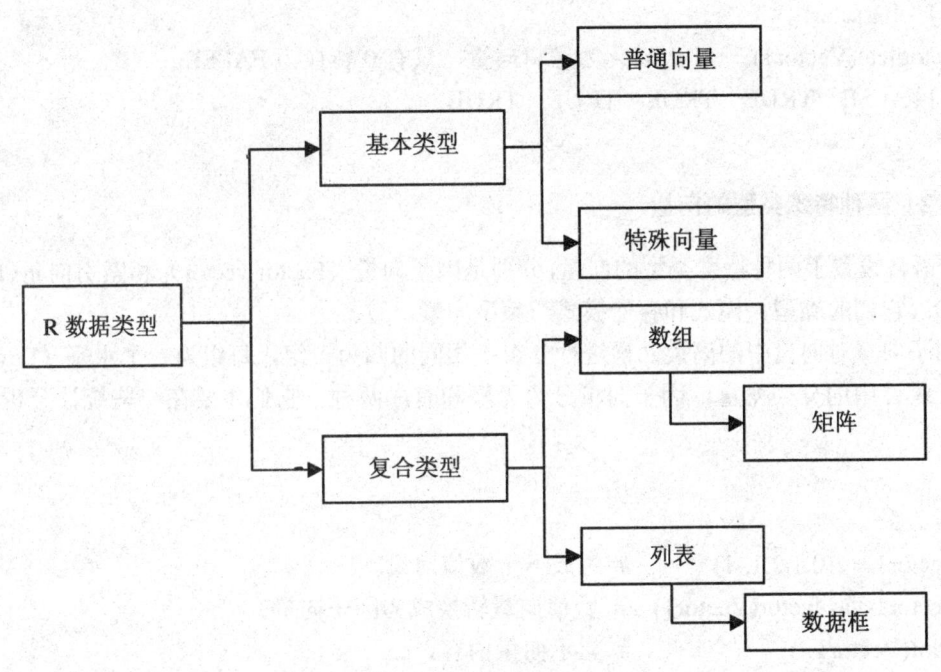

图7-1 R数据类型

R 编程很大的一部分工作就是各种变量类型的相互转换，以满足将要调用的函数的需要。R 函数只能接受指定数据类型的变量，否则函数不能执行，并报错。可以用 is.* 函数来判断数据是否属于某种类型，不同类型之间可以通过 as.* 函数转换，这里的"*"表示某种数据类型（见例 7-1）。

（1）**基本数据类型及相互转换**

基本数据类型包括普通和特殊向量，后者可以看作是前者的特例。向量是相同类型的元素组成的有序集合，这个"序"体现为可以通过下标索引来访问集合中的元素。普通向量根据其组成元素的不同，分为六种：整数型（Integer）、实数型（Double）、逻辑型（Logical）、字符型（Character）、复数型（Complex）以及原始型（Raw）。整数型和实数型统称为数值型（Numeric），R 的字符型向量的元素可以是字符或者字符串（见例 7-1）。

例 7-1：

```
Vector1 = c(0,1,2,1,-1)    # 生成一个数值向量。
Vector1                    # 查看向量内容。
[1]  0  1  2  1 -1
is.numeric(Vector1)        # 判断是否为数值向量。
[1] TRUE
as.character(Vector1)      # 转化为字符向量。
[1] "0"  "1"  "2"  "1"  "-1"
data.class(Vector1)        # 查看变量类型。
[1] "character"
as.logical(Vector1)        # 转化为逻辑向量，只有 0 转换为 FALSE。
[1] FALSE  TRUE  TRUE  TRUE  TRUE
```

（2）两种特殊类型的向量

R 语言设置了两种特殊类型的向量，分别是因子向量（Factor vector）和索引向量（Index vector），它们的类型、模式和存储模式与整型向量一致。

因子向量对向量中的离散元素进行分组：相同的归为一组，每组为一个水平（Level），相当于统计中的分类变量。因子向量分为无序和有序两种，它们主要在一些统计分析中起作用。

例 7-2：

```
Vector1 = c(0,1,2,1,-1)          # 生成一个数值向量。
Vector1<-as.factor(Vector1)      # 数值向量转换成为因子向量。
print(Vector1)                   # 显示向量内容。
[1] 0  1  2  1  -1                # 这个向量包括 5 个元素，属于 4 个水平。
Levels: -1 0 1 2
levels(Vector1)                  # 也可以只显示因子向量的水平。
[1] "-1" "0"  "1"   "2"
Vector1<-ordered(Vector1)        # 将因子向量转换成有序因子向量。
print(Vector1)
[1] 0  1  2  1  -1
Levels: -1 < 0 < 1 < 2           # 4 个水平从小到大排序。
```

索引向量（Index vector），也叫下标向量，它的主要作用就是数据选择。例如可以在向量名后面的方括号中加入索引向量以得到向量的子集。索引向量可以是正整数向量、负整数向量、逻辑向量和字符串向量。

例 7-3：

```
Vector1 = c(0,1,2,1,-1)  # 生成一个数值向量。
Vector1[2]  # 取出向量的第 2 个元素。
[1] 1
Vector1[2:4]  # 在索引号中间加冒号构成索引向量，以取出第 2 到第 4 个元素。
[1] 1 2 1
Vector1[-4]  # 负整数向量表示不要某个元素。
[1]  0  1  2 -1
Vector1[-(1:2)]    # 负整数向量表示不要前 2 个元素。
[1]  2 1 -1    # 只保留了后 3 个元素。
```

当用逻辑向量来作为索引向量时，可以实现复杂的数据选择功能。

例 7-4：

```
Vector2<-c (0, 1, 2, NA, 4, 5, -1)    # 生成一个数值向量 Vector2。
Vector2[Vector2>0]  # 索引使用逻辑向量，只取出大于 0 的元素。
 [1]  1  2 NA  4  5
Vector2[!is.na(Vector2)]    # 选取 Vector2 中不为"NA"的值。
[1]  0  1  2 4  5  -1
!is.na(Vector2)    # 显示作为索引向量的逻辑向量。
[1]  TRUE  TRUE  TRUE FALSE  TRUE  TRUE  TRUE
Vector2[(!is.na(Vector2)) & Vector2 >0]    # 同时满足两个条件的元素。
[1] 1 2 4 5
```

（3）复合数据类型

为了满足数据分析的需要，R 还提供了更为复杂的数据结构，即复合数据类型。它也是由向量组成，主要包括四种：数组（Array）、矩阵（Matrix）、列表（List）和数据框（Data.frame）。数组和矩阵的类型就是它们所包括向量的元素的类型；列表和数据框则都是列表类型。

数组（Array）是一种多维的向量，矩阵（Matrix）是特殊的数组。数组的维数则可以从 1 到 n(n>=2)，矩阵的维数固定为 2。在大部分情况下，两者没有差别，除了某些特殊情况，例如矩阵有矩阵运算，数组则没有。

例 7-5：

```
a = array(1:12,dim=c(3,4))
```

```
print(a)
     [,1] [,2] [,3] [,4]
[1,]   1    4    7   10
[2,]   2    5    8   11
[3,]   3    6    9   12
```

上例用一个有 12 项元素的向量构建了一个 3 行 4 列的数组。数组元素可以通过数组名及其后方括号中用逗号隔开的下标访问，下标数量等于数组的维度。

```
a[2,2]      # 提取 2 维数组 a 中的，第 2 行第 2 列元素。
[1] 5
```

也可以提取某一行或某一列中的一个或多个元素。例如要提取第 2 行第 1、2 列的元素：

```
a[2,1:2]
[1] 2 5
```

列表（List）：可以看作是 R 对象（元素）的集合，这些元素可以是数据也可以是函数（本书不涉及此种情况）。列表中含有的数据结构可以是任意类型（向量、数组、矩阵或列表等），并不要求维数相同，是最为灵活的数据结构。

数据框（Data.frame）：数据框是列表的特殊形式，与列表的区别有主要两点：它的元素不能包括函数；所包括的数据类型（向量、数组、矩阵或列表等）必须维数（列）相同。数据框是处理数据最常用也是最佳的方式，一般情况下，它的每一行是一个数据样本，每一列是一个特征（变量），与关系数据库中的表的概念类似。R 语言有很多函数可以很方便地直接处理这些"表"，最常见的创建数据框的方式是调用函数 read.table 读入外部数据，数据框中的字符向量将被强制转化为因子向量。数据框兼有矩阵和列表的性质，用 dim 函数可以得到数据框的行和列，而列表的 dim 是 NULL。下面根据一个内置的鸢尾花数据集 iris 来介绍数据框的一些特点。

例 7-6：
```
data(iris);
head(iris);
```

	Sepal.Length	Sepal.Width	Petal.Length	Petal.Width	Species
1	5.1	3.5	1.4	0.2	setosa
2	4.9	3.0	1.4	0.2	setosa
3	4.7	3.2	1.3	0.2	setosa
4	4.6	3.1	1.5	0.2	setosa
5	5.0	3.6	1.4	0.2	setosa
6	5.4	3.9	1.7	0.4	setosa

从例 7-6 结果中可以看到，iris 数据集中每行均表示一个花的样品，而各列则反映了花的各种特征："sepal.length" 和 "sepal.width" 分别表示萼片的长度和宽度；"petal.length" 和 "petal.width" 分别表示花瓣的长度和宽度；而 "species" 则表示花的种属。前四列为数值向量，最后一列为表示类别的因子向量。

7.1.2　向量运算

R 语言的基本运算是向量运算。向量化计算不但使代码更为简洁、高效和易于理解，而且更重要的是，由于向量运算避免使用循环，而大大提高了计算速度。与此相反，R 中的循环操作却是非常低效的。因此应该尽可能采用向量化运算，避免使用循环。

与 Matlab 的向量运算不同，R 的向量运算不需要参与运算的向量长度相同，如果长度不同，运算结果（向量）将与参与运算的最长向量取齐。运算中，较短的向量会根据它的长度被重复使用若干次(不一定是整数次)，直到与长度最长的向量相匹配。

例 7-7：

```
x<-c (0, 1, 2, NA, 4, 5, -1)      # 生成一个 7 个元素的数值向量。
x[1:10]          # 选择 x 的前 10 个元素，不足部分以 NA 补齐。
[1]  0  1  2 NA  4  5 -1 NA NA NA   # 结果向量的长度和索引向量完全一致。
x/2             # 分母与分子维数不同，较短的被重复使用。
[1]  0.0  0.5  1.0   NA  2.0  2.5 -0.5
```

R 还包含了许多高效的向量运算函数，这也是它不同于其他软件的一个显著特征。R 中的 apply 族函数专门负责向量化运算，它主要包括 apply、sapply、lappy 和 tapply 等函数，这些函数在不同的情况下能高效地完成复杂的数据处理任务，但角色定位又有所不同。

apply 函数的处理对象是矩阵或数组，它逐行或逐列地处理数据，其输出的结果是一个向量或矩阵。下面的例子即对 iris 数据集前 4 列按列求均值。要注意的是与其他函数不同，apply 函数并不能明显改善计算效率，因为它本身内置为循环运算。

```
apply(iris[,1:4], 2, mean)
```

Sepal.Length	Sepal.Width	Petal.Length	Petal.Width
5.843333	3.057333	3.758000	1.199333

lappy 的处理对象是向量、列表或其他对象，它将处理对象中的每个元素作为参数，输入到指定函数中处理，生成的结果的格式为列表。作为特殊的列表，数据框的列看作列表中的元素处理。下面的例子即对 iris 数据的前 4 列，按列算出中位数与标准差。

```
lapply(iris[,-5], FUN = function(x) list(median = median(x), sd = sd(x)))
$Sepal.Length
$Sepal.Length$median
[1] 5.8

$Sepal.Length$sd
[1] 0.8280661
```

```
$Sepal.Width
$Sepal.Width$median
[1] 3

$Sepal.Width$sd
[1] 0.4358663


$Petal.Length
$Petal.Length$median
[1] 4.35

$Petal.Length$sd
[1] 1.765298


$Petal.Width
$Petal.Width$median
[1] 1.3

$Petal.Width$sd
[1] 0.7622377
```

sapply 可能是使用最为频繁的向量化函数了，它与 lappy 非常相似，但其输出格式不是列表，而是矩阵，结果显示一目了然。

```
sapply(iris[,-5], FUN = function(x) list(median = median(x), sd = sd(x)))
```

	Sepal.Length	Sepal.Width	Petal.Length	Petal.Width
Median	5.8	3	4.35	1.3
sd	0.8280661	0.4358663	1.765298	0.7622377

tapply 的功能则又有不同，它是专门用来处理分组数据的，其参数要比 sapply 多一个，输出结果是数组格式。还是以 iris 数据集为例，全部数据可以根据"Species"列中的三种类型分组，分别计算三种花的萼片宽度的均值。下面代码还使用了 with 函数，目的是直接操作数据框中的列名。

```
with(iris, tapply(Sepal.Width, INDEX = Species, FUN = mean))
```

setosa	versicolor	virginica
3.428	2.770	2.974

与 tapply 功能非常相似的还有 aggregate 和 by 函数，前者的输出结果是数据框格式，后者是"by"格式。

```
with(iris,aggregate(Sepal.Width,by=list(Species),FUN=mean))
    Group.1        x
1   setosa        3.428
2   versicolor    2.770
3   virginica     2.974
```

```
with(iris,by(Sepal.Width,INDICES=list(Species),FUN=mean))
: setosa
[1] 3.428
---------------------------------------------
: versicolor
[1] 2.77
---------------------------------------------
: virginica
[1] 2.974
```

另外，还有一个非常有用的函数 replicate，它可以将某个函数重复运行 N 次。下面的例子可以用来生成较复杂的随机数在；建立一个函数；模拟扔两个骰子的点数之和；然后重复运行 10 000 次。

```
game <- function() {
    n <- sample(1:6, 2, replace = T)      # 模拟 2 个 6 面骰点数。
    return(sum(n))                        # 返回两个骰子点数之和。
                                        }
result <- replicate(n = 10000, game())    # 重复运行 10 000 次。
```

上面讲到的几种向量化函数可以满足绝大多数的应用，如果对数据操作有更复杂的要求，可以使用 reshape2 包和 plyr 包中的函数。

7.1.3　函数

本书 1.4.3 讲到，用户可以根据实际需求编写用户自定义函数，简称自定义函数。R 在编写函数时，与 C/C++等语言有很多习惯上的不同，如无需声明变量的类型，语句之间可以不用";"分割，直接使用返回值等。通过 1.4.3 中的 add.diff 函数的定义看一下这些不同。

```
add.diff <- function (x,y) {
    add <- x + y;    # 求和运算。
```

```
        diff <- x – y;      # 使用 ";" 更规范。
c(add,diff);                # 直接使用返回值，不用 return 函数。
}
```

函数内部的变量叫做函数的参数，又分为虚参与实参。虚参出现在函数定义中，在整个函数体内都可以使用，离开该函数则不能使用。实参则出现在主调函数中，进入被调函数后，实参变量也不能使用。虚参和实参的功能是做数据传递。发生函数调用时，主调函数把实参的值传送给被调函数的虚参，从而实现主调函数向被调函数的数据传送。函数的虚参完全是按值传递的，改变虚参的值不能改变对应实参的值。R 的函数调用非常灵活，下面是一个常见的调用格式。

```
add.diff(5,3)
[1] 8 2
```

可见，在有多个输入参数时，R 函数可以根据参数顺序来确定输入值，而不需要指定虚参的参数名。有些情况下，函数中的参数可以事先给一个缺省值。这样，函数在调用时，可以给出全部、部分或者不给出虚参的参数名。

```
add.diff <- function (x＝5, y＝3) {
    add <- x + y;       # 添加注释。
    diff <- x – y;      # 使用 ";" 更规范。
c(add,diff);               # 直接使用返回值，不用 return 函数。
}
add.diff()
[1] 8 2
add.diff(5, )
[1] 8 2
add.diff( ,3)
[1] 8 2
add.diff(x＝7, y＝3)
[1] 10   4
```

R 也可以从文件中调用已定义的函数或程序，该调用方式继承于 S 语言。使用函数 source（"C:\\filename.r"）即可运行文件 "filename.r" 中的程序。文件名 "fliename" 不需要与其保存的函数的函数名保持一致，而且一个文件中可以保存多个函数，source 一次文件便可调用文件中所有函数。如上例，函数 add.diff 可以先保存为文件 "add_diff.r"，存入指定工作目录 "C:/workingdirectory"，然后可以运行下列代码：

```
setwd("C:\\workingdirectory");
source("add_diff.r");
add.diff(5,3)
[1] 8 2
```

7.1.4　循环与条件

循环是基本的流程控制语句，在 R 语言中通常可以用 for 或 while 语句来控制循环。for 循环的基本格式如下：

for (n in x) {expr}

上面语句中，n 为循环变量，x 通常是一个多维向量。n 在每次循环时，从 x 中顺序取值，代入到后面的 expr 语句中进行运算。下面的例子即是如何用 for 循环计算 30 个 Fibonacci 数。

```
x <- c(1,1)
for (i in 3:30) {
    x[i] <- x[i-1]+x[i-2]
}
```

如果不能确定循环次数，需要用 while 语句来控制循环：

while (condition) {expr}

在 condition 条件为真时，执行大括号内的 expr 语句。下面的例子即是以 while 循环来计算 30 个 Fibonacci 数。

```
x <- c(1,1)
i <- 3
while (i <= 30) {
    x[i] <- x[i-1]+x[i-2]
    i <- i +1
}
```

条件分支语句也是 R 语言中必不可少的流程控制方法，基本格式为：

if (conditon) {expr1} else {expr2}

if 语句用来进行条件控制，以执行不同的语句。若 condition 条件为真，则执行 expr1，否则执行 expr2。下面的一个简单的例子是要找出 100 以内的质数。

```
x <- 1:100
y <- rep(T,100)
for (i in 3:100) {
if (all(i%%(2:(i-1))!=0)){
        y[i] <- TRUE
        } else {y[i] <- FALSE
                }
}
print(x[y])
[1] 1 2 3 5 7 11 13 17 19 23 29 31 37 41 43 47 53 59 61 67 71 73 79
```

[24] 83 89 97

在上面例子里，all 函数的作用是判断一个逻辑序列是否全为真，%% 运算符返回余数。在 if/else 语句中一个容易出现的错误就是 else 没有放在}的后面，例如执行下面的例子就会出现错误。

```
logic = 3
x<- c(2,3)
if (logic == 2){
       y <- x^2
}
else {
   y<-x^3
}
show(y)
```

除了常规的 if/else 条件语句，R 还提供了简易的 ifelse 函数：

```
'x <- seq(1:5)
ifelse(x < 3, "T", "F")
[1] "T" "T" "F" "F" "F"
```

下面是一个综合使用循环和条件的示例。如果想了解 iris 数据集中，三种类型的花中 "setosa" 子类花瓣长度 "petal.L" 的均值。那么一种方法就是循环查询每个样本，判断种类是否 "setosa" 然后累积求和。下面的代码就是用 for 循环加上 if 条件判断实现的。

```
data(iris)
x = 0      # 初始化变量。
n = 0
for (i in 1:150) {
       if (iris$Species[i] == 'setosa') {   # 判断 Species 是否是"setosa"。
              n = n + 1
              x = x + iris$Petal.Length[i]
              }
       }
x/n
[I] 1.462
```

上面的代码中，首先对两个变量初始化以备循环中使用。接下来 的 for 循环中的条件表达式前后要用括号，其中的变量 i 表示从 1 到 150 之间变化。之后的循环代码段前后要使用大括号。在 if 条件判断语句中，==和>一样为逻辑判断符号，判断两边变量是否相等，如果为真则执行后面的代码段。

7.1.5   输入输出

输入输出在数据处理中占有重要的地位,R 语言中提供了一些重要的输入输出函数支持多种输入输出形式。

（1）读取键盘输入

如果只有很少的数据量，可以直接用变量赋值的方式输入数据。如果需要交互方式，可以使用 readline 函数输入单个数据，但要注意其默认输入格式为字符型。不加参数的 scan 函数中可以用手动输入数据，如果加上文件名则是从文件中读取数据。

（2）读写表格文件

读取本地表格文件是最常用到的功能，R 的主要函数是 read.table。函数的 file 参数设定了文件路径，要注意在 Windows 环境下，路径中斜杠的正确用法（如 "C:/data/sample.txt"）；header 参数设定是否带有表头；sep 参数设定了列之间的间隔方式。该函数读取数据后将存为数据框格式，而且所有的字符将被转为因子格式，如果想保留为字符格式，可将参数 stringsAsFactors 设为 FALSE。与之类似的函数是 read.csv 专门用来读取 csv 格式。write.table 与 write.csv 函数是对应的输出函数。

第 3 章例 3-1 中，函数 pattern_match 的定义中，需要把匹配到的 8 条序列信息以表格方式输出，因此有语句：

write.table(as.vector(as.character(t(export))), file = "Hit_sequences.fasta", quote = F, row.names = F, col.names = F)

读入文件的语句是：

read.table("Hit_sequences.fasta")

（3）读取网页

如果想抓取网页上的某个表格，那么可以使用 XML 包中的 readHTMLTable 函数。第一章例 1-1 为了绘制地震地图，就用到了这个函数。

library(XML)

url <-'http://data.earthquake.cn/datashare/globeEarthquake_csn.html'

tables <- readHTMLTable(url,stringsAsFactors = FALSE)

（4）读取文本文件

有时候需要读取的数据存放在非结构化的文本文件中，例如电子邮件数据或微博数据。这种情况下只能依靠 readLines 函数，用来将文档转为以行为单位存放的列表格式的数据。另外一种情况是，某种格式（如生物信息中的 fasta）的文件不能被自动识别，也只能通过 readLines 函数逐行读入，自行解析（见第三章例 3-1）。

（5）输出到屏幕或数据库等

cat 函数除了可以在屏幕上输出之外，也能够输出到文件（见第一章例 3-1）。此外，若要与 MySQL 数据库交换数据，则可以使用 RMySQL 包。

7.1.6　对象和类

面向对象语言的核心概念是类与对象。类（Class）定义了一个事物，以及事物的属性（Attribute）和它可以做到的（它的行为）。后者在程序语言层面，通常称为方法（Method）。通过类，可以将程序（即方法）和数据（即属性）封装其中，以提高软件的重用性、灵活性和扩展性。另一方面，类可以看作是一个统一模板，而对象是指类的某一个具体实例，是抽象与具体的关系，两者应该严格区分。R 是非常典型的面向对象的编程（Object-oriented programming，OOP）语言，它提供了大量的内置的基础类，包括了前面介绍的数值、逻辑、字符等，并且在此基础上构成了一些复合型的类，包括矩阵、数组、数据框和列表。除了这些基础类外，用户还可以基于这些基础类，自定义新的类。

对于任何一个对象，都可以用 attributes 或 str 函数来查看其包括的所有属性值。对象所属的类，是这个对象的一个特殊属性，可以用 class 函数来查看。

```
class (iris)
[1] "data.frame"
attributes(iris)
$names
[1] "Sepal.Length" "Sepal.Width"    "Petal.Length" "Petal.Width"
[5] "Species"

$row.names
[1] 1 2 3 4 5...

$class
[1] "data.frame"
```

从上面的结果可以看到 iris 这个对象的类属于 Data.frame 类，即它是一个数据框对象。其属性有三个，即对象所包括的列名（names）、行名（row.names）和类（class）。所有的对象都会有类这个属性，只不过有的可以通过 attributes 函数显示出来，有的则不可以（例如array 类），但是都可以用 class 函数查看。

R 是典型的的面向对象语言，其中的数据、函数、甚至图形都是对象。下面再用一个简单线性回归的例子来进一步了解对象和类的概念。

```
x = runif(100)   # 创建两个数值向量。
y = rnorm(100)+5*x
model = lm(y~x)   # 用线性回归创建模型，存入对象 model。
class(model)   # 观察所属的类。
[1] "lm"
attributes(model)   # 提取对象的各种属性。
$names
 [1] "coefficients"   "residuals"        "effects"          "rank"
```

[5] "fitted.values"　　"assign"　　　　"qr"　　　　　"df.residual"
[9] "xlevels"　　　　"call"　　　　　"terms"　　　　"model"

$class
[1] "lm"

从结果中可以看到，attributes 函数返回了两个属性，"names"属性包括了线性回归得到的结果，可以用$符号提取出来。例如通过 lm$coefficients 可以提取回归方程的系数，通过 lm$residuals 可以提取回归后得到的残差。

mode 函数可以用来查看 model 对象所属类的基本构成，运行 mode（model），则会显示 lm 类是由 list 类组成的。如果要消除对象的类，可运行 unclass（model），model 对象则会变成一个单纯的 list 对象。

前面提到了类由属性和方法组成。所谓方法实际上就是一组函数，这组函数专门用于这个类。例如对于 model 这个对象，其专门的绘图函数就是 plot.lm。如果用普通的函数 plot 也一样能显示其图形，其原因在于 plot 这种函数会自动识别对象的类，从而选择合适的函数来处理对应的对象，这种函数称为泛型函数（Generic function），这里不做进一步讨论。

7.2　创建及发布自己的 R/Bioconductor 包

提交自己的 R 包不但可以让更多的人使用，而且在提交及维护的过程中，也可以更多地锻炼自己的 R 编程能力及文档写作能力。本节以创建和发布一个 R 包"helloWorld"为例，首先介绍了如何在 Windows 系统上，通过 RStudio 交互界面创建 R 包，以及如何发布到 CRAN 和 Bioconductor；然后再简要介绍在 Linux 系统上如何创建 R 包。

7.2.1　在 Windows 下创建和发布 R 包

（1）所需软件安装及配置

①除了需要 R 主程序之外，还需要安装以下工具：

A.RStudio：它的下载与安装请参考本书 1.2.3，本章示例版本 RStudio-0.97.551。

B.Rtools（http://cran.r-project.org/bin/windows/Rtools/）：Windows 下编译 R 包的必备软件，本章示例版本 Rtools 3.1；

C.MikTeX（http://miktex.org/）或者 CteX（http://www.ctex.org/）：用于产生 PDF 格式的帮助文件，本章示例版本为支持中文的 CTeX_2.9.2.164。

②配置 Windows 系统环境变量：通过 RStudio 创建 R 包时，RStudio 需要获得 R 主程序、Rtools 和 CteX 工具所在的目录。R 主程序所在目录由 RStudio 自动获取；CteX 所在目录由安装程序写入 Windows 环境变量；Rtools 则需要在安装到"Select Additional Tasks"一步时，选中"Edit the system PATH"来指定。

所有软件安装完成后，再次检查环境变量：在 Windows XP 系统中，右键点击"我的电

脑",选择"属性→高级→环境变量→系统变量→Path",点击"编辑",检查"变量值"（图
7-2）。假设 RTools 安装在 C:\Rtools，CteX 安装在 C:\CTEX，那么 Path 变量值中应该有：

C:\Rtools\bin;c:\Rtools\gcc-4.6.3\bin;

C:\CTEX\UserData\miktex\bin;C:\CTEX\MiKTeX\miktex\bin;C:\CTEX\CTeX\ctex\bin;C:\
CTEX\CTeX\cct\bin;C:\CTEX\CTeX\ty\bin;C:\CTEX\Ghostscript\gs9.05\bin;C:\CTEX\GSview\
gsview;C:\CTEX\WinEdt

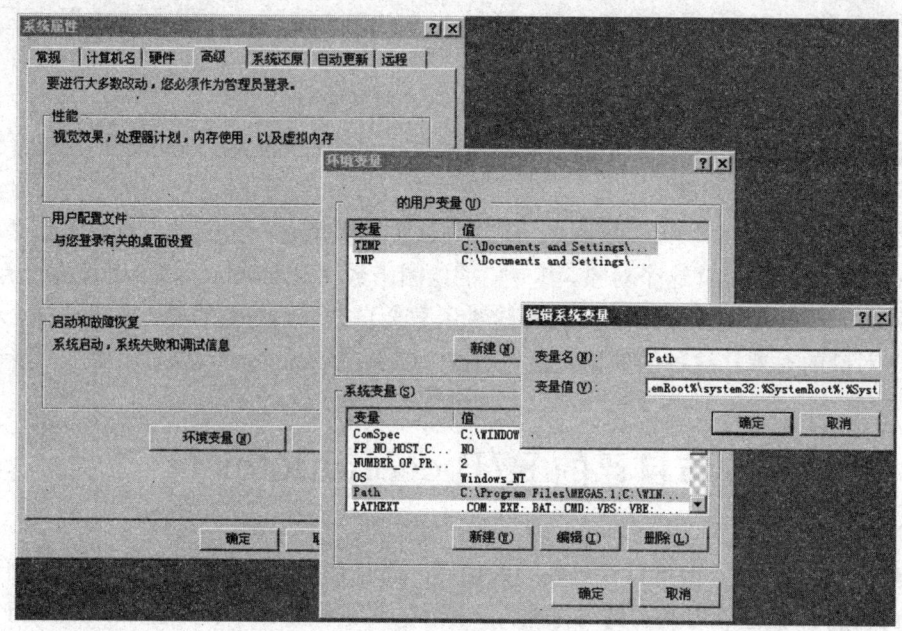

图7-2 配置Windows系统环境变量

如果安装程序没有自动配置好环境变量，就需要手工添加。注意路径之间用分号（";"）
分隔，不需要其他任何间隔符号。

（2）准备 R 包所需全部文件

首先，运行 RStudio，从主菜单选择"File→New→R script"，添加如下代码：

```
helloWorld <- function(){
    cat("hello world!\n")
}
```

然后，选择"File→Save"，在工作目录 C:\workingdirectory，将上述内容保存到文件
helloworld.R。再选"Project→Create Project …"，选择"New Project"新建一个项目。

在新建项目对话框里（图 7-3），从"Type"下拉菜单选择 Package；文本框"Package
name"处填写 helloWorld；在"Create package based on source files"右边点"Add"添
加刚刚新建的 helloworld.R 文件；在"Create project as subdirectory of"处填写此 R 包将
保存的目标目录"C:\workingdirectory"；最后点击"Create Project"来创建项目。随后，
RStudio 会自动调用 package.skeleton 函数生成本项目所需全部文件。全部文件生成完毕，

可以从 RStudio 右下的文件浏览器中看到"C:\workingdirectory\helloWrold"目录中已经生成的所有文件（图 7-4）。

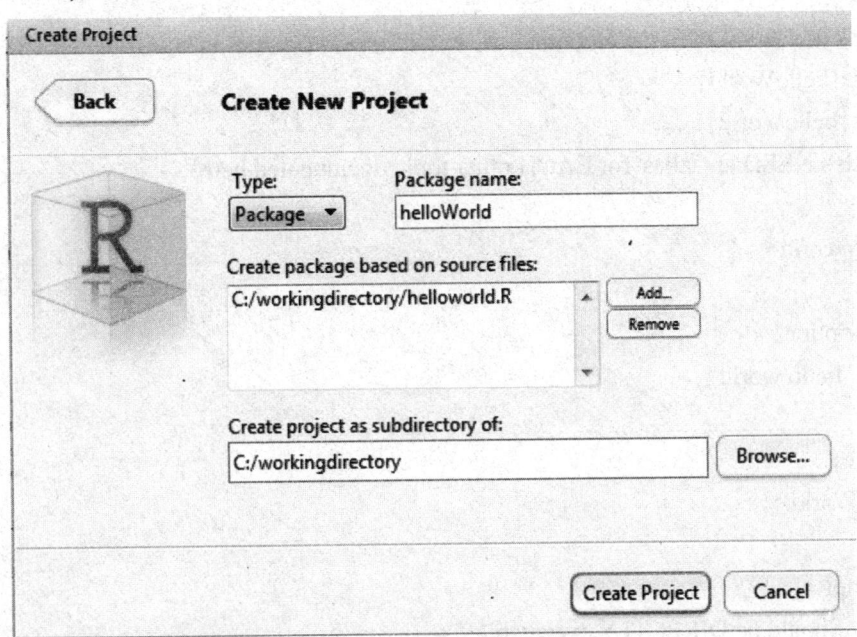

图7-3　新建项目对话框

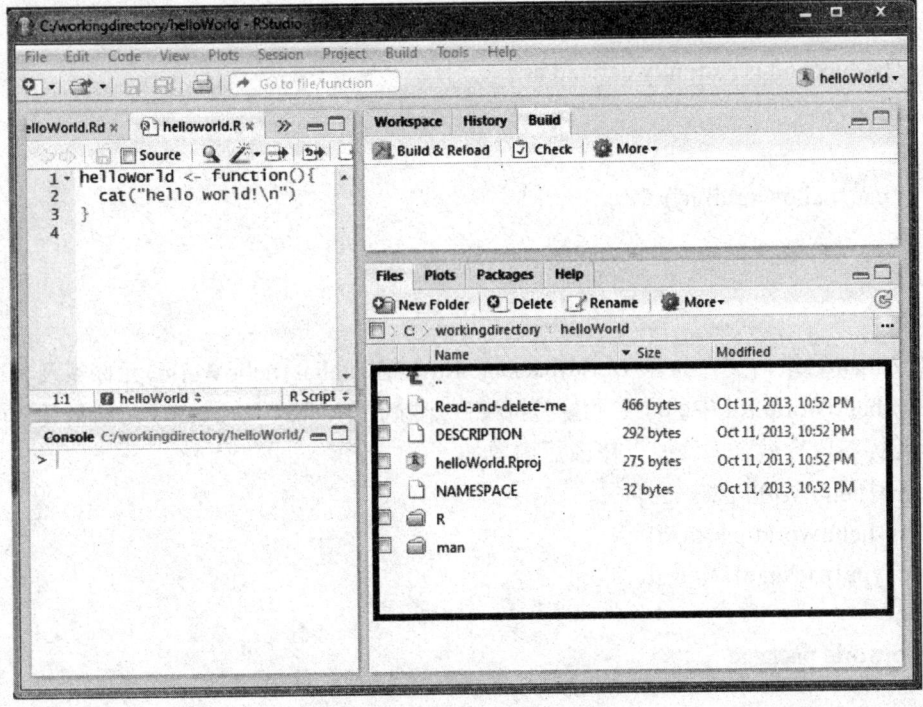

图7-4　新建项目中的所有文件

修改 man 目录内文件 helloWorld.Rd：删除其中的\details, \value, \references, \author, \note, \seealso, \keyword 元标签及其内容；在\title 及\description 元标签内写入相关内容，修改后内容如下：

```
\name{helloWorld}
\alias{helloWorld}
%- Also NEED an '\alias' for EACH other topic documented here.
\title{
Hello world
}
\description{
echo "hello world"
}
\usage{
helloWorld()
}
\examples{
##---- Should be DIRECTLY executable!! ----
##-- ==>   Define data, use random,
##--   or do help(data=index)    for the standard data sets.

## The function is currently defined as
function ()
{
    cat("hello world!\n")
  }
}
```

修改 man 目录内文件 helloWorld-package.Rd：删除\alias{helloWorld}元标签及其内容，因为它与 helloWorld.Rd 中的同名元标签冲突；删除\references 及\seealso 元标签及其内容；对其他元标签内容做合理修改，修改后内容如下：

```
\name{helloWorld-package}
\alias{helloWorld-package}
\docType{package}
\title{
hello world package
}
\description{
hello world package to help use to build their first R package
```

```
}
\details{
\tabular{ll}{
Package: \tab helloWorld\cr
Type: \tab Package\cr
Version: \tab 0.99\cr
Date: \tab 2013-07-11\cr
License: \tab What license is it under?\cr
}
say hello only
}
\author{
Who wrote it

Maintainer: Who to complain to <yourfault@somewhere.net>

}
\keyword{ package }
\examples{
    helloWorld()
}
```

注意，如果要提交到 Bioconductor，提交之前，版本号应该小于 1.0。这里，提交前最终确定的版本号应该为 0.99。

进入 "C:\workingdirectory\helloWrold" 目录，新建目录 inst 及其子目录 doc，进入 doc 目录，通过 RStudio 中的 "File→New→R Sweave" 新建 helloWorld.Rnw 文件，也就是常说的 vignette，其内容如下：

```
%\VignetteIndexEntry{helloWorld Vignette}
%\VignetteDepends{helloWorld}
%\VignetteKeywords{hello World}
%\VignettePackage{helloWorld}
\documentclass{article}

\begin{document}
\title{My first package: hello world}
\maketitle
\section{Say hello to world}
This is the my first package. Simple but not easy one.
\begin{scriptsize}
<<codeTag1>>=
        library(helloWorld)
        helloWorld()
```

```
@
\end{scriptsize}

\section{Session Info}
\begin{scriptsize}
<<>>=
sessionInfo()
@
\end{scriptsize}
\end{document}
```

最后，通过 RStudio 中的"Build→Check Package"来对所有文件进行检查。如果没有任何报错或警告，就完成了所有文件的准备工作。

（3）添加其他程序文件

一个 R 包通常由多个程序组成，并分布在不同文件中，下面示例如何添加另外一个程序，并存放到 R 目录下的 helloWorldNCall.R 文件中。

```
helloWorldNCall <- function(n=1L){
    x <- 1 + n
    for(i in 1:x){
        helloWorld()
    }
    x
}
```

每增加一个程序，就需要增加相应的帮助文件。当然多个程序也可以通过使用 alias 元标签共用一个帮助文件，但是最好还是程序和帮助文件一一对应。因此，这里需要在 man 目录内增加帮助文件 helloWorldNCall.Rd，其内容如下：

```
\name{helloWorldNCall}
\alias{helloWorldNCall}
\title{
  hello world n times
}
\description{
  call hello world repeatly
}
\usage{
helloWorldNCall(n=1L)
}
\arguments{
```

```
    \item{n}{A integer number giving the number of times to repeat helloWorld}
}
\value{
  An object of integer number as n+1
}
\examples{
    helloWorldNCall()
}
```

再次通过 RStudio 中的"Build→Check Package"来对所有文件进行检查。

（4）增加自检程序

R 常规的检查工具只能对程序能否运行做检查,无法检查程序的边界条件以及参数能否正确被处理,所以我们还需要使用 R/Bioconductor 的 RUnit 及 BiocGenerics 两个包对程序的正确性做核对检查,以防止在维护及再开发的过程中出现错误。

首先,分别安装好 RUnit 及 BiocGenerics 包。

```
Install.packages("RUnit")
source("http://bioconductor.org/biocLite.R")
biocLite("BiocGenerics")
```

然后,在 helloWorld 软件包根目录下新建 tests 目录,在其中新建文件 runTests.R,其内容如下:

```
require("helloWorld") || stop("unable to load Package:helloWorld")
BiocGenerics:::testPackage("helloWorld")
```

在 DESCRIPTION 文件中加入一行 Suggests 描述:
Suggests: RUnit, BiocGenerics

在 inst 目录下新建子目录 unitTests,并在其中新建文件 test_helloworld.R。注意,在此目录中的文件命名必须符合正则表达式'^test_.*\\.R$',在文件中写入的所有函数命名必须符合正则表达式' ^test. +' ,否则无法被执行。

```
test_helloWorld_run <- function(){
    helloWorld()
}
test_helloWorldNCall_return <- function(){
    x <- helloWorldNCall(2)
    checkEquals(3, x)
}
```

最后,通过 RStudio 中的"Build→Check Package"来对所有文件进行检查,没有任何报错或警告。如果将 test_helloworld.R 中的 checkEquals(3, x) 一行改为 checkEquals(2, x),再

次进行错误检查，就会发现系统报错。因为，这里期待 helloWorldNCall(2)返回的结果为 2，当 helloWorldNCall(2)不返回的结果不是 2 时系统就会报错。

```
* checking tests ...
Running 'runTests.R' ERROR
Running the tests in 'tests/runTests.R' failed.
Last 13 lines of output:
    1 Test Suite :
      helloWorld RUnit Tests - 2 test
functions, 0 errors, 1 failure
      FAILURE in test_helloWorldNCall_return:
Error in checkEquals(2, x) : Mean relative difference: 0.5
        Test files with failing tests
            test_helloworld.R
            test_helloWorldNCall_return
              Error in BiocGenerics:::testPackage("helloWorld") : unit tests failed for package
helloWorld
      Execution halted
      Exited with status 1.
```

（5）增加数据

在 R/Bioconductor 包的开发过程中，常常需要附加一些数据，或是软件包用于程序示例，或是软件包中程序本身需要，或是提供给其他程序使用（纯数据包）。在 RStudio 界面左下方命令行中运行下面代码，可以增加一个数据：

```
x <- 3
dir.create("data")
save(x, file="data/datx.rda")
```

这几行代码在 helloWorld 目录下新建了 data 目录，并在其中以 datx.rda 为文件名保存了变量 x 中的数据。

每增加一个数据，也需要增加相应的帮助文件，因此在 man 目录下新建 datx.Rd 文件，其内容如下：

```
\name{x}
\alias{x}
\docType{data}
\title{
sample data x
}
\description{
sample data x
}
\usage{data(datx)}
```

```
\format{
    A integer numeric
    \describe{
        \item{\code{x}}{a integer numeric vector}
    }
}
\examples{
data(datx)
x
}
\keyword{datasets}
```

再次通过 RStudio 中的"Build→Check Package"来对所有文件进行检查。

（6）创建 R 包

在完成了以上所有工作之后，就可以正式创建一个具有 R 程序、数据及自检功能的 helloWorld 包。通过主菜单"Build→Build Source Package"，就在工作目录下创建了源代码包 helloWorld_1.0.tar.gz，这个包不包含任何二进制可执行文件。而通过"Bulid→Build Binary Package"则可以创建二进制包，二进制包是平台相关的，Window 系统二进制包的文件扩展名是".zip"，Mac OSX 系统二进制包的文件扩展名是".tgz"。

（7）发布 R/Bioconductor 包

在提交之前，请做好如下准备工作：

①删除不必要的文件，其中包括后缀名为".DS_Store"、".project"、".svn"和".Rproj"的文件；

②如果发布的是 Bioconductor 包，需要将 DESCRIPTION 文件中的版本号设置为 0.99.0。在之后的修改过程中，它会变为 0.99.1、0.99.2……正式发布时会自动变为 1.0.0；

③尽量使用原有的 R/Bioconductor 程序，而不是重写，这样可以减少 R 包内容，提高质量，同时也体现对他人劳动的尊重；

④确认通过所有的检查，没有出现任何警告或错误；

⑤出于安全原因，不要提交预编译的二进制包，所有 R 包都要提交源代码包，二进制包由管理人员负责编译和发布。

普通 R 包提交需要以下两个步骤：首先，在线填写提交表单，网址为 http://cran.r-project.org/submit.html；然后上传包到 ftp://CRAN.R-project.org/incoming，同时给 CRAN@R-project.org 发邮件。注意不要把提交的包作为邮件附件发送。

Bioconductor 包的提交，则需要首先在 http://tracker.fhcrc.org/roundup/bioc_submit/index 网站上注册一个用户，激活后登录，选择"Issues→Create New"，在表单中正确填写相关项目，等待系统自检完成之后，它会自动生成一份报告，告诉你提交的 R 包是否通过了不同平台的检查。如果通过了检查，很快它就会被指定给 Bioconductor 核心团队中的一位成员审查，审查过程中可能需要反复修改你的 R 包。审查通过之后，Bioconductor 会发送一封恭喜邮件，表示全部提交完成。

7.2.2　在 Linux 下创建和发布包

在 Linux 系统上创建 R 包，通常不需要配置环境变量，操作要相对简单一些。假设当前的工作目录是 "~/workspace"，可以通过下列步骤来创建源代码包 helloWorld_1.0.tar.gz。

（1）建立一个 R 源代码文件 helloWorld.R，内容为：

```
helloworld<-function(){
    cat("hello world!\n")
}
```

（2）进入 R 主程序，运行：

```
rm(list=ls())      # 清除所有不需要的数据或函数
setwd("~/workspace")       # 切换工作目录
source("~/workspace/helloWorld.R")     # 读取 R 源文件
```

（3）调用 package.skeleton()函数，创建 R 包框架：

```
package.skeleton(name = "helloWorld", list = ("helloWorld"))
```

（4）删除文件 Read-and-delete-me，修改文件 helloWorld.Rd 和 helloWorld-package.Rd，新建文件 helloWorld.Rnw 等操作。

（5）检查并创建 R 包。

```
$ cd ~/workspace
$ R CMD check helloWorld
$ R CMD build helloWorld
```

（6）安装制作好的 R 包到指定目录/home/rlibs。

```
$ R CMD INSTALL –l /home/rlibs helloWorld_1.0.tar.gz
```

7.3　R 包结构

本章 7.2 节创建 R 包部分提到了 R 包分为源代码包和二进制包。通常，R 和 Bioconductor 官方网站只发布三种 R 包：适用于 Windows 系统的二进制包（".zip"文件）、适用于 Mac OSX 系统的二进制包（".tgz" 文件）和适用于所有系统的源代码包（".tar.gz" 文件）。由于 Linux 系统具有多种的发行版，无法发布一个统一的二进制包，因此 Bioconductor 只发布 Linux 系统的源代码包，由用户下载源代码包到本地，然后编译安装。

在不同操作系统上创建的源代码包是完全一样的；针对不同操作系统的二进制包一些文件会有差异，但基本目录类似。然而，源代码包（图 7-5A）与二进制包（图 7-5B）之间的差别还是很大的。另外，通过比较就会发现，系统中安装好的 R 包，与二进制包解压缩后内容完全一致。

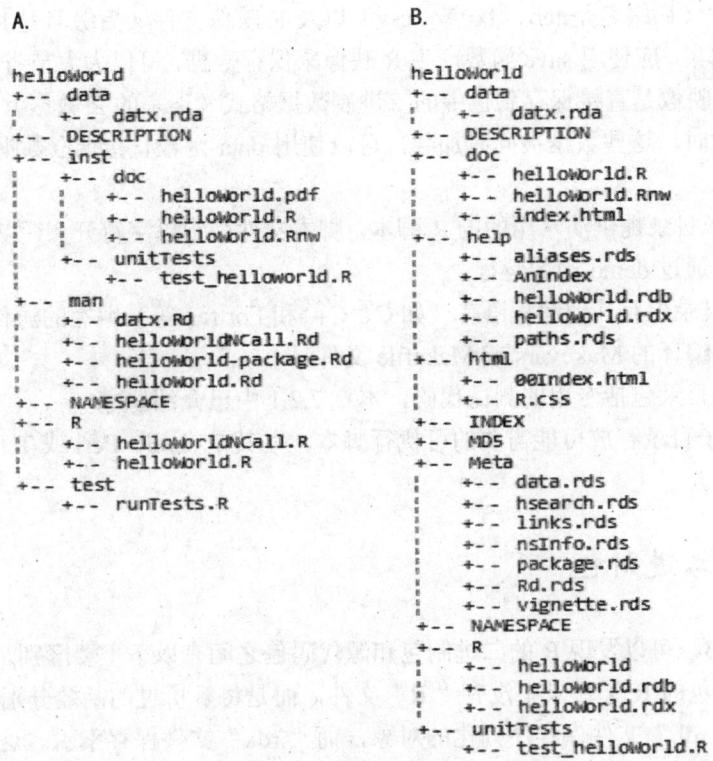

```
A.                              B.
helloworld                      helloworld
+-- data                        +-- data
|    +-- datx.rda               |    +-- datx.rda
+-- DESCRIPTION                 +-- DESCRIPTION
+-- inst                        +-- doc
|    +-- doc                    |    +-- helloworld.R
|    |    +-- helloworld.pdf    |    +-- helloworld.Rnw
|    |    +-- helloworld.R      |    +-- index.html
|    |    +-- helloworld.Rnw    +-- help
|    +-- unitTests              |    +-- aliases.rds
|         +-- test_helloworld.R |    +-- AnIndex
+-- man                         |    +-- helloworld.rdb
|    +-- datx.Rd                |    +-- helloworld.rdx
|    +-- helloworldNCall.Rd     |    +-- paths.rds
|    +-- helloworld-package.Rd  +-- html
|    +-- helloworld.Rd          |    +-- 00Index.html
+-- NAMESPACE                   |    +-- R.css
+-- R                           +-- INDEX
|    +-- helloworldNCall.R      +-- MD5
|    +-- helloworld.R           +-- Meta
+-- test                        |    +-- data.rds
     +-- runTests.R             |    +-- hsearch.rds
                                |    +-- links.rds
                                |    +-- nsInfo.rds
                                |    +-- package.rds
                                |    +-- Rd.rds
                                |    +-- vignette.rds
                                +-- NAMESPACE
                                +-- R
                                |    +-- helloworld
                                |    +-- helloworld.rdb
                                |    +-- helloworld.rdx
                                +-- unitTests
                                     +-- test_helloworld.R
```

图7-5 源代码包和二进制包的比较

7.3.1 R 的源代码包

一个 R 源代码包一般包括以下目录和文件（图 7-5A）.

（1）DESCRIPTION 是一个纯文本文件，提供 R 包的基本信息，包括包名、版本号、标题、描述和依赖关系等。

（2）R 子目录存放所有 R 函数的源代码文件，文件扩展名是 ".R"，可以被 source 函数载入，这些 R 函数还可导出作为包函数库提供给外部使用。R 和 man 子目录还可能包含操作系统专有的子目录 unix 和 Windows。

（3）man 子目录存放所有 R 帮助（即调用 help 函数显示的内容）的源代码文件，文件扩展名是 ".Rd"。除了 Rd 格式的帮助文件，R 包中还允许包含其他任意格式的帮助文件，尤其是 PDF 文件。源代码包中的其他帮助文件位于 Inst/doc/子目录。当包安装后，这个目录下的内容将被复制到包安装路径中的 doc 目录中。

（4）inst 子目录下的所有文件和子目录将会递归复制到所在包的安装目录下，因此 inst 下的子目录不应该与二进制包子目录（R、data、demo、exec、libs、man、help、html 和 meta）名称相冲突。

（5）对于有命名空间的包，NAMESPACE 文件枚举包中需要被导出的对象。

（6）Data 子目录用于存放数据，可以由 3 种形式的文件保存：R 代码文件（后缀名是.R

或.r)、表格文件（后缀名是.tab、.txt 或 .csv）以及 R 映像文件（后缀名是.RData 或.rda）。对于较大的数据集，应使用 save 函数产生 R 映像来保存数据，可以大大节省用户下载时间。更重要的是，R 映像是直接保存到包中的二进制数据格式（正宗的 R 数据），当所在的包被 library 函数加载时，这些数据被同时加载，可以使用 data 函数直接调取数据（见第 5 章例 5-1）。

（7）demo 子目录提供演示用的的 R 脚本，脚本文件必须以字符开头，以 ".R" 或 ".r" 作为扩展名，并通过 demo 函数运行。

（8）src 子目录保存其他编程语言（如 C、C++和 Fortran 等）编写的源代码和头文件，还可能包括用于编译的 Makevars 或 Makefile 文件。

（9）tests 子目录包括专用的测试代码，本章 7.2.1 中已介绍。

（10）exec 子目录存放可能需要的可执行脚本，尤其是 shell、Perl 或 Tcl 脚本，当前这一机制极少使用。

7.3.2 R 的二进制包

通过图 7-5B，可以发现 R 的二进制包和源代码包之间有以下主要区别。

（1）二进制包的 R 子目录中没有 ".R" 文件，而是将解析过的函数分别保存在 3 个文件中，其中的 ".rdb" 文件保存序列化的对象，而 ".rdx" 文件保存索引。这等效于先加载所有的 R 源代码，再用 save 函数保存。

（2）二进制包增加了 Meta 子目录存放 ".rds" 文件，可以通过 readRDS 函数查看这些文件的内容。".rds" 文件用来保存一个连接到文件的单一 R 对象，并可以用一个不同的名称来恢复该对象。".rds" 文件常被 R 主程序使用，例如存储包的元数据或存储"help.search"数据库。

（3）二进制包增加了 html 子目录存放所有 html 格式的帮助文件。

（4）如果源代码包有 src 子目录，二进制包将增加 libs 子目录，其中包含 src 中所有源代码的 32 位（i386/）和 64 位（x64/）编译结果。

参考文献

[1] Writing R Extensions. http://cran.r-project.org/doc/manuals/R-exts.html

[2] The DESCRIPTION file. http://cran.r-project.org/doc/manuals/R-exts.html#The-DESCRIPTION-file

[3] Writing R documentation files. http://cran.r-project.org/doc/manuals/R-exts.html#Writing-R-documentation-files

[4] Bioconductor package guidelines. http://bioconductor.org/developers/package-guidelines/

[5] RUnit primer. http://cran.r-project.org/web/packages/RUnit/vignettes/RUnit.pdf

[6] Advanced R programming: Package basics. http://adv-r.had.co.nz/Package-basics.html

附录 A   进一步学习的资源

R 语言和 Bioconductor 的学习资源浩如烟海，除了前面介绍过的 R 语言和 Bioconductor 项目的官方网站，读者（特别是生物信息学领域）还要充分利用其他方面的资源。考虑到大部分中文初学者的需求，重点推荐"数据科学与 R 语言"、"糗世界"和"生物信息学天空"三个中文网站，以及一个 QQ 讨论群：生物信息学天空系列群。

一、相关网站

1. 数据科学与 R 语言 (http://xccds1977.blogspot.com/)

"数据科学与 R 语言"是本文作者之一 R 语言培训师肖凯的个人博客，里面有大量 R 语言在多个领域中数据分析应用的实例和代码详解，是国内最好和最全的 R 语言资源网站。

2. 糗世界 (http://pgfe.umassmed.edu/ou)

"糗世界"是本文作者之一欧剑虹博士的个人博客，里面有大量 R 语言，特别是 Bioconductor 分析生物数据的资料，内容详尽，覆盖面广，图文并茂，是鲜有的 Bioconductor 中文学习资源。

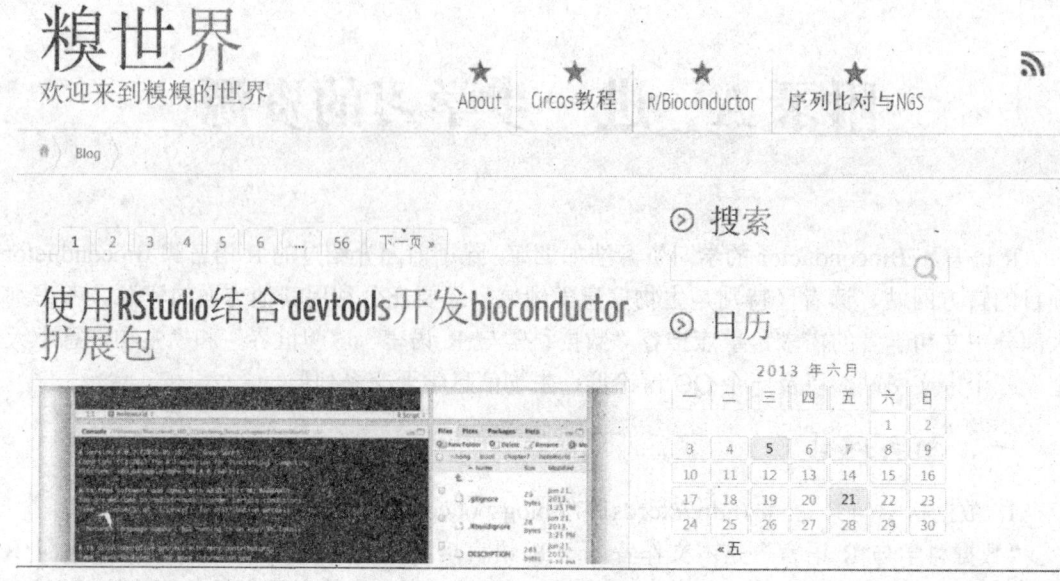

3. 生物信息学天空 (http://www.bioinfosky.com/)

　　"生物信息学天空"是关注于生物信息学知识的科学普及类网站,提供了各类学习资源、前沿进展、软件应用等内容,学术论坛有专门的栏目讨论 R 语言在生物信息学中的应用。

4. 统计之都 (http://cos.name/)

　　"统计之都"致力于传播统计知识,特别是基本理论和实际应用的结合,其推荐的编程语言就是 R 语言,有大量相关的文章等资源,特别适合中文初学者。

名师访谈：约翰·霍普金斯大学Jeff Leek

Posted on 2013/06/17 by 潘岚锋

Jeff Leek 是约翰·霍普金斯大学布隆博格公共卫生学院（Johns Hopkins Bloomberg School of Public Health）助理教授。他与另外两位教授共同打理的Simply Statistics是最受欢迎的统计学博客之一。本文是小编对Jeff Leek采访的录音稿。

1. 教育背景

我叫Jeff Leek，我是美国约翰·霍普金斯大学的一名助理教授，方向是生物统计。我在犹他州立大学念的本科，方向是应用数学。然后是在西雅图华盛顿大学读的生物统计博士学位。之后我又在Mount Sinai School of Medicine做了博士后，然后又去约翰·霍普金斯大学做了博士后，方向是计算生物学。我的研究方向主要是基因组相关问题和下一代序列分析。我正在维护一个叫Simply Statistics的博客，里面有很多有趣的统计问题。

关注统计之都
- 新浪微博@统计之都
- 人人网@统计之都
- Twitter@cos_name

微信公众平台

微信号 CapStat

我们将第一时间向您推送主站和论坛的精彩内容，以及统计之都的线下活动、竞赛、培训和会议信息。

5. R-bloggers (http://www.r-bloggers.com/)

"R-bloggers" 是一个 R 语言博客整合网站，它收集了全球数百个和 R 有关的博客源，各种关于 R 语言使用的技巧文章相当丰富，但要求读者有良好的英文基础。

R-bloggers

R news and tutorials contributed by (452) R bloggers

Home　About　add your blog!　Contact us　RSS

WELCOME!

Here you will find daily **news and tutorials** about R, contributed by over 450 bloggers. You can subscribe for e-mail updates:

Your e-mail here
Subscribe
8500 readers
BY FEEDBURNER

And get updates to your Facebook:

R bloggers

7,990 人赞 R bloggers

Prototyping A General Regression Neural Network with SAS

June 22, 2013
By statcompute

Add a Comment

Last time when I read the paper "A General Regression Neural Network" by Donald Specht, it was exactly 10 years ago when I was in the graduate school. After reading again this week, I decided to code it out with SAS macros and make this excellent idea available for the SAS community. The prototype of

Read more

Optimization
June 22, 2013
By Vincent Zoonekynd's Blog

Announcing pqR: A faster version of R
June 22, 2013
By Radford Neal

Search & Hit Enter

TOP 7 ARTICLES OF THE WEEK

1. Dynamic Data Visualizations in the Browser Using Shiny
2. Top 100 R packages for 2013 (Jan-May)!
3. Computerworld's Beginners Guide to R
4. Draw nicer Classification and Regression Trees with the rpart.plot package
5. Evaluating Optimization Algorithms in MATLAB, Python, and R
6. Select operations on R data frames
7. A list of R packages, by popularity

Search & Hit Enter

SPONSORS

其他重要资源还包括：

- 集合了 R 语言中最常用函数的参考卡片

http://cran.r-project.org/doc/contrib/Short-refcard.pdf

- 官方网站上的 R 语言导论资料

http://cran.r-project.org/doc/manuals/R-intro.pdf

• Quick-R 是 R in Action 一书的作者网站，提供了大量在线教程

http://www.statmethods.net/

• 一本关于 R 语言编程的 wikibook

http://en.wikibooks.org/wiki/R_Programming

• 官方主编的 R 语言期刊，提供了很多扩展包的使用说明

http://journal.r-project.org/current.html

• 美国计算机世界杂志网站提供的 R 语言初学者入门资料

http://www.computerworld.com/s/article/9239625/Beginner_s_guide_to_R_Introduction

• Cookbook 提供了关于 R 使用中的常见问题的解决方法

http://www.cookbook-r.com/

• 提供了 R 语言绘图方面的函数介绍和选择方法

http://www.yaksis.com/posts/r-chart-chooser.html

• Ggplot2 绘图包的官方文档

http://docs.ggplot2.org/current/

• 提供了一些 R 语言教学幻灯片

http://courses.had.co.nz/

• 精悍简洁的 R 语言视频教程，已经有近百个免费视频

http://www.twotorials.com/

• 著名的网络公开课 Coursera 提供的 R 语言课程

https://www.coursera.org/course/compdata

• Lynda 提供的 R 语言教学视频课程，有部分免费课程

http://www.lynda.com/R-tutorials/Up-Running-R/120612-2.html

• 以实际操作来练习 R 的学习平台

http://tryr.codeschool.com/

• 一个偏重于 IT 技术的问答网站，其中有大量关于 R 的问题和答案

http://stackoverflow.com/questions/tagged/r

• 一个偏重于数据分析和数据挖掘的问答网站，其有也有许多 R 的技巧

http://stats.stackexchange.com/

• 一个专门的 R 语言资料搜索引擎

http://www.rseek.org/

二、R 学习的书籍

（1）R 语言进阶

《R in Action》
《The Art of_R Programming》
进阶可首选两本，前者从统计角度入手，分高、中、低三部分由浅入深地讲解了如何用 R 来实现统计分析。后者从程序编写的角度入手，对 R 的本身特点进行了清晰地介绍。

（2）高级统计

《A Handbook of Statistical Analyses_Using_R》

《Modern Applied Statistics With S》

这两本书基本上涵盖了统计的一些高阶内容，例如多元分析、多层回归模型、荟萃分析、生存分析等内容。案例丰富，公式不多，值得反复学习参考。目前只有英文版。

（3）科学计算

《Introduction to Scientific Programming and Simulation Using R》

除了统计分析外，此书独特之处在于使用 R 来做数值分析，如求根、最优化、数值积分。还包括了一些常见的模拟技术。书后的习题和最后的案例非常有用。

（4）数据挖掘

《Data Mining with R_ Learning with Case Studies》

《Machine Learning for Hackers》

两本侧重于数据挖掘的 R 书，全是以案例为线索，示范的代码量很大。跟一遍下来会有很大的收获。

（5）数据绘图

《ggplot2 Elegant Graphics for Data Analysis》

ggplot2 包是 R 中最优秀的绘图包，相对于英文版，中文版进行了大幅更新，推荐对绘图可视化有兴趣的用户学习。

（6）参考手册

《R Cookbook》

《R in a Nutshell》

有时候我们需要类似词典的案头参考手册，以方便随时查阅。又或者可以通读一遍以查漏补缺。上面两本书虽然有些厚度，但仍然推荐。

（7）高级编程

《R Programming for Bioinformatics》

《Software for data analysis programming with R》

如果你是初学者，不要去看上面两本书。如果你想进阶为专家级 R 用户，那你需要精读它们。前者讲解了 R 少为人知的一面，例如字符处理、正则表达和 XML，还有报错处理以及与其他语言的交互。后者更是编写生产级代码的圣经指南。

附录 B   R 常用函数

运算符	算术运算	+	加法	^, **	幂
		−	减法	%%	模
		*	乘法	%/%	整除
		/	除法		
	关系运算	<	小于	==	等于
		>	大于	!=	不等于
		<=	小于等于		
		>=	大于等于		
	逻辑运算	! x	逻辑非	x ‖ y	逻辑或（只返回第一个值）
		x & y	逻辑与	xor(x, y)	异或
		x && y	逻辑与（只返回第一个值）		
		x ¦ y	逻辑或		
	其他	%*%	矩阵乘法	::	显示调用各包的共同函数
		%in%	是否存在于	$;@	数据列表子集操作符号
数学运算	一般计算	abs	绝对值		
		sqrt	平方根		
		exp	e^x 次方		
		log	自然对数		
		log2, log10	其他对数		
		sin, cos, tan	三角函数		
		sinh,cosh,tanh	双曲函数		
		poly	正交多项式		
		polyroot	多项式求根		
	矩阵运算	t	矩阵转置		
		rowsum	行求和		
		colsum	列求和		
		rowmeans	行平均		
		colmeans	列平均		
		solve	对线性方程求解或求矩阵的逆		
		diag	对角阵		

字符操作		nchar	字符的个数		
		toupper	转换成大写字符		
		tolower	转换成小写字符		
		substr	求字符串的子串		
		grep	基于正则表达式的匹配		
		sub	基于正则表达式的替换		
		strsplit	字符串分割		
		paste	字符向量连接		
		match	匹配元素位置组成的向量		
数据处理	数据创建	c()	创建向量		
		1：n	创建连续的整数向量		
		seq	创建序列		
		rep	创建重复向量		
		factor	创建因子向量		
		array	创建数组		
		matrix	创建矩阵		
		list	创建列表		
		data.frame	创建数据框		
		expand.grid	向量和因子组合成的数据框		
	类型转换	as.numeric	转化为数值型		
		as.logical	转化为逻辑型		
		as.complex	转化为复值型		
		as.character	转化为字符型		
		as.array	转化为数组		
		as.data.frame	转化为数据框		
	数据的选取与简单操作	x[n]	第 n 个元素/列表显示元素 n	x$name	x 表的 name 项
		x[-n]	除了第 n 个元素的 x	x[i,j]	下标为(i,j)的元素
		x[1:n]	前 n 个元素	x[i,]	第 i 行
		x[-(1:n)]	第 n+1 至最后的元素	x[,j]	第 j 列
		x[c(1,4,2)]	指定元素	x[,c(1,3)]	第 1 和 3 列
		x["name"]	名为"name"的元素	x[["name"]]	List 中名为"name"的元素
		x[x>3]	所有大于 3 的元素	x@name	对象 x 中名称为 name 的属性
		x[x>3 & x<5]	区间(3，5)的元素	x[x%in%c("a","and","the")]	给定组中的元素
		x[[n]]	列表的第 n 个元素		
		which	返回一个向量中指定元素的索引		
		which.max	返回一个向量中最大元素的索引		
		which.min	返回一个向量中最小元素的索引		
		sample	随机在向量中抽取元素		
		subset	根据条件选取元素		
		sort	升序排列元素		
		rev	翻转所有元素		
		order	获取排序后的索引		
		table	返回频数表		
		cut	将数据分割为几部分		
		split	按照给定条件分割数据		
		rbind	按行合并数据		
		cbind	按列合并数据		
		merge	按照指定列合并矩阵或者数据框		

输入输出	library	加载 R 扩展包	
	data	加载指定的数据集	
	load	加载 save 或者 save.image 保存的数据	
	read.table	读取表格	
	read.csv	读取以逗号分隔的表格	
	read.delim	读取以 tab 分隔的表格	
	read.fwf	以 fixed width formatted 形式读取数据至表格	
	save	二进制保存指定对象	
	save.image	二进制保存当前线程(session)内所有对象	
	write.table	将数据以表格形式写入文本	
	write.csv	将数据以 CSV 表格形式写入文本	
	cat	强制转化为字符后输出	
	sink	输出转向到指定文件	
	print	输出屏幕	
	format	格式化	
对象操作	assign	赋值操作，等同于"<-"	
	rm	删除对象	
	ls	显示在内存中的对象	
	str	显示对象的内在属性或简要说明对象	
	ls.str	展示内存中所有对象的详细信息	
	length	返回对象中元素的个数	
	names	显示数据的名称，对于数据框是其列名	
	levels	获取因子向量的水平	
	dim	获取数据的维度	
	nrow	获取矩阵或者数据框的行数	
	ncol	获取矩阵或者数据框的列数	
	rownames	获取数据的行名称	
	colnames	获取数据的列名称	
	class	获取数据类型	
	mode	获取数据模式	
	head	获取数据的前 n 行	
	tail	获取数据的尾 n 行	
	summary	显示对象的概要	
	attr	得到或设置 x 的属性类型	
	is.na, is.null, is.array, is.data.frame, is.numeric, is.complex, is.character, ...	检测变量的类型	

文档操作	dirs	显示当前目录下的文件夹和文件
	list.dirs	显示当前目录下的所有文件夹（包括各级子目录）
	list.files	显示目录下的文档
	dir.create	新建文件夹
	file.create	文档创建
	file.remove	文档删除
	file.exist	判断文档是否存在
	file.rename	重命名
	file.append	文档添加
	file.copy	文档复制
	file.show	显示文档内容
	file.info	显示文档信息
	file.edit	编辑文档
	zip	压缩文件
	unzip	解压文件
帮助	?	或者 help，用来获取（函数）帮助文件
	? ?	或者 help.search，在所有函数帮助文件中搜索关键字
	help.search	搜索帮助系统
	help.start	HTML 形式的帮助
	apropos	在当前路径下进行搜索
	example	查看函数的使用示例
	vignette	获取所需的 vignette 文档
	sessionnfo	获取当前所有的环境变量
简单统计	max	返回最大元素
	min	返回最小元素
	range	返回数据中小值和最大值组成的向量
	sum	元素的和
	prod	元素的连乘
	pmax	向量间相同下标元素进行比较最大者，并组成新的向量
	pmin	向量间相同下标元素进行比较最小者，并组成新的向量
	cumsum	向量中重复第一个元素加到第 i 个元素，并重新组成新的向量。x[i]_sum{x[1]:x[i]）
	cumprod	同上，连乘
	cummax	同上，最大
	cummin	同上，最小
	mean	均值
	weighted.mean	加权平均数
	median	中位数

	sd	标准差
简 单 统 计	norm	正态分布
	f	F 分布
	unif	均匀分布
	cauchy	柯西分布
	binom	二项分布
	geom	几何分布
	chisq.test	卡方检验，进行独立性检验
	prop.test	对总体均值进行假设检验
	shapiro.test	正态分布检验
	t.test	T 检验，对总体均值进行区间估计
	aov	方差分析
	anova	一个或多个模型对象的方差分析
简 单 绘 图	plot	二维坐标绘图
	dotchart	点表图
	barplot	条形图
	hist	直方图
	pie	饼图
	points	添加点
	lines	添加线
	text	在指定坐标添加文字
	title	添加标题
	boxplot	箱线图

附录 C R 的内存管理和帮助系统

一、R 的内存管理

在大数据时代，R 语言还面临两大挑战：一个是内存限制，另一个是单线程计算。其中多线程问题正在逐步解决：在 R 语言的 2.14 版本发布之后，有很多扩展包可用来支持 R 在大内存以及多线程方面的应用。但是对于 R 的内存管理，尽管推出了一些解决方案（如 bigmemory 包），仍然还是困扰编程人员的一个大问题，主要是因为大多数情况下，R 需要将数据全部读入内存，然后将数据作为一个整体对象（例如大矩阵）来处理。如果处理大文件（例如测序得到的 fastq 文件），经常会遇到 "cannot allocate vector of size" 或者 "无法分配大小为...的矢量" 这样的错误提示。升级硬件（加大内存或升级到 64 位系统）和改进算法（例如分割数据后处理）是解决内存问题的永恒办法，本书不做讨论。从管理的角度，可以从以下不同思路出发来解决内存不够的问题。最简单的方法就是查看内存使用情况，调整内存分配上限（例 C-1）。当前，R 主程序安装时（特别是 Windows 系统）一般都是自动安装，操作系统分配给 R 的内存以及上限都是默认设置。而且 R 为变量分配内存时，会向操作系统申请连续的内存空间，一旦无法满足，就会出现错误提示。从例 C-1 中可以看到，当前操作系统分配给 R 主程序 25.62 Mb 内存，R 已使用 23.05 Mb（注意刚开始时已使用内存和已分配内存是同步增加的），而操作系统最多能分配给 R 的内存总量是 1000 Mb。在 Windows 操作系统中，可以直接在 R 中运行 memory.limit（2000）将内存上限提高到 2000 Mb；或者执行命令行 "Rgui --max-mem-size 2Gb"。

例 C-1:
```
# 查看操作系统已分配给 R 的内存总量。
memory.size (T);
[1] 25.62
# 查看 R 已使用的内存总量。
memory.size (F);
[1] 23.05
# 查看操作系统分配给 R 内存总量的上限。
memory.limit ();
[1] 1000
# 查看操作系统分配给 R 内存总量的上限提高到 2000Mb。
memory.limit (2000);
```

内存的分配不能超过硬件的限制，因此用提高上限的方法来解决内存不足的适用范围很小。更多的是依靠及时查看 R 中各个对象的内存占用情况（例 C-2），对占用过多内存或者暂时不用的对象进行处理。最简单的做法就是通过 ls 函数来查看当前内存中所有的对象，并通过 object.size 函数来查看每个对象占用内存的大小。从例 C-2 中可以看到，通过 storage.mode 函数改变对象 a 的存储模式，可以大大节省存储空间。

例 C-2:
```
# 生成一个数组类型的变量 a。
a = array(1:12,dim=c(3,4));
# 给第一个元素赋值，变量 a 的存储模式变为 "double" 类型。
a[1,1]=0.1;
# 查看 a 的存储模式。
storage.mode(a);
[1] "double"
# 查看 a 的存储模式。
object.size(a);
storage.mode(a) <- "integer";
# 再次查看 a 的存储模式。
object.size(a);
```

为了便于查看当前内存中所有对象占用内存的情况，RStudio 在其用户界面的右上部分提供了一个 Workspace 标签，用于列表显示当前内存中的所有对象。更常见的情况是，调用下列 2 个函数（原作者是 Dirk Eddelbuettel）来查看：ls.objects 函数和 top 函数，后者只显示前 n 个最大对象的占用内存情况，在实际中，使用更为广泛。

```
# 显示当前内存中的所有对象占用内存情况。
ls.objects <- function (pos = 1, pattern, order.by,
                                    decreasing=FALSE, head=FALSE, n=5) {
    napply <- function(names, fn) sapply(names, function(x)
                                                fn(get(x, pos = pos)))
    names <- ls(pos = pos, pattern = pattern)
    obj.class <- napply(names, function(x) as.character(class(x))[1])
    obj.mode <- napply(names, mode)
    obj.type <- ifelse(is.na(obj.class), obj.mode, obj.class)
    obj.size <- napply(names, object.size)
    obj.dim <- t(napply(names, function(x)
                                as.numeric(dim(x))[1:2]))
    vec <- is.na(obj.dim)[, 1] & (obj.type != "function")
    obj.dim[vec, 1] <- napply(names, length)[vec]
    out <- data.frame(obj.type, obj.size, obj.dim)
    names(out) <- c("Type", "Size", "Rows", "Columns")
```

```
    if (!missing(order.by))
        out <- out[order(out[[order.by]], decreasing=decreasing), ]
    if (head)
        out <- head(out, n)
    out
}
# 显示当前内存中的前 10 个最大对象占用内存情况
top <- function(..., n=10) {
    ls.objects(..., order.by="Size", decreasing=TRUE, head=TRUE, n=n)
}
```

在所有内存管理的方法中，最有效的就是及时调用 rm 函数删除计算过程中生成的中间对象；对于某些可能后面会用到的信息，可以存入硬盘文件中。调用 rm 函数删除对象时，只会删除变量的引用，并不会立即清除占用的内存空间，可以用过 Windows 的任务管理器看到 R 进程占用的内存并没有减少。失去引用的对象就成了内存中的垃圾，R 采用了与 java 类似的垃圾回收机制，系统会定期自动发现垃圾，集中清理，并回收不使用的内存。如果需要立即清理内存，可以使用 gc 函数，这对于立即需要大量内存的情况非常必要。随着 R 中的垃圾被清理，已使用内存会减少，但已分配给 R 的内存不会改变。

中间变量的删除要特别注意一些（内存占用的）可变变量。例如 R 语言中矩阵的维度可以不是固定值，这为编程带来了极大的灵活性。通过在循环中调用 cbind 或 rbind 函数，可以为某个矩阵不断增加列或行。由于 R 变量需要申请连续的内存，因此矩阵每增长一次，即使赋给同名的变量，都需要新开辟一块更大的空间。假设初始矩阵需要的内存空间为 100K，增加一行后应该增长到为 101K，一直增长到 120K，那么 R 将会分别开辟 100K、101K，一直到 120K 的连续堆内存。由于是同名变量，循环结束前无法删除，导致内存使用极具增长。因此，对于可变变量的内存管理也要格外注意。

二、如何获得帮助

R 拥有一套完善而便利的帮助系统，查询帮助系统有几种方案。

（1）对于已知名称的函数，欲了解该函数（例如查询函数 solve）的详细使用方法，可以用 "?solve" 或者 "help(solve)" 来获取函数 solve 所属的包、用途、用法、参数说明、返回值、参考文献、相关函数以及范例。对于由特殊字符或某些关键词（例如 if）指定的功能，这些参数必须用单引号或双引号括起来，例如："?'+'" 或 "help('if')"。注意，使用 help 函数或者 "?" 得到帮助信息的前提是该函数所在的扩展包已经加载。

（2）对于未知名称的函数，如知道相关的关键词（例如方差分析的关键词'analysis of variance'），可以使用 "??'analysis of variance'" 或者 "help.search ('analysis of variance')" 来找到与搜索关键词相关的所有函数，然后进一步人工查找目的函数。注意使用 help.search 函数或者 "??" 得到帮助信息的前提也是该关键词相关的函数所在的扩展包已经加载。

（3）如果没有任何线索，或者想更大范围查找所需函数，可以在有互联网联接的前提下调用 help.start 函数进入 R 官网的文档中心进一步浏览；或者调用 RSiteSearch 函数，以某个关键词在官网搜索相关函数或功能。

互动交流是快速高效的学习方法，互联网上有大量的 R 和 Bioconductor 邮件列表和讨论群，其中最大最主要一个就是 bioconductor@r-project.org，它的特点是全部 Bioconductor 的开发者亲自到一线给广大用户答疑，回答非常及时和准确。由于此群人数众多，而且开发者时间有限，请国内的研究人员（特别是初学者）先利用国内资源寻求答案，避免一下子大量中国初学者涌入，给开发者留下不好的印象。此外，"生物信息学天空"还绑定了一个千人 qq 群，方便国内外华人生物信息领域的研究人员用母语交流，本群中很多人都在使用 R 语言处理生物信息数据。

Bioconductor 的官方网站提供了大量丰富的说明文档（见 4.1.3），其最有特点的是一种叫做 Vignettes 的大规模综合说明性文档。读者如果想了解一个具体 Bioconductor 的包的使用方法和具体的操作流程，可以直接下载并阅读其附带的 Vignettes 文档。Vignettes 的中文大意是小插图、小品文，它将软件包中的函数有机地结合起来，示例性地提供该软件包最典型的使用场景和代码。它还有可能提供该软件包与 R/Bioconductor 中其他软件包的关系，并给出结合多软件包使用的范例。Vignettes 可以图文并茂，所以它比一般的帮助文档更具有可读性。在 Bioconductor 中，Vignettes 是每个包必须包含的文档（在 R 中不要求），可见其在 Bioconductor 软件包中的重要性。如果我们想了解 motifStack（必须是已安装的包）这个包可以做什么，有哪些作者强调的功能，我们可以使用 vignette（"motifStack"）来获得其综合说明文档。

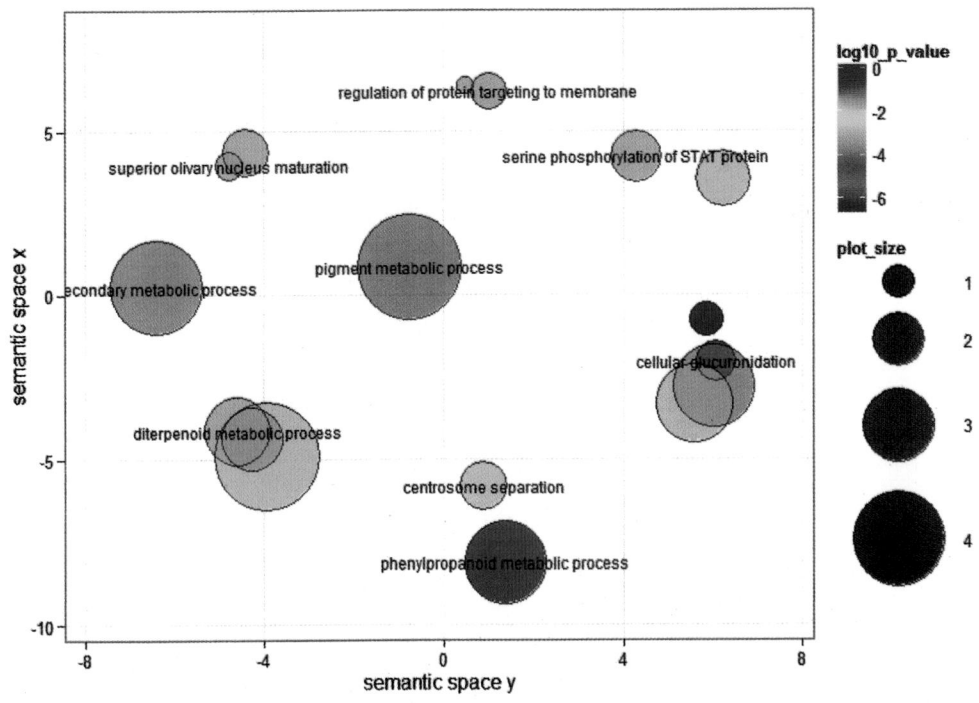

图 1-5　基于 ggplot 包的基因本体论术语关系图

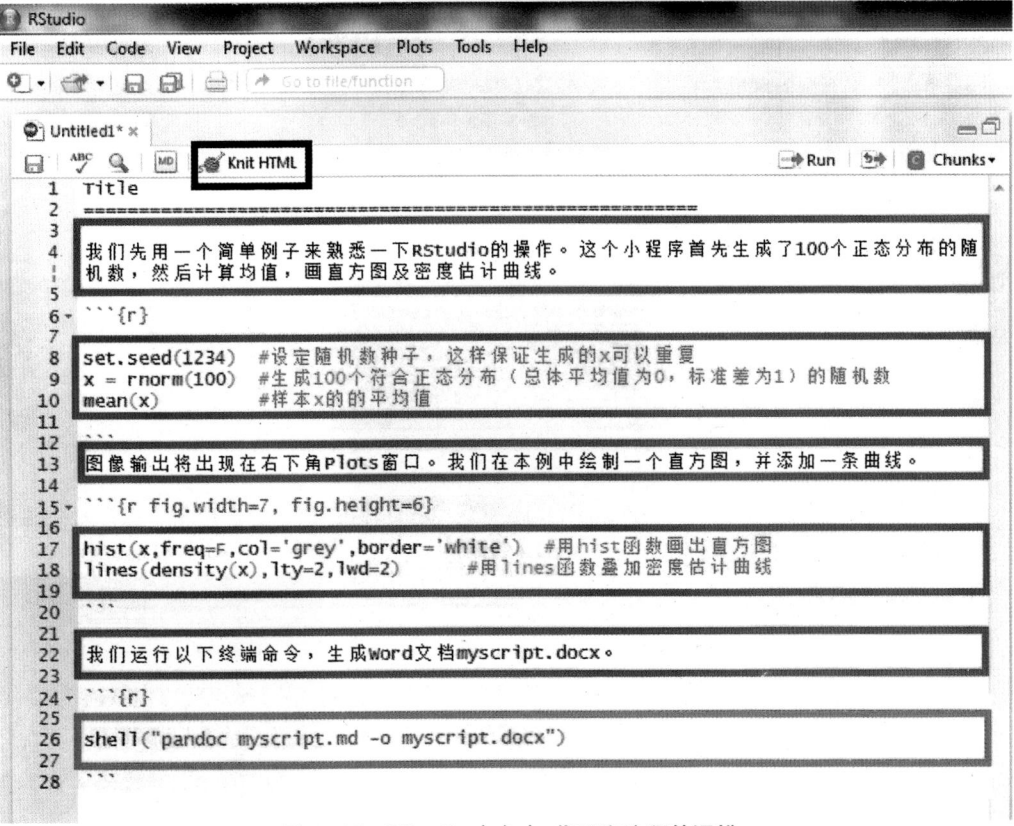

图 1-15　RStudio 中文本、代码和注释的混排

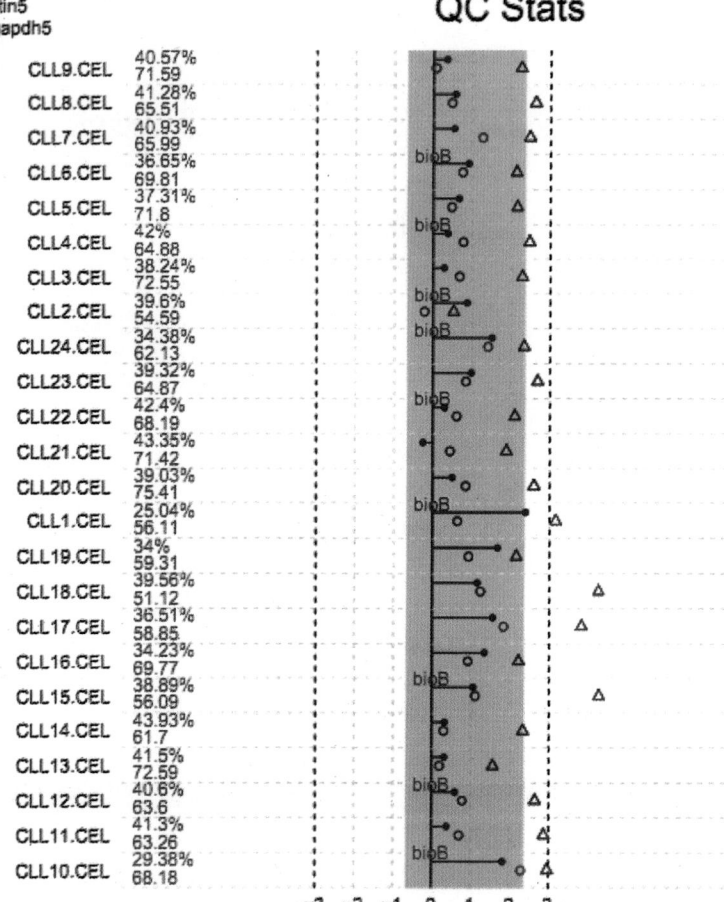

图 5-8 质量控制总览图

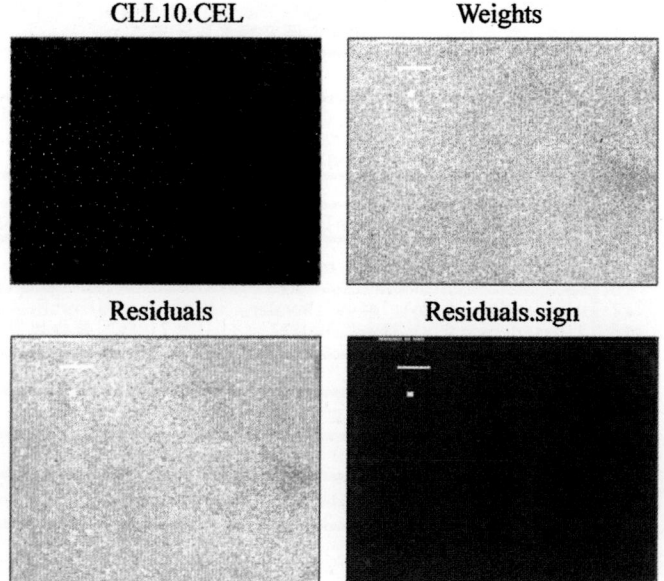

图 5-9 CLL 数据集的权重残差图

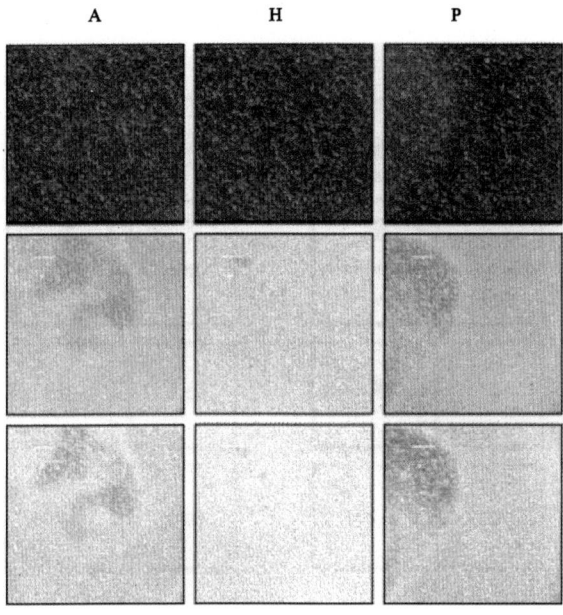

图 5-10　不可接受的权重残差图示例

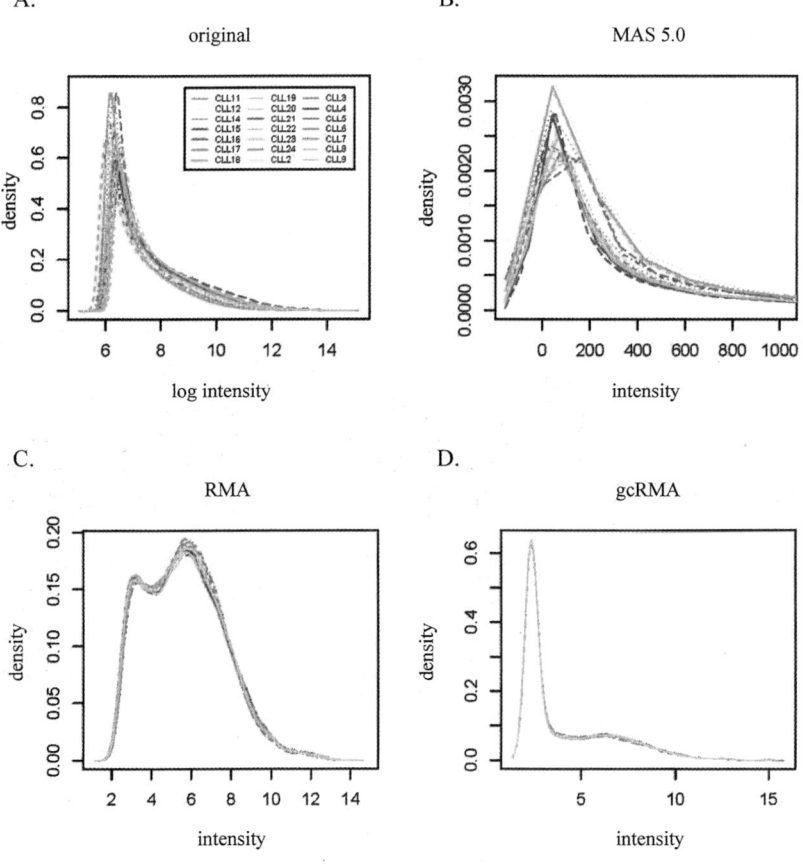

图 5-17　信号强度分布图的直方图

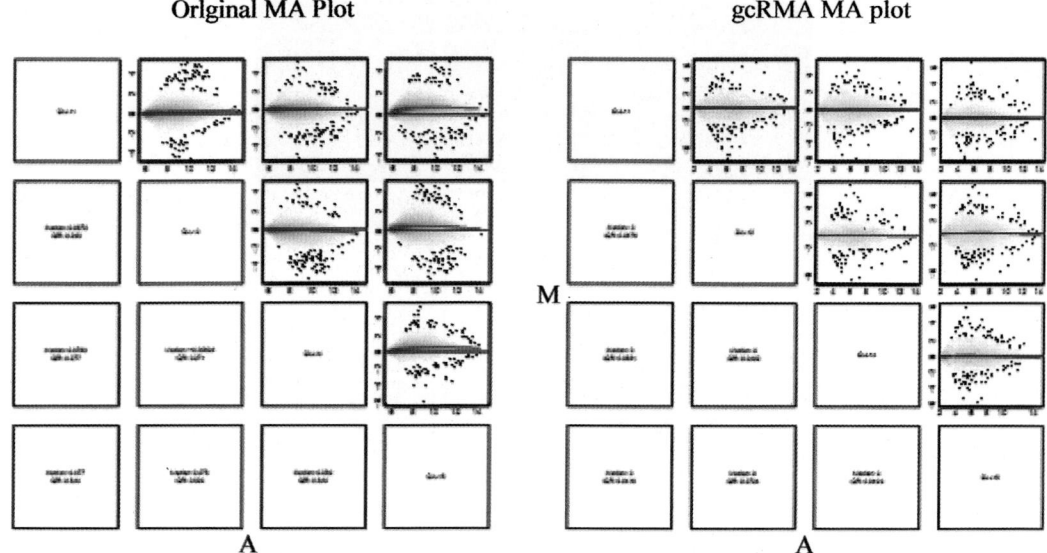

图 5-19　gcRMA 处理前后的 MA 图

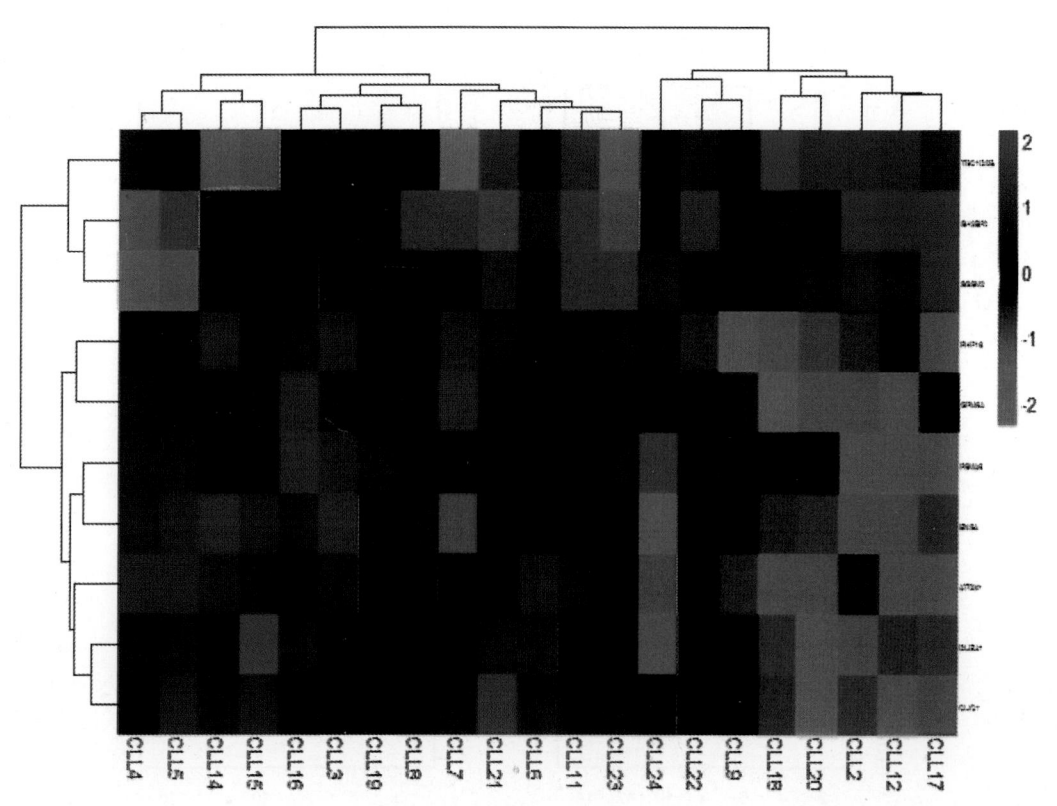

图 5-20　差异表达谱热图

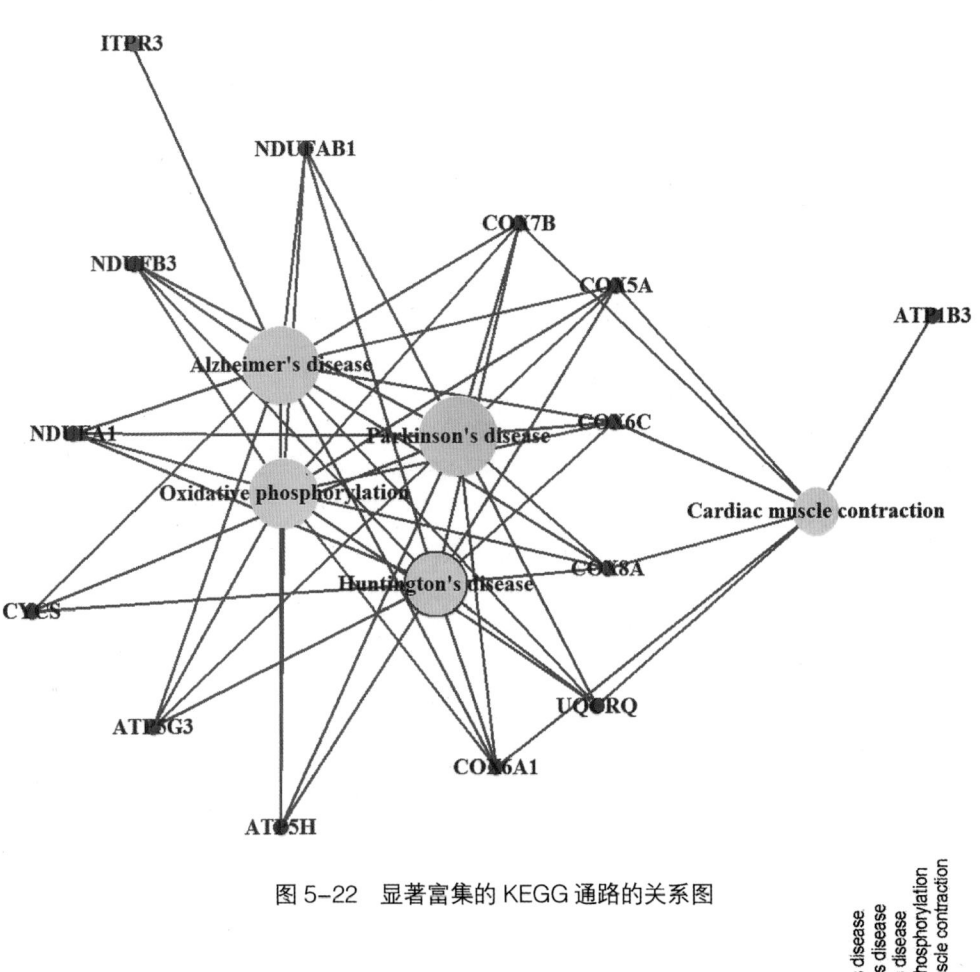

图 5-22　显著富集的 KEGG 通路的关系图

图 5-23　显著富集的 KEGG 通路的热图

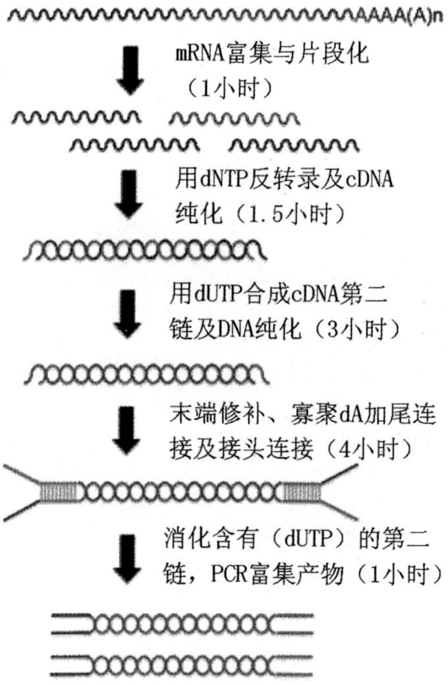

mRNA富集与片段化
（1小时）

用dNTP反转录及cDNA
纯化（1.5小时）

用dUTP合成cDNA第二
链及DNA纯化（3小时）

末端修补、寡聚dA加尾连
接及接头连接（4小时）

消化含有（dUTP）的第二
链，PCR富集产物（1小时）

图6-1　RNA-seq文库制备过程

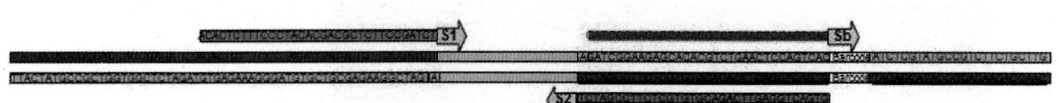

S1：正向测序引物；S2：反向测序引物；Sb：Barcode测序引物

图6-2　待测序列的结构

ASCII值	控制字符	ASCII值	控制字符	ASCII值	控制字符	ASCII值	控制字符
0	NUT	32	(space)	64	@	96	`
1	SOH	33	!	65	A	97	a
2	STX	34	"	66	B	98	b
3	ETX	35	#	67	C	99	c
4	EOT	36	$	68	D	100	d
5	ENQ	37	%	69	E	101	e
6	ACK	38	&	70	F	102	f
7	BEL	39	'	71	G	103	g
8	BS	40	(	72	H	104	h
9	HT	41	)	73	I	105	I
10	LF	42	*	74	J	106	J
11	VT	43	+	75	K	107	k
12	FF	44	,	76	L	108	l
13	CR	45	-	77	M	109	m
14	SO	46	.	78	N	110	n
15	SI	47	/	79	O	111	o
16	DLE	48	0	80	P	112	p
17	DC1	49	1	81	Q	113	q
18	DC2	50	2	82	R	114	r
19	DC3	51	3	83	S	115	s
20	DC4	52	4	84	T	116	t
21	NAK	53	5	85	U	117	u
22	SYN	54	6	86	V	118	v
23	TB	55	7	87	W	119	w
24	CAN	56	8	88	X	120	x
25	EM	57	9	89	Y	121	y
26	SUB	58	:	90	Z	122	z
27	ESC	59	;	91	[	123	{
28	FS	60	<	92	\	124		
29	GS	61	=	93	]	125	}
30	RS	62	>	94	^	126	~
31	US	63	?	95	_	127	DEL

图 6-4　质量分数 ASCII 码取值范围

A.

Common duplicate reads might provide clues to the source of over-represented sequences. Some of these reads are filtered by the alignment algorithms; other duplicate reads might point to sample preparation issues.

```
ShortRead:::.freqSequences(qa, "read")
```

sequence	count	lane
CTCCACACTTGCATGCATGTCCACCCTCAGCTACAAAGCTTCCCTCACTTC	1220	1
CTTAATCTTGTCCATGAGTCCCTTCTTCTCATGTCCTTCCTCTCCTACATT	1124	1
CTCAATCTCATCACCAAAACGGCCGCCAGTGATTTCCGTCTGTAGATTACC	1019	1
CTGTTCGCTACCATGATCACCGCCAGGCAGCTTCTCCTTGATCTTCTCCAC	1013	1
AGAAAAACTTAGTAGCCATCGGGCTTATGTGCGATGAAACTGATACATTGC	989	1
CCGGGAACACACGTCTTACCATCACACCTAGTAGTATAATAAAAGCCAGGA	900	1
GTCGATTTCTCAACGTTGCATGAGTTGCAGTTGCAGCTTGAGCCGCATGAG	865	1
CTGGTAACTTGTCCTTAATCTTGTCCATGAGTCCCTTCTTCTCATGTCCTT	857	1
GGGGACTCCGAGAGCTTCGAGAGAGACTTTAACTTTAGCCATGTCTTCCGT	745	1
ATATATATTCCGAGCTGCTCGTATCTTTGCAATAGATAGCTGCTTGAGCAACA	725	1
CCACACTTGCATGCATGTCCACCCTCAGCTACAAAGCTTCCCTCACTTCCA	707	1
CTCAAGCTTATCCTCTTCTTCAAATTCCTGCGCTCCGCTACTCTGGGTGAT	692	1
CGGGGGAGCGATTGTTCTCACGGTAGGGGAAACCGTGCTCCAACTCGAATT	686	1
GGGGAGCGATTGTTCTCACGGTAGGGGAAACCGTGCTCCAACTCGAATTCC	676	1
GTGATTTCCGTCTGTAGATTACCGAAAACCTCGTTGCGATTAGAACGATCC	661	1
GCTCAATCTCATCACCAAAACGGCCGCCAGTGATTTCCGTCTGTAGATTACC	636	1
CGGGAACACACGTCTTACCATCACACCTAGTAGTATAATAAAAGCCAGGAG	631	1
CGGGTCCTCAACGTAAATACCAGAGATTTGAATGATGTCTTCACCCTCAGC	607	1
CTCGTTTCCCAGGAATCTGCCGAGGGCCCTATCTCTATAGACAAGTAACA	607	1
GTCGATTTCTCAACGTCGTATGAGTTGCAGTTGCAGCTGCTGCCGCATGAG	598	1

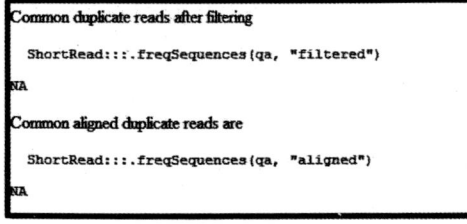

Common duplicate reads after filtering

```
ShortRead:::.freqSequences(qa, "filtered")
```

NA

Common aligned duplicate reads are

```
ShortRead:::.freqSequences(qa, "aligned")
```

NA

B.

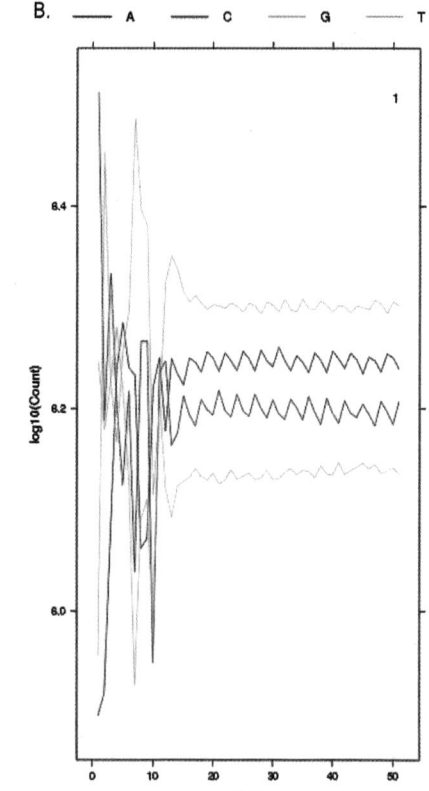

图 6-8　高频读段信息和四种碱基逐点质量图

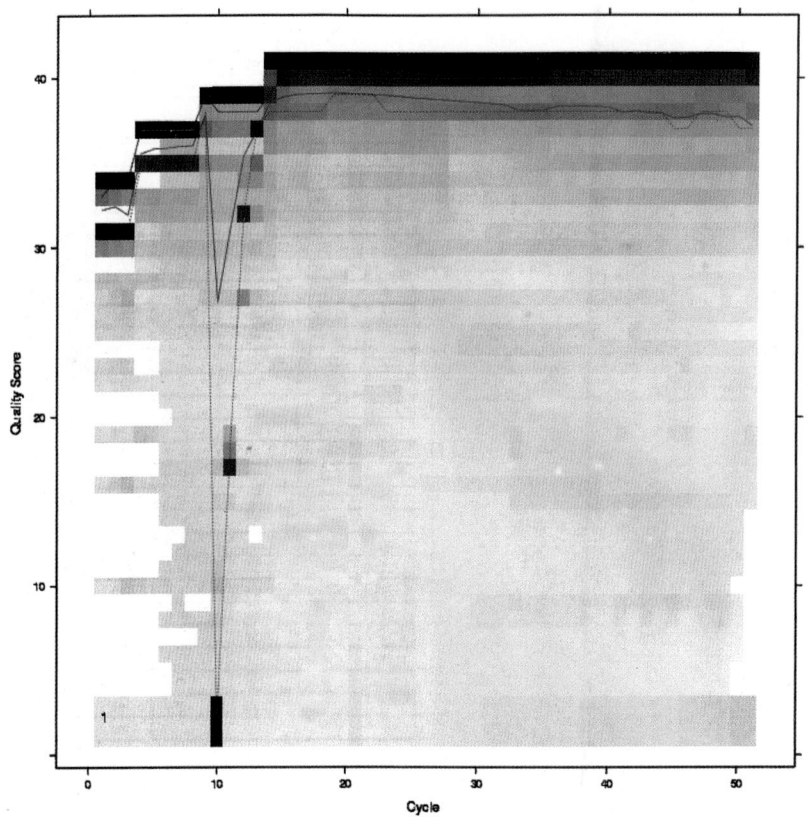

图 6-9　读段逐点质量图

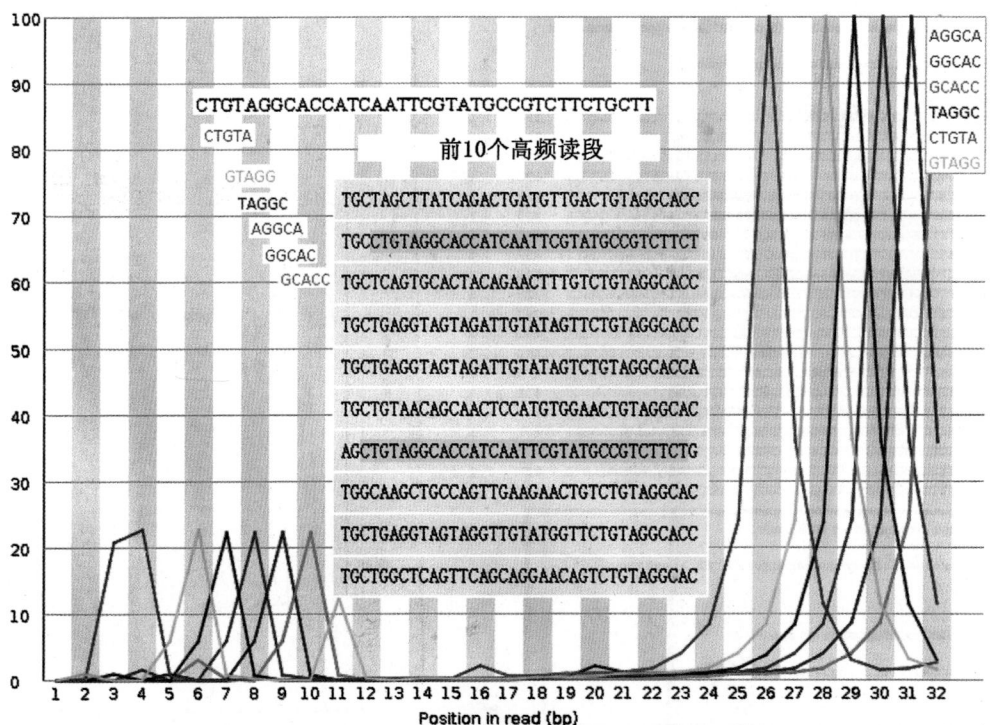

图 6-11　查看 3′ 端接头